Siglinda Oppelt
Management für die Zukunft

SIGLINDA OPPELT

Management für die Zukunft

Spirit in Business:
Anders denken und führen

Vorwort von Daniel Goeudevert

Kösel

Illustrationen auf den Seiten 60, 76, 80, 91, 95, 165, 195, 227 o., 230, 232, 299:
Wolfgang Pfau, Baldham

Alle anderen Illustrationen: Siglinda Oppelt

© 2004 by Kösel-Verlag GmbH & Co., München
Printed in Germany. Alle Rechte vorbehalten
Druck und Bindung: Kösel, Krugzell
Umschlag: Kaselow Design, München
Umschlagmotiv: Mauritius
ISBN 3-466-30669-8

Gedruckt auf umweltfreundlich hergestelltem Werkdruckpapier
(säurefrei und chlorfrei gebleicht)

Inhalt

Vorwort von Daniel Goeudevert 13
Einleitung 17

I Der ganz normale Wahnsinn
im Management

Wessen Leben leben Sie? Oder: Das doppelte Paradoxon
der Anerkennung   27
Das Paradoxon der Anerkennung erster Ordnung 29
Das Paradoxon der Anerkennung zweiter Ordnung 30
  Anpassung bis der Arzt kommt – Die Geschichte
  von den Oldtimern 31
  Und das alles im offenen Vollzug 34
  Die Geschichte von den Spuren im Teppich 35

Von der Realität verschont   38
Pseudokomplexität und Kybernetik 38
Das Inselleben der Vorstände – oder: Je dicker die Teppiche . . 42
Moderne Monarchien: Schonkost für Chinchillas 43

Vom Unfehlbarkeitsglauben – Götter in
Wirtschaftstempeln   47
Die magische Metamorphose zum Manager 47
  Alles ist Erfolg! 48
Geruht wird nur im Grab! 49
Das Paradoxon der Göttlichkeit 50
  »Mein Wille geschehe!« 50

Alles im Griff? 52
Das Paradoxon der Vollkommenheit 54

Die Zukunft im Rückspiegel   **56**
Die Rezession treibt ihre Blüten – einfalls- und ergebnislos . . . 56
Das Paradoxon der Spiritualität: Man kann nicht nicht
    spirituell sein! 59
Deutschland schrumpft – von der Multiplen Sklerose
    in der Ökonomie 64
Das Paradoxon des Ur-Misstrauens in die Verlässlichkeit
    der Welt 65
Spirit in Business: Spiritualität und Vernunft –
    zwei unvereinbare Phänomene? 66
Unsere Manager im Konfliktboom – master of desaster! 66

II Der Manager von heute – eine Schrumpfgestalt des Menschen?

Der homo oeconomicus und seine Teilpersönlichkeiten   **75**
homo faber: I do, therefore I am! 75
homo ratio: I think, therefore I am! 80
    Vom Humankapital zur Menschenorientierung 84
    Und Sie ent-emotionalisieren das dann! 87
homo numero: I calculate, therefore I am! 88

Das Phänomen der künstlichen Trennung   **90**
Das Netz des Fischers 92
Manager – Insassen im selbst gebastelten Gefängnis 93
Trennung: Der rote Faden, der sich durch alle
    Disziplinen zieht 96
Die ganz normale Schizophrenie 98

Das Paradoxon der Moderne   **101**
Leider verloren, Herr Keynes 101
Adam Smith oder: Eine uralte Sehnsucht 102
Von der Peinlichkeit der Menschen-Liebe 106

III Über den Tellerrand geschaut

Absurdes in der Wirtschafts- und Arbeitsmarktpolitik   **109**
Das Ende etablierter Systeme 109
Ergebnislose Reförmchen 110
Der (Irr-)Glaube an die Vollbeschäftigung als oberstes
    Arbeitsmarktziel 112
Der (Irr-)Glaube, man müsse nur den Druck erhöhen 114
Der (Irr-)Glaube, die Lösung liege im bestehenden System . . . 117

Merkwürdiges in der Gesellschaft und Sozialpolitik   **119**
Das, was wir derzeit »Leben« nennen 119
Ist unsere psychotische Karriere noch zu stoppen? 122
Systemimmanente Blockaden 124
    »Poppen« für die Rente 125
    Zurück zum Kolonialherrentum – oder: Lassen Sie doch andere
    Ihren Dreck wegmachen! 127
    Sichern Sie sich eine bescheidene Existenz: Zwangsarbeit bis
    zum 78. Lebensjahr 128

Auffälliges in der Bildung   **129**
Eine Management-Krankheit zurückverfolgt: Wo der
    rote Faden anfängt 129
Im Controlling-Wahn: PISA und mehr 132
Wenn der spitze Bleistift erst mal rechnet 133

IV Aufbruch in ein neues Bewusstsein

Abschied vom mechanistischen Weltbild   **137**
Vom materieorientierten Macher-Typus zum
     kosmischen Azubi 137
Der spirituelle integrative Holismus – ein neuer Blick
     auf die Welt 140
Energetische Prinzipien: Vom morphogenetischen Netz
     und anderen Phänomenen 141

Wohin entwickelt sich die Welt?   **144**
Raus aus der Pubertät 146
Die Kraft des Weiblichen 147
Die Kraft des Männlichen 147
Der Trend zur Integration 148
Die Sterne unterstützen uns 150
Von der Menschwerdung im menschlichen
     Entwicklungsprozess 151
Raus aus der Bequemlichkeit – hinein in die neue
     Selbstverantwortung 152

Der Paradigmenwechsel in der Wirtschaft   **154**
Der Wandel in unserer Wirtschaftsstruktur 154
Ein neuer Wachstumsbegriff: vom Breiten- zum
     (Sinn- und) Tiefen-Wachstum 155
Der Zeitgeist in den Kondratieffschen Wirtschaftszyklen 157
     Vom WIE zum WAS? 159
     Vom Boykott des Größenwahns in der Wirtschaft 162
Eine neu verstandene Religiosität 164
Der Megatrend zur Liebe 168
     Vom verzweifelten Gegentrend 169

Ein neues Bewusstsein im Management   **171**
Die Verbindung von Ich, Unternehmen und Kosmos 171

Back Tracing – Die neue »Rückwärtsgewandheit« 174
Der zukünftige Auftrag von Unternehmen 176
   Vom Charity Marketing zu Universal Citizenship 177
Vom Integrativen Leben und Arbeiten 178
Vom Minderheiten-Bewusstsein zum Menschen-
Bewusstsein 179

V Paradigmenwechsel im Business

Der Spirit der Zukunft   **183**
Was ist ein »guter« Spirit? 184
Das Prinzip Menschen-Liebe und andere Assoziationen 186
Mit der Selbstliebe fängt alles an! 188
   Liebe ist Verbundenheit 189

**Potenzialität und Kreativität: Was hat die Quantenphysik
mit Management zu tun?**   **190**

In der Krise aus der Fülle schöpfen?   **195**
Beispiele von Unternehmen, die es anders machen 198
   GLS-Bank 198
   Staud-Konfitüren 199
   Humane Medizin 201

Die drei Spirit-Dimensionen   **203**
Strategische Planung der Zukunft 203
   Der Spirit-Anteil im Produkt 205
   Der Spirit-Anteil in der Herstellung 206
   Der Spirit-Anteil im Produkt-Kokon 207
   Beispiel für regional praktiziertes Universal Citizenship 209
Diskrepanzen in den Spirit-Dimensionen 213
Die »stars« und die »poor dogs« von morgen 214

Der Sinn-Anteil: Branchen mit und ohne Spirit 218
Wie viel Sinn erträgt Ihr Unternehmen? 221

VI Spirit in Business: Wie geht das?

**Dream Management: Vom Klassischen zum
Integrativen Management**   **225**
Merkmale des Klassischen Managements 225
Merkmale des Integrativen Managements 226

Die Metastruktur des Integrativen Managements   **229**
Die vertikale Dimension 229
Die horizontale Dimension 231
Die drei Disziplinen im Integrativen Management 233
Projektdesign des Integrativen Managements 234
Design 1: Der Weg in kleinen Schritten 234
Design 2: Der große Wurf 236
Gemeinsame Strukturmerkmale in Design 1 und 2 237
Do's and Dont's im Integrative Management – oder:
    Wie Sie Schiffe versenken 239
Vom Boom zur Inflation: Wird der Kunde von
    Spirit in Business überfordert? 242
Ertrinken wir in der Sinn-Flut? 243

Dream Leadership: Integrative Führung   **245**
Führungskräfte der Zukunft – Leader im Dienst von
    Mensch und Welt 245
*Hebammen gesucht! Oder: Die neue Rolle des
Integrativen Managers 247*
Das integrative Hologramm der Polaritäten für
    Führungskräfte 251

Integrieren Sie den Tod: Der Tod und seine Bedeutung für
Führung und Management 257
Right Placement – eine zentrale Führungsaufgabe und
ihre Konsequenzen 260
*Von der Bereinigungswelle und weiteren Herausforderungen
für Führungskräfte 261*
Welche Fähigkeiten muss der Integrative Manager zukünftig
mitbringen? 262
Integrative Führung – eine bierernste Angelegenheit? 264
Von der Personal- zur Persönlichkeitsentwicklung 265

VII Zukunftsszenarien im Business

**Tauchen Sie ein in Management-Szenarien des
21. Jahrhunderts**   **269**
Ungeahnte Power in der Energie AG: Mit hohem Bewusstsein
zu einer neuen Qualität des Managements 270
Der Segen des »Silent Friday« in der »Röhren AG« 275
Alt und abgeschoben – oder: Weise und willkommen? 278
Mit Hightech *und* Seele sinnvolle Innovationen gestalten 284
Begegnungen mit dem Tod – oder: Wie eine neue
Dienstleistung entsteht 290

VIII Über die Schreibtischkante der Zukunft geschaut

Dream Society: Spirit in Society   **299**
Die neuen Integrativen Integrationsrunden 306
Vom Gegeneinander zum Miteinander 307

Sinn und Selbstverantwortung als Wege zum Glück 308
Politische Konfliktlösung einmal anders 315
Ich habe einen Traum 318

Dream Education: Spirit in Education   **321**
Lernen ganz anders – ein Assoziogramm 322
Back Tracing in den Sinn-Schulen 328
Wie sieht der Lehrer der Zukunft aus? 332
Sinn-Schulen und ihre Wirkung auf Business
und Gesellschaft 334

Ausblick   **335**

Anmerkungen   **338**
Literatur   **349**

Vorwort

Daniel Goeudevert

Es ist höchste Zeit zu erkennen, dass wir den Zenit der rationalen Industriegesellschaft längst überschritten haben. Wir stehen am Beginn einer neuen Epoche, die ein höheres Bewusstsein, ein Denken in sehr viel größeren Zusammenhängen und vor allen Dingen die innere, persönliche Entwicklung der Manager (und Menschen in den Unternehmen) erfordert.

Bedenken wir, dass im Zeitalter des Rationalismus die Wissenschaft ungeheure Fortschritte machte und – uns ebenso ungeheure Exzesse bescherte: in der Technologie, beim Konsum, in unserem Verhältnis zum Geld, bei der Konzentration von Macht in den Händen weniger etc.

Wollen wir zu einem neuen Gleichgewicht zurückfinden, dann müssen Führungskräfte den im Management lange vernachlässigten Quellen des Menschen, so auch der spirituellen Intelligenz, zu ihrem Recht verhelfen – auch wenn dies vielen auf der Vorstandsetage bestenfalls ein verächtliches Lächeln entlocken wird.

Das von Siglinda Oppelt beschriebene *Integrative Management* legt uns nahe, die ausgetretenen Pfade unseres rationalen Denkens zu verlassen, unsere Wahrnehmung zu erweitern und unsere Entscheidungen menschengerechter werden zu lassen. Gefordert ist ein Management, das »mit allen Sinnen denkt«.

Dazu gehören auch ein Bewusstsein der Ehrfurcht vor dem Leben, der Verbundenheit mit dem Kosmos sowie lange vermisste Qualitäten wie Ehrlichkeit, Demut und Dankbarkeit. Führungskräfte der Zukunft zeichnen sich durch eine neue Klugheit aus, die mit alten Tabus aufräumt, die die Schattenseiten unseres Menschseins integriert und Glaubenssätze verabschiedet wie etwa den, dass Menschenliebe nichts mit Business zu tun habe.

Wirtschaftliches Handeln hat immer auch eine spirituelle Dimension. Das ist die zentrale Botschaft dieses Buches. Durch zahlreiche Beispiele und Szenarien aus der heutigen und zukünftigen Praxis führt uns Siglinda Oppelt bildhaft vor Augen, welchen Unterschied es macht, wenn wir die kraftvolle Ressource unserer spirituellen Intelligenz destruktiv oder konstruktiv nutzen.

Mehr denn je muss die Führungskraft der Zukunft ein Querdenker sein. Ein Querdenker ist nicht gegen das System, er sucht nur nach anderen Wegen, um Probleme zu lösen, die aufgrund ihrer Komplexität schwer definierbar geworden sind. Mit anderen Worten, er sucht manchmal nach einem ihm selbst nur unpräzise vorschwebenden Ziel. Deswegen ist er auch bereit, unbekannte Wege zu betreten. Er arbeitet quasi wie ein Photoapparat mit Weitwinkelobjektiv, das heißt, er erfasst das Bild etwas unscharf, packt aber viele Elemente hinein. Dabei kann er nicht nur mit rein rational-analytischen Maßeinheiten gemessen werden. Sein Maß sind Inspiration und Phantasie.

In diesem Sinne ist Siglinda Oppelt nicht nur selbst eine Querdenkerin, die mit ungewöhnlichen Perspektiven überrascht. Sie macht auch auf plastische Weise deutlich, wie die quer denkende Führungskraft der Zukunft durch die Integration verschiedenster Disziplinen sehr viel sinnvoller für das Unternehmen, den Menschen und die Gesellschaft wirken kann.

Ich glaube, dass das 21. Jahrhundert sich wieder dem Menschen und seinen eigentlichen Bedürfnissen zuwenden wird. Das bedeutet auch, dass Unternehmen ihre Aufmerksamkeit sehr viel mehr auf die Gesellschaft richten müssen. Siglinda Oppelt lädt Unternehmenslenker zu einer Verantwortung ein, welche die herkömmlichen, engen Grenzen des unternehmerischen Selbstverständnisses sprengt. Ihre kraftvollen Ideen zu einem »New Society Management« verlangen von Managern wie Mitarbeitern in den Unternehmen, ihre eigene, bequeme Komfortzone zu verlassen. In meiner Biografie, zu der auch die Stationen als Vorstandsvorsitzender von Ford Deutschland und Vorstandsmitglied von VW gehören, durfte ich erfahren, dass uns die egozentrische Selbstverliebtheit im Management nicht weiterbringt. Somit hat die Autorin meine volle Unterstützung, wenn es darum geht, unseren unternehmerischen Auftrag neu als einen umfassend gesellschaftlichen, ja als einen kosmischen Auftrag zu verstehen.

Brechen wir also auf zu einem Wirtschaften, das in mehr als nur einer rein ökonomischen Dimension Ausdruck eines segensreichen Geistes ist. Eine Unternehmensführung, die sowohl ökonomisch als auch für den Menschen erfolgreich ist, ein Management, welches das breite Spektrum der Lebenswelt nicht nur wahrnimmt, sondern ihm vor allen Dingen auch gerecht wird. Damit wir uns nicht länger zum »Vogel im Aquarium« machen – wie ich mich oft gefühlt habe –, sondern zum Menschen unter Menschen werden. Gerade im Business.

Mit ihren ungewöhnlichen Perspektiven gibt Siglinda Oppelt erfrischende Impulse, die uns dazu einladen, die neue Epoche mit Lust und Liebe zu gestalten.

Einleitung

Die aktuelle Situation in den Unternehmen wie auch die Lage in der gesamten Wirtschaft und Gesellschaft spiegeln nicht gerade ein traumhaftes Bild wieder. In vielen Unternehmen herrscht ein verzweifelter Aktionismus, oftmals geprägt von einer rein zahlenfixierten Kosten- und Vertriebsorientierung, und das alles begleitet von einem stetig ansteigenden Leistungsdruck. Jüngste Maßnahmen, wie Personalabbau, Gehaltskürzungen sowie die Schließung oder Veräußerung ganzer Geschäftsbereiche mögen in den Augen der Unternehmer zwar das Schlimmste verhindert haben. Ein Aufschwung, etwas Konstruktives, Faszinierendes, Motivierendes, Innovatives, das sich in Umsatzwachstum oder neuen Geschäftsfeldern niederschlagen würde, ist dadurch jedoch nicht entstanden. Im Gegenteil. Die aktuell dürftige Lage beweist: Unternehmenserfolg lässt sich nicht herbeisparen – genauso wenig wie der gesamtwirtschaftliche Aufschwung.

Aber nicht nur die ökonomischen Ergebnisse, wie sie sich in Umsatz, Gewinn oder anderen Daten der Bilanz ausdrücken, empfinden wir als beklagenswert. Auch der Geist, der in den Unternehmen herrscht, das visionsarme Management, das nicht gerade weise Verhalten mancher Führungskräfte, das konfliktschwangere Klima in den Teams oder die Suche nach denjenigen, die vermeintlich schuld an der Misere sind, ist ebenso erfolg- wie seelenlos.

Es gilt also aufzuwachen im Management und zu erkennen, dass es wenig segensreich ist, reflektionsresistent am Herkömmlichen, am »industrial hang-over« festzuklammern. Wir sind gefordert, ein neues Zeitalter zu gestalten – eine Wirtschaftsepoche, in der das Zauberwort »und« eine besondere Stellung einnehmen wird.

Wir sind gefordert, ein Management zu praktizieren, das
➤ unsere rationale *und* spirituelle Intelligenz zum Einsatz kommen lässt,
➤ gleichermaßen für die Wirtschaft *und* Gesellschaft Sinn stiftend wirkt,
➤ individuelle *und* universale Interessen integriert,
➤ ein regionales und planetares Management ermöglicht,
➤ feinstoffliche Energien *und* harte Fakten bewusst wahrnimmt und nutzt,
➤ auf einer kraftvollen Herzensenergie *und* einem klarem Verstand basiert,
➤ ökonomisch *und* spirituell befriedigend ist,
➤ unser Scheitern *und* unsere Macht sinnvoll nutzt,
➤ unserem Haben *und* Sein eine höhere Qualität verleiht,
➤ Verantwortung für das Unternehmen *und* den Kosmos übernimmt.

Ein Management also, welches beweist, dass wir Menschen, die wir von Natur aus doch mit einem recht hohen Bewusstsein ausgestattet sind, tatsächlich zu »Höherem«, sprich zu glanzvolleren Taten im Business fähig sind.

Aber was hat das nun mit dem nun schon mehrmals erwähnten Begriff der »Spiritualität« zu tun? Die esoterisch angehauchten Menschen, die etwas von »Spiritualität« faseln, sind das nicht die weichlichen, die lebensuntauglichen Menschen, die in der Welt, so wie sie heute ist, nicht erfolgreich bestehen können? Das sind doch die blasshäutigen Verlierer mit relativ geringem Einkommen, die am Rande unserer Gesellschaft stehen, nicht wahr? Die über die Härten und Gesetze unserer modernen Businesswelt den Kopf schütteln, selbst aber kein kraftvolles, leistungsfähiges Lebenskonzept entgegenzusetzen haben. Sie flüchten lieber ins Weichlich-Wolkige, in eine irgendwie geartete, uferlose Suche ... nach was eigentlich ... nach Sinn?

In diesem Buch will ich Ihnen nahe bringen, dass Spiritualität nichts mit den wie auch immer gearteten »anderen« zu tun hat – sondern mit Ihnen selbst. Jeder von uns praktiziert in jedem Augenblick seines Seins eine gewisse Spiritualität. Welche Qualität von Spiritualität wir heute landläufig im Business antreffen, das will Ihnen der erste Teil des Buches auf beinahe humoristische Weise zeigen. Auf jeden Fall will ich den Begriff der »Spiritualität« entlarven, ihn auf den Boden der nackten Tatsachen holen. Spiritualität ist nichts Fernes, Fremdes, Exotisches – sondern Teil von uns: sie ist, wie unsere Ratio, eine unserer wichtigsten, nur leider lange vernachlässigten Intelligenzen.

Wir gehen in eine Epoche, in der eine »aufgeklärte Spiritualität, die gänzlich ohne das Tamtam des Aberglaubens auskommt«[1] eine entscheidende Rolle spielen wird. Jenen Märkten sagt die Zukunftsforschung ein enormes Wachstum voraus, welche eine neue Lebensqualität bieten. »(...) der Leitwert Lebensqualität wird das Wertschöpfungsprinzip der Zukunft sein!«[2] Wir alle sehnen uns nach Sinn, nach dem, was uns Menschen, was dem Kosmos gut tut, was unserem Leben Substanz verleiht, was über unseren persönlichen Kontext hinaus *sinn*voll erscheint und unsere Existenz, unser Wirtschaften und Managen lebens- und liebenswerter und dadurch in mehrfacher Hinsicht erfolgreicher macht.

Dabei wird die Höhe des Gehaltes in Zukunft nicht *der* entscheidende Motivator sein. Ohnehin ernüchtert von den jüngsten Missmanagementeskapaden und Wirtschaftsbetrügerein hochdotierter Top-Manager, brauchen wir auch nicht länger an Überzeugungen festzuhalten, wie sie Siemens-Chef Heinrich von Pierer in der Zeitschrift DB-Mobil äußerte: »Wenn ein globales Unternehmen international nicht wettbewerbsfähige Managergehälter zahlt, wird es nicht die besten Leute bekommen.«[3] – Wenn Menschen in Sein und Wirken in einem größeren Zusammenhang stehen, dann entwickeln sie einen neuen Bezug zum Gehalt, zu dem, was »Gehalt« hat.

Die Motivatoren der Zukunft werden andere sein. Das, was die Attraktivität eines Unternehmens von morgen ausmacht, wird von ganz anderen Qualitäten bestimmt.

Es wird klar, um zu einer wirklich traumhaften Business- und Lebenswelt zu gelangen, werden verschiedenste Aspekte zu berücksichtigen sein. Von daher ergibt sich die folgende Struktur des Buches: Die Kapitel I bis III umfassen die Ist-Situation in der Wirtschaft, Politik, Gesellschaft und Bildung. Die mittleren Kapitel IV und V beschreiben den sich abzeichnenden Wandel, sprich welcher Paradigmenwechsel sich im Management und im Bewusstsein Bahn brechen will. Die letzten drei Kapitel (VI, VII und VIII) zeichnen das Soll-Bild, sind also den Zukunftsszenarien von Management, Führung, Gesellschaft, Politik und Bildung gewidmet.

Sie mögen sich nun fragen: Warum hole ich so weit aus, wenn es im Grunde doch um einen neuen Geist im Management geht? Ja, genau deshalb. Das Bewusstsein, das wir als Manager oder Mitarbeiter praktizieren, macht nicht an unserer Schreibtischkante Halt. Es wirkt darüber hinaus. Und zeigt seine Ergebnisse nicht nur in den Bilanzen des eigenen Unternehmens, sondern auch in unserem gesellschaftlichen und politischen Umfeld.

Genauso wie die aktuelle Wirtschaftssituation mit den heutigen Phänomenen in Politik und Gesellschaft in Resonanz steht, so wird auch die zukünftige Transformation des Business zwangsläufig einen Paradigmenwechsel in Gesellschaft, Politik und Bildung erfordern. Hier wie dort müssen wir uns für ein neues Bewusstsein entscheiden, wenn wir eine lebenswertere Zukunft beschreiten wollen.

Noch eine Anmerkung zu den ersten Teilen des Buches. Wenn ich dort kaleidoskopartig die Ängste und Absurditäten der rezessionsgeplagten Managerzunft beschreibe, so geschieht dies nicht ohne Liebe zu den Menschen meiner Schilderung. Schließlich blicke auch ich auf eine, gerade anfangs, nicht immer allintelligente Management-Vergangenheit zurück. Ungnädig mit mir selbst und anderen trieb auch ich das Hamsterrad für mich und meine Kollegen eifrig an. Man muss doch schließlich etwas tun – das ist in jedem Falle besser, als nichts zu tun. Herr von Goethe hätte mich damals sicher milde belächelt aus seiner Erkenntnis heraus »Die Dinge schneller zu tun, ist kein Ersatz dafür, das Richtige zu tun«. Und so rechnete auch ich früher manch nutzlose Stelle hinter dem Komma, bis ich nicht mehr wusste, was das Ganze eigentlich bedeuten sollte. Wenn ich also hin und wieder pointierte Anekdoten aus meiner Führungs- und Beratungserfahrung einstreue, dann könnten Sie versucht sein, zu glauben, »Das hat Siglinda Oppelt doch alles nur erfunden.« Sie können getrost sein, dem ist nicht so. Ich bin vielmehr davon überzeugt, dass derartige Absurditäten in unserer Businesswelt noch viel häufiger auftreten. Und ich bin überzeugt, dass Sie mühelos noch eine Vielzahl von weiteren hinzufügen könnten. Überprüfen Sie es!

Wichtig ist mir jedoch, es nicht bei der Schilderung der Ist-Situation zu belassen. Sie dient lediglich dazu, uns im Spiegel unserer Ergebnisse zu erkennen. Viel wirkungsvoller ist es meines Erachtens, uns auf die Vision der Zukunft zu konzentrieren, unserer Vorstellung von der Welt, wie wir sie uns im Grunde unseres Herzens erträumen, den ihr gebührenden Raum zu geben. Auch wenn wir in unserer Problemtrance heute noch stark verhaftet sind, es gibt bereits unzählige Beispiele in der Wirtschaft und Gesellschaft, die unsere Selbstheilungskräfte erkennen lassen.

Mein Wunsch ist, dass wir immer mehr *ganzer* Mensch werden – im Business und im Leben, dass wir uns von dem ganz normalen Wahnsinn im Management, von absurden Glaubenssätzen, paradoxen Verhaltensweisen befreien, uns von vermeintlichen Zwängen, die gar keine sind, verabschieden, damit eine neue Qualität in der Wirtschaft und im Leben entstehen kann, indem wir unsere Freiheit leben und mit all unseren Intelligenzen sinnvoll agieren. Ich bin zutiefst davon überzeugt: eine andere (Business-)Welt ist möglich.

Mein Dank gilt allen Menschen, die mich auf meinem Weg unterstützt haben.

Zunächst danke ich dem Universum für seine grenzenlose Unterstützung, die mir u.a. auch durch die folgenden Personen zuteil wurde. Allen voran danke ich meinem Kooperationspartner und Freund Uwe Sachse, der mit seiner Fachkompetenz, seinem weisen Rat und seinem Humor mich so ausdauernd unterstützte. Ich bewundere seine mutige Offenheit als Mensch, dessen Stärken im rationalen, analytischen strategischen Vorgehen liegen, der sich aber auch immer wieder auf das andere Ende der Polarität einlässt.

In herzlicher Verbundenheit danke ich Advaita Maria Bäcker, die mir vor vielen Jahren auf den Weg zu mir selbst verhalf.

Aus tiefstem Herzen danke ich dem Kösel-Verlag, der weisen und wachen Frau Olzog, für ihre Offenheit, mit der sie meinem Thema begegnet ist. Es war eine Freude, mit ihr zusammenzuarbeiten. Besonders gefallen hat mir ihre Dynamik, ihre Fachkompetenz und ihre wertschätzende, partnerschaftliche Haltung, mit der sie mir begegnet ist. Allen Mitarbeitern und Mitarbeiterinnen des Kösel-Verlages möchte ich für ihre freundliche und professionelle Arbeit danken, die von einem Geist des Respekts vor dem Leben zeugt, welcher für unsere gesamte Wirtschaftswelt so wünschenswert ist.

Auch danke ich den eifrigen Korrekturlesern: In liebevoller Verbundenheit danke ich meiner Schwester Doris Schaaf die immer für mich da ist, wenn ich ihre Unterstützung benötige. In unserer schwesterlichen Verbindung fühle ich mich sehr geborgen und getragen. Schön, dass es dich gibt!

Genauso wertvoll waren für mich die Korrekturen meiner fachkompetenten, allintelligenten Freundinnen Monika Koch und Kerstin Kuschik, deren weises Verständnis für das, »was dahinter steht«, und deren Einsicht in übergeordnete Zusammenhänge immer wieder ein besonderer Gewinn sind.

Nicht zuletzt danke ich Tom Nierth, meinem Gefährten, Freund und Mann, der mir mit seiner Weisheit und seinem unerschütterlichen Glauben an eine sinnvollere Welt und ein neu zu denkendes Management einen starken ideellen Rückhalt gibt.

Mein herzlicher Dank gilt auch allen Zweiflern unter meinen Freunden, Kunden und Bekannten: Sie halfen mir, indem sie mich forderten, meine Gedanken und Ideen zu präzisieren.

Nicht zuletzt danke ich auch mir selbst. Dafür, dass ich auf meine innere Stimme hörte, als sie mir vor einigen Monaten immer nachdrücklicher sagte »Schreib dieses Buch!« Gleichzeitig danke ich für die kreativen Gedanken, die aus einem In-Resonanz-Sein mit dem Universum entstanden, für meine Fähigkeit, vermeintlich Unvereinbares zusammenzubringen, und schließlich danke ich für meine Disziplin und mein Durchhaltevermögen. Letzteres forderte von mir ein großes Vertrauen, Gottvertrauen.

I

Der ganz normale Wahnsinn im Management

Wessen Leben leben Sie? Oder: Das doppelte Paradoxon der Anerkennung

Wann haben Sie das letzte Mal gehört,
➤ dass Sie eine wunderbare Fülle von einzigartigen Ressourcen in sich tragen?
➤ dass Sie der Welt wundervolle Dinge zu geben haben?
➤ dass Sie ein vollkommenes, äußerst liebenswertes Wesen sind – und zwar genau so, wie Sie sind?

Wann haben Sie sich diese Dinge zuletzt bewusst gesagt oder von anderen gesagt bekommen?

Erwartungen anderer an uns, wie wir zu sein haben, begleiten uns seit unserer frühesten Kindheit. Sie beruhen auf persönlichen und tradierten Vorstellungen der Menschen und Systeme, die uns umgeben. In diesem relativ eng geschnürten Korsett aus Überzeugungen anderer darüber, wie wir zu sein und was wir zu tun haben, wachsen wir auf.

Bereits als Kind werden in unserem Elternhaus und in der Schule vielfältige Erwartungen an uns gerichtet. Wir sollen ein bestimmtes Verhalten an den Tag legen, Leistungen erbringen oder gewisse Fähigkeiten entwickeln. Als Gegenleistung bekommen wir Anerkennung und Liebe. Das ist der Deal. Was Eltern und Lehrern dabei verloren geht, ist der Blick für die Einzigartigkeit unserer Seele – die Liebe verdient, ohne dass wir zunächst etwas tun oder leisten müssten.

Sei brav, sei fleißig, schreib eine Eins in Mathe, mähe den Rasen, spiel ordentlich Klavier, sei sportlich, erfülle diese oder jene Erwar-

27

tungen des Lehrers, des Vaters, der Mutter, des Opas etc., dann wirst du im Gegenzug gelobt, bekommst das Gefühl, dass man dich mag, dass du in Ordnung bist. Bedingungslose Liebe? Wohl eher ein Tauschhandel, der wesentliche Qualitäten unserer Seele erstickt. Und zwar konsequent.

Dieses Tauschgeschäft bestimmt unsere Erziehung, Ausbildung und schließlich unsere Berufstätigkeit. Das Schulsystem lässt keinen Raum für das Erkennen und die wohlwollende Förderung der individuellen Talente. Schule tut alles andere, als der Einzigartigkeit der jungen Menschen zum Durchbruch zu verhelfen. Dafür ist sie mit ihren vorgefertigten Noten- und Kurssystemen viel zu sehr auf ständige Messung, Bewertung sowie Be- und Verurteilung ausgerichtet. In dieses Schema werden wir als junger Mensch gepresst. Bewertung, Vergleich und Anpassung sind die Phänomene, die unser Schülerdasein vom ersten bis zum letzten Schultag durchgehend beherrschen.

Unterschwellig begleitet uns also von Kindesbeinen an die Angst, möglicherweise einmal den Erwartungen nicht zu genügen. Schon als Kind sind wir Getriebene, nahezu ständig damit beschäftigt, uns zu vergleichen bzw. besser zu sein als die anderen. Ein lebenslanges »Männchenmachen«?

So dressiert geht's munter weiter im Berufsleben. Voller Engagement stürzen wir uns anfangs in die Herausforderungen des Berufes, um die Welt oder zumindest das Unternehmen zu verbessern. Dafür sind wir anfangs bereit, gerne auch mehr als 40 Stunden die Woche zu arbeiten. Schließlich wollen wir Erfolge vorweisen, es uns und anderen beweisen. In der Regel gelingt dies und wir klettern in der Hierarchieleiter weiter nach oben. Doch irgendwann ereilt uns das allseits bekannte Phänomen: Wir fühlen uns wie ein Hamster im Laufrad – ausgebrannt, beinahe maschinenartig funktionierend, von einem Projekt zur nächsten Task, von einer Gewinnbeteiligung zur nächsten hetzend.

Das Paradoxon der Anerkennung
erster Ordnung

Wir glauben, dass unsere Sehnsucht nach Anerkennung von außen, das heißt durch andere gestillt werden kann. Wir verschleißen uns dafür – nicht selten bis zum Burn-out –, während unser inneres Konto nach Liebe und Anerkennung noch immer das gleiche Defizit aufweist. Und wenn wir in unserem Job den Eindruck haben, wir als Person und unsere Arbeit werden nicht in dem Maße gewürdigt, wie wir es uns wünschen, sind wir geneigt, das Unternehmen zu wechseln. Wir sind getrieben von dem Bedürfnis, endlich die Anerkennung zu bekommen, nach der wir uns sehnen.

Wir wissen nicht, dass wir erst durch die Selbstliebe – für die Einzigartigkeit unserer Existenz, für unser So-sein – erlöst werden aus der Co-Abhängigkeit.[1] Früher bestand diese Co-Abhängigkeit zwischen uns und unseren Eltern, später zu unseren Lehrern und heute zu unseren Arbeitgebern. An die Stelle der Eltern ist heute der Chef getreten, der doch endlich sagen möge: »Super, Sie sind hervorragend – genau so, wie Sie sind!« Unser Chef soll damit die Leere in uns ausfüllen, die in Wahrheit nur durch unsere Selbstliebe gefüllt werden kann.[2]

Mit der Selbstliebe fängt ALLES an!

Erst, wenn wir uns selbst bedingungslos lieben, sind wir selbstständige, starke Menschen. Die Schöpfung hat uns genau so gemacht und genau so gewollt, wie wir sind. Warum sollten wir darauf warten, dass andere uns legitimieren?

Gefangen im Paradoxon erster Ordnung verwechseln wir:

➤ Außen und Innen: Wir tun ganz viel im Außen, um unser Defizit im Inneren zu schließen. Das kann nicht funktionieren.

29

➤ Andere und Ich (das, was ich und andere vermögen): Das, was andere mir zu geben vermögen, ist Liebe. Und das, was ich mir zu geben vermag, ist Selbstliebe. Das ist das Gleiche: Menschen-Liebe.

➤ Die Reihenfolge von Liebe und Selbstliebe: Mit der Selbstliebe fängt ALLES an. Erst, wenn ich mich selbst bedingungslos liebe, kann ich bedingungslose Liebe für andere empfinden und von ihnen empfangen. Ansonsten ist es ein Tauschhandel, eine Co-Abhängigkeit, Manipulation oder Erpressung.

Das Paradoxon der Anerkennung zweiter Ordnung

Während wir um Anerkennung und Liebe für unsere Einzigartigkeit buhlen, verstecken wir dieselbe. Obwohl wir uns nach Anerkennung für unsere individuelle Einzigartigkeit sehnen, richten wir unsere ganze Aufmerksamkeit darauf, uns möglichst unauffällig in den gleichförmigen Kanon unserer Kollegen einzureihen. Wir passen uns unserer Umwelt an – so lange, bis kaum noch etwas von unserer Einzigartigkeit erkennbar ist.

Jeder Mann nimmt die Farbe
seiner Umwelt an.
Chinesisches Sprichwort

Kaum haben wir eine neue Stelle angetreten, fahren wir all unsere Antennen aus, um herauszufinden, welches Verhalten im Team kommod ist und mit Zugehörigkeit, Wohlwollen und Freundlichkeit belohnt wird. Vorsichtig beschnuppern wir die Kultur, beobachten, wie man sich in Meetings verhalten muss, damit der Chef nicht sauer wird, und was man tun muss, um dessen Wohlwollen – ein gnädiges Lächeln, eine Streicheleinheit, ein Lob – von ihm zu erhalten. Damit er, der Chef, stellvertretend für Papa sagt: »Du bist ein toller Junge!« bzw. »Du bist ein tolles Mädchen!«

Anpassung, bis der Arzt kommt – Die Geschichte von den Oldtimern

Herr L. ist Personaldirektor in einer großen Versicherung. Kürzlich, so berichtete er mir, ertappte er sich dabei, wie er eines Samstags beim Einkaufsbummel in Buchhandlungen nach Büchern über Oldtimer Ausschau hielt. Eigentlich interessieren ihn Oldtimer überhaupt nicht. Dennoch war er ernsthaft darum bemüht, sich fachlich-technische Details einzuprägen. Und warum? Um seinem Chef, einem passionierter Oldtimer-Fan, zu gefallen. Herr L. beabsichtigte, beim nächsten Gespräch mit seinem Vorgesetzten mit ein wenig Fachsimpelei zu glänzen. Auf diese Weise wollte er von ihm das Gefühl vermittelt bekommen: »Brav, du bist gut, weil du so bist, wie ich bin!« Ein Tauschgeschäft. Ich mache mich möglichst gleich mit dir und du akzeptierst mich dafür so, wie ich bin.

Diese grundsätzliche – wenn auch erkaufte – Akzeptanz seiner Person sollte sich auf das Projekt übertragen, das Herr L. von seinem Chef genehmigt bekommen wollte (der eigentliche Anlass des Gespräches).

31

Kopfschüttelnd über sich selbst, berichtete mir der Personaldirektor: »Es ist doch absurd, was ich hier mache! Was hat das mit mir zu tun? Es ist reine Anpassung, die ich da praktiziere!«

Diese Art von Tauschgeschäften, wie sie Herr L. anstrebte, finden heute allerorten in den Unternehmen statt. Sie sind fester Bestandteil der Unternehmenskultur. »Biete Anpassung – suche Anerkennung.« Reziprok, aus Chefsicht, gilt das Gleiche: »Biete Anerkennung – suche Anpassung.« Allerdings nehmen wir diese geheimen Spielregeln kaum bewusst wahr, da sie sehr subtil vonstatten gehen und wir sie nie offen benennen.

Ob in Führungskräftemeetings, bei zufälligen Begegnungen mit dem Vorstand im Fahrstuhl, mit dem Chef beim Mittagessen, wir buhlen immer wieder um Anerkennung und Liebe für unsere Person. Wir zeigen kaum unser Selbst, das, was uns wirklich ausmacht. Wir setzen viel lieber eine Maske auf, versuchen uns von unserer besten Seite zu zeigen – nein, von der Seite, von der wir vermuten, dass die anderen sie für die beste halten. Was bleibt da noch von uns übrig? Wo bleibt unsere Einzigartigkeit? Sie liegt brach und verkümmert, weil wir glauben, dass sie keiner sehen will. Und so verlieren wir allmählich den Zugang zu ihr und damit zu uns selbst.

Ich erinnere mich sehr gut an mein eigenes, oft absurdes Anpassungsverhalten in meinen ersten Berufsjahren. Wenn ich zum Beispiel auf einer Geschäftsreise neben meinem Chef im Flugzeug saß: Welches Buch lese ich nun? Fachliteratur oder den viel gemütlicheren Krimi? Welche Themen sind interessant genug, um sie beim gemeinsamen Abendessen nach dem Kongress anzubringen? Welche Themen würden ihn langweilen? Wenn ich beim nächsten Führungsmeeting meine vielleicht etwas ungewöhnliche Meinung vertrete, rutsche ich dann wie Kollege Meier auf die Abschussliste?

Nicht die Gleichheit und schon gar nicht
Gleichmacherei schafft Einheit,
sondern die Verschiedenheit,
verbunden mit Offenheit und Toleranz.

Niklaus Brantschen[3]

Manager erinnern an Zuhälter, die in unseren Unternehmen eine Kultur der Prostitution züchten: Mitarbeiter verkaufen ihre Ehrlichkeit, sie geben große Teile ihres wahren Wesens auf, um dafür Anerkennung von ihren Chefs zu bekommen. Mitarbeiter gleichen Prostituierten, die mitspielen, aus Angst, in Ungnade zu fallen und damit ihren Arbeitsplatz zu verlieren. Die tabuisierte Spielregel ist klar: Als mitspielende Opportunisten werden sie für ihre Loyalität bezahlt.

Sie werden vielleicht sagen, »Aber es ist doch legitim, sich wie Herr L. zu verhalten. Warum soll man denn nicht offen sein für die Interessen des anderen, und es kann sogar taktisch klug sein, so vorzugehen. Daran ist doch nichts Verwerfliches!«

Offen für die Interessen der anderen: Ja! Aber ist es wirklich nötig, seine eigenen Interessen zu verbergen und sie denen des Hierarchieoberen unterzuordnen? Und sich dafür die grundsätzliche Anerkennung der eigenen Person zu erkaufen (von der ja nur noch ein Schatten übrig ist vor lauter Anpassung)? Warum erzählen Sie Ihrem Chef nicht davon, was Ihr Herz entflammt, wofür Sie sich begeistern? Unterschwellig scheint hier das ungeschriebene Gesetz zu gelten: Die Interessen des Chefs sind mehr wert (berichtenswerter) als die des Mitarbeiters. So ein Unsinn! Hören Sie als Mitarbeiter auf mit der prostitutiven Anpassung! Zeigen Sie Selbstbewusstsein! Und hören Sie als Chef damit auf, sich (vermeintlich) gleich gesinnte Klone zu züchten!

Marion Gräfin Dönhoff plädierte vehement für unsere Einzigartigkeit oder, wie sie es nennt, Zivilcourage: »Das entscheidende Stichwort heißt also Zivilcourage. In der heutigen Massengesellschaft, die nach dem Gesetz des Konformismus angetreten ist, sodass selbst die Nonkonformisten sich in Kleidung, Denken und Gebräuchen streng konformistisch verhalten, ist dies eine seltene Qualität.«[4]

Und das alles im offenen Vollzug

Das, was die Beziehung zwischen Manager und Mitarbeiter heute also auch ausmacht, ist Co-Abhängigkeit! Einer braucht den anderen und umgekehrt – über die fachlichen Funktionen hinaus. Unabhängig von der Unternehmensgröße und Hierarchiestufe gilt: Vordergründig braucht der Manager den Mitarbeiter, damit bestimmte Aufgaben erledigt werden. Und umgekehrt braucht der Mitarbeiter den Chef, damit er monatlich ein Gehalt erhält, mit dem er seinen Lebensunterhalt bestreiten kann. Aber hinter dieser kaufmännischen Beziehung von Leistung und Gegenleistung wirkt noch ein weiterer Charakter in ihrer Verbindung, der mindestens ebenso machtvoll ist: die Co-Abhängigkeit in Bezug auf Anerkennung und Liebe.[5] Und in diesem Bedürfnis sind sich Manager und Mitarbeiter gleich!

Beide – Manager und Mitarbeiter – sind in den seltensten Fällen selbstbewusste Wesen, die aus ihrer inneren Stärke heraus agieren, die für sich, ihre Werte und ihre Seele einstehen, die sich zeigen, die andere nicht für ihre persönlichen Zwecke gebrauchen, die tatsächlich die volle Kraft ihres einzigartigen Potenzials leben. In ihrem Inneren sind die meisten Menschen, die wir in den Unternehmen antreffen, hochgradig unsicher. Deshalb sind sie immer gierig auf der Suche nach Anerkennung von außen, von anderen.

Denken Sie an die vielen Top-Manager, die für Skandale sorgen. Ihre Zahl nimmt zu. Immer häufiger füllen sie die Seiten in Wirtschaftsmagazinen: So sind zum Beispiel im *manager magazin* vom August 2003 um die 20 Top-Manager aufgeführt, die der Wirtschaftskriminalität verdächtigt, angeklagt oder beschuldigt sind. Sie waren die obersten Führungskräfte, Vorstände oder Aufsichtsräte der großen deutschen Firmen, an denen wir uns in den Nachrichten oder im DAX immer wieder orientieren. Es sind Unternehmen wie die Deutsche Bank, die WestLB, GoldZack, Reemtsma, TUI, Babcock, Mannesmann, Telekom etc.

Ich frage mich: An wem orientieren wir uns da? Wer wird uns da als Vorbild verkauft? »Sind Deutschlands Manager kriminell?«, titelt das Magazin. Ich würde sagen: Sie sind süchtig, in ihrer Sucht geradezu unersättlich ... und hochgradig therapiewürdig!

Die Suche nach Anerkennung ist wie eine Sucht, und ist wie jede andere Sucht grenzenlos. Es kann nie genug sein. Dabei ist Sucht, egal ob nach Anerkennung, nach Alkohol, Zigaretten, Macht, Sport oder Sex immer Ausdruck eines Defizits, eines Mangels an etwas ganz anderem. Die Sucht nach Anerkennung und Liebe von außen ist Ausdruck unseres Defizits an Selbstliebe.

Von daher bedürfte es des Coachings für Manager wie Mitarbeiter, um sie darin zu unterstützen, eine gesunde Selbstliebe zu entwickeln. Erst dann können sie in einer gesunden Beziehung zueinander stehen und aus ihrer vollen Kraft heraus für ihre Kunden wirken.

> Will unsere Wirtschaft gesunden,
> kommen wir um die Selbstliebe
> nicht herum.

Die Geschichte von den Spuren im Teppich

Sie müssen nicht große Budgets verwalten und ausgeben, um sich groß zu fühlen – so wie es die Geschäftsführer einer Start-up-Company unlängst taten. Ein Beratungskollege war vor einiger Zeit in einem Projekt für ein neu gegründetes Unternehmen der Medienbranche tätig. Die beiden jungen, dynamischen Geschäftsführer der Start-up-Company waren mit einem üppigen Budget ausgestattet worden, um die Firma ins Laufen zu bringen. Sie gingen frisch ans Werk. Mit vollen Händen investierten sie – allerdings in völlig unsinnige Dinge, die einzig und allein dazu dienen sollten, ihnen das Gefühl zu vermitteln »Was bin ich für ein Kerl!« Anstatt die vitalen Kernprozesse zu etablieren, Mitarbeiter und Kunden zu gewinnen, mieteten sie eine viel zu große Büroetage an, statteten sämtliche Zimmer mit Designerlampen und Hightechcomputern aus und platzierten im Empfangsbereich ein sündhaft teures Sofa. Dabei sah der Business-Plan vor, dass die Firma im ersten Geschäftsjahr nur wenige Mitarbeiter haben sollte, die in einem Drittel der Bürofläche Platz gefunden hätten.

Jeweils am Tag vor den regelmäßig stattfindenden Aufsichtsratssitzungen vollzogen die Geschäftsführer folgende Rituale: Die Glastür, die sich in der Mitte des Büroflures befand, wurde geschlossen, so dass der Eindruck entstand, die Bürofläche der Firma sei nur halb so groß (und hinter der Glastür residiere ein anderes Unternehmen). Das teure Sofa im Empfangsbereich wurde vorher in ein Büro hinter der dann verschlossenen Glastür verfrachtet. Die Abdrücke, die das Sofa durch sein Gewicht im Teppich hinterlassen hatte, wurden mit einer Bürste geglättet. Bald jedoch flog der Größenwahn der beiden Geschäftsführer auf, als auch die frisierten Bilanzen nicht länger über die Realität hinwegtäuschen konnten.

Das Defizit auf unserem inneren
Selbstliebe-Konto ist weder
durch ein mehr an Leistung noch an
materiellen Gütern zu schließen.

Was wollten sich die beiden Geschäftsführer beweisen? Je unsicherer wir in unserem Innersten sind, umso mehr versuchen wir, uns durch materielle Dinge ein Gefühl des Geliebtwerdens und der Sicherheit vorzugaukeln.

Paradox ist dabei, dass das, was wir suchen, ja nicht in der Materie zu finden ist. Die Formel »Je mehr ich besitze, umso mehr werde ich geliebt, bewundert und anerkannt« kann nicht funktionieren. Nichts kann uns da wirklich helfen – weder das teure Auto, die Villa, oder der neueste technische Schnickschnack. Nicht umsonst fallen vermeintlich erfolgreiche Manager in ein tiefes seelisches Loch, wenn sie von ihrem Arbeitgeber geschasst werden oder ihre Ehefrau sich plötzlich von ihnen trennt. Sie waren Co-Abhängige. Sie müssen ihren Irrtum erkennen, dass das, was sie suchen, weder über Materie noch von anderen zu bekommen ist.

Von der Realität verschont

Pseudokomplexität und Kybernetik

Wir neigen irrtümlicherweise dazu, »komplex« bzw. »kompliziert« als »gut« und »anspruchsvoll« zu bewerten und »einfach« als »oberflächlich und banal«. Aufgrund dieser irrigen Bewertung haben wir es mit der Komplexität im Management in der Vergangenheit stark übertrieben. Die Welt ist komplex und einfach zugleich. Und beide Qualitäten sind gleichermaßen berechtigt und wertvoll. Um wieder ins Gleichgewicht zu kommen, müssen wir uns auf das Einfache besinnen.[6]

Any intelligent fool can make things bigger,
more complex, and more violent.
It takes a touch of genius – and a lot of courage –
to move in the opposite direction.
Albert Einstein

Einst erfuhr ich von einem Programmierer, der als Spezialist für die Betreuung eines sehr komplexen Anwendungssystems verantwortlich war, dass das Programm, das äußerst wichtige wertschöpfende Prozesse des Unternehmens unterstützte, regelmäßig abstürzte. Der Programmierer wurde in solchen Notfällen aus seiner Rufbereitschaft gerufen, um das Programm so schnell wie möglich wieder zum Laufen zu bringen. Nach einiger Zeit stellte sich heraus, dass er die Fehler selbst eingebaut hatte, um als Retter in der Not, der (allmächtige) Erlöser, Anerkennung zu finden!

Warum? Weil er sich selbst nicht genügend Anerkennung gab und dadurch süchtig nach Anerkennung von außen war. »Je komplizierter ich meinen Job gestalte, desto wahrscheinlicher ist es, dass ich als Spezialist gehandelt werde. Ich bin der Einzige, der noch durchblickt. Und das wiederum ist der Beweis meiner Intelligenz – dafür muss ich doch Anerkennung bekommen!« Die Geschichte klingt absurd – aber seien wir mal ehrlich, neigen wir nicht auch zur Selbstbeweihräucherung, oder sind das immer nur die anderen? Finden wir es nicht auch äußerst angenehm, als unentbehrlich zu gelten?

Aber nicht nur als Einzelperson treiben wir unsere selbst gebastelte Komplexität auf die Spitze. Es scheint, als habe sich Adam Smith's Idee der arbeitsteiligen Welt auf vielfältigste Weise im gesamten Management verselbstständigt.

Alles, was im Unternehmen vonstatten geht, teilen wir ein in immer kleinere Kategorien, Strukturen, Kästchen etc. Wir zerlegen unser Geschäft in verschiedene Leistungsarten mit unterschiedlichen Preis- und Geschäftsmodellen, in Steuerungs-, Unterstützungs- und wertschöpfende Prozesse. Diese wiederum in Teilprozesse, in Prozessschritte, denen wir Geschäftsbereiche, Abteilungen, Funktionen und Rollen zuordnen, deren Zuständigkeit wir differenzieren nach Entscheidungsgewalt, Mitarbeit, Beratung etc. Was uns dabei verloren geht, ist der Blick fürs Ganze.[7]

Als ich zu Beginn meiner Beratungstätigkeit noch Prozessoptimierungen durchführte, bestand das Problem der meisten Unternehmen darin, dass sich keiner ihrer Angestellten mehr für den Gesamtprozess zuständig fühlte. Niemand sorgte dafür, dass ein Kundenauftrag von Anfang bis Ende reibungslos durch das Unternehmenssystem lief und schließlich ein einwandfreies Produkt entstand, das dann auch tatsächlich an den Kunden ausgeliefert wurde. Vor lauter Konzentration auf den eigenen, kleinteiligen Prozessausschnitt hatte man sowohl das Produkt als Ganzes als auch die Entität »Kunde« aus dem Auge verloren. So war es nicht verwunderlich, dass viele Unternehmen mit Auftragsrückstau, unzufriedenen Kunden und einem lausigen Beschwerdemanagement zu kämpfen hatten. Ganz abgesehen von den unzufriedenen Mitarbeitern, die nicht mehr als ganzer Mensch betrachtet wurden, sondern als Funktionserfüller, spezialisiert auf einen Teilausschnitt im Produktionsprozess.

Der Komplexitätswahn rächte sich auch in technologischer Hinsicht: Die kleinteiligen Geschäftsausschnitte hatte man im Laufe der Jahre in IT-Systemen abgebildet – allerdings in verschiedenen Systemen, die nicht miteinander kommunizierten. Man stand vor einem Datensalat, aus dem keine sinnvollen Informationen zu gewinnen waren – jedenfalls nicht mit vertretbarem Aufwand.

Also mussten irgendwann integrierte Systeme her wie SAP, die aus dem Separierungswildwuchs der Vergangenheit Standardprozesse machten und diese in Beton gossen. Zwar waren jetzt Auswertungen über einen Kunden und Aufträge möglich, erfolgreicher und kundenorientierter haben sie die Unternehmen jedoch nicht gemacht. Fällt doch jegliches Kundenbegehren, welches vom festzementierten Standardprozess abweicht, dem »Ham-mer-net-Syndrom«[8] zum Opfer.

Dabei ist es längst nicht so, dass sich die Unternehmen heute nur noch eines IT-Systems bedienen würden, um ihren Wahnsinn zu verwalten. Tatsächlich betreiben sie auch heute noch heterogene Systemlandschaften, die nicht nur komplex, sondern auch kostspielig sind. Komplexität hat ihren Preis – auch durch die Zeit, die sie von uns fordert.

Absurd ist, dass Manager wie Mitarbeiter unter der selbst geschaffenen Pseudokomplexität leiden. Jeder stöhnt über die Flut von Informationen, über Dinge, mit denen wir eigentlich gar nichts zu tun haben wollen. Alle haben das Gefühl, das System Arbeit ist nicht mehr beherrschbar, wir verlieren uns im Detail, ohne noch irgendeinen Sinn erkennen zu können.

Pseudo-Komplexität – eine Hassliebe? Wenn Sie drei Wochen im Urlaub waren, und es wären in Ihrer Abwesenheit nur zwei E-Mails auf Ihrem Account eingegangen – wären Sie dann nicht furchtbar enttäuscht, würden Sie sich dann nicht überflüssig und nutzlos in dem System fühlen? Würden Sie sich nicht auch viel lieber im Kollegenkreis damit brüsten: »Mein Gott, während meines Urlaubs sind bei mir 187 E-Mails aufgelaufen!« Um damit zu dokumentieren: Was bin ich doch für ein wichtiger Kerl! Ohne mich läuft hier ja gar nichts! Obwohl Sie vielleicht im Grunde Ihres Herzens denken: »Lasst mir doch alle meine Ruhe. Am liebsten würde ich die ›delete all‹-Taste drücken!«

Was wir natürlich nicht tun. Denn wie wir aus der Kybernetik wissen, neigen Systeme dazu, sich selbst zu erhalten und ihr vertrautes Elend zu stabilisieren. »Autopoiese« nennt man dieses Phänomen.[9] Unsere Unternehmen können wir als hochkomplex organisierte, nicht triviale Systeme betrachten. Auch nach einer Störung, einer Intervention, versuchen sie, das Gleichgewicht wiederherzustellen. Sie kennen das sicher aus eigener Erfahrung. Wenn Sie einen Vorschlag machten, wie die Dinge in Ihrem Unternehmen einfacher gestaltet werden könnten, brachten viele Kollegen in den Abteilungen unzählige Argumente vor, warum das nicht geht und alles eben so zu sein hat, wie es ist. Systeme entwickeln enorme Kräfte, um den Status quo zu erhalten, mag er auch noch so absurd, komplex oder kompliziert sein, mögen seine Mitglieder auch noch so sehr unter ihm leiden.

Gerade die einfachen Weisheiten, die Einsichten in das Wesentliche und die einfachen Vorgehensweisen werden es sein, die uns im Management der Zukunft weiterhelfen werden. In der Vogelsperspektive bekommen wir Abstand vom Detail, damit das Einfache, das Verbindende, die großen Zusammenhänge, die interdisziplinären Metaweisheiten wieder sichtbar werden, die uns SINN-volle Orientierung geben.

Meines Erachtens müssen wir dazu nicht sämtliche Strukturen abschaffen, denn ohne sie können wir weder Unternehmen gut steuern noch in unserem Leben gut auskommen. Ließen wir jedoch die aus falschem Ehrgeiz geschaffene Pseudokomplexität und Überdosis an Strukturen weg, wäre unseren Unternehmen schon sehr geholfen!

Und wenn Manager dann noch für Strukturen sorgten, die einen Freiraum ermöglichen, in dem sich echte Kreativität entfalten kann, wären wir einen sehr viel größeren Schritt weiter. Dann bräuchten wir keine linkshirnig vorgegebenen, einengenden Standardstrukturen mehr. Dann würden wir gespannt sein, was sich in der Freiheit zeigen will, welche sinnvolle Struktur sich aus allen Intelligenzen herauskristallisieren will. Allerdings erfordert dies ein zuvoriges gutes Selbstmanagement, damit uns das eitle Ego nicht auf die falsche Fährte lockt. Zu oft wurden in der Vergangenheit Strukturen um die Eitelkeit einzelner Personen herumgebaut.

Das Inselleben der Vorstände – oder: Je dicker die Teppiche

Vorstände residieren in der obersten Büroetage der Glaspaläste, die wir unsere Unternehmen nennen. Warum eigentlich? Um keinen Zweifel an den Machtverhältnissen zu lassen? Oder wollen sie mit der aufsteigenden Stockwerkzahl selbst an Größe gewinnen? Oder möchten Vorstände, die visionär-strategischen Denker, die Weitsicht in die Welt und sämtliches Geschehen im Unternehmen im Blick haben?

Je höher man in der Hierarchiestufe klettert,
umso höher das Stockwerk,
in dem man sein Büro beziehen darf.

Sicher ist jedenfalls, dass ihnen Letzteres in der Regel nicht glückt. Werden Vorstände doch derart von der Realität abgeschirmt, dass sie wie auf einer unberührten Insel leben. Dafür sorgen nicht zuletzt die dicken, gedämpften Teppiche, die in den Vorstandsetagen ausliegen.

Je höher man kommt, umso dicker die Teppiche. Das ist zumindest meine Erfahrung. Keine strapazierfähige Schlingenware liegt in den Vorstandsetagen aus, nein, dickfloorige, weiche Teppiche, die alle unangenehmen Störgeräusche des hektischen operativen Treibens verschlucken. Vornehme Stille herrscht auf Deutschlands Vorstandsetagen. Nichts von dem lästigen Lärm der Welt, von den banalen Sorgen und Nöten der Produktion soll in die sensiblen Ohren der Vorstände dringen. Dafür sorgen allerdings nicht nur die Teppiche, in die der Besucher versinkt, und mit ihm sein Mut.

Moderne Monarchien: Schonkost für Chinchillas

Es sind die Untergebenen, die ihren Beitrag zum Schonprogramm für die Obersten leisten und dafür sorgen, dass Vorstände ein ungestörtes Inselleben fernab jeder Realität führen können. Haben wir einen Termin auf Vorstandsebene, so verhalten wir uns unnatürlich, gehemmt und so, wie wir glauben, dass es dem Vorstand gefällt. Also berichten wir in stark abgemilderter Form von dem, was uns tatsächlich auf der Seele liegt, von Problemen, die uns in der operativen Welt umtreiben, von dem Wahnsinn, den das interne Projektportfolio im tagtäglichen Geschäft auslöst, von den Ängsten, dem Unbehagen, der Unzufriedenheit, die die Führung bei den Mitarbeitern geschürt hat. Die tatsächliche Brisanz der Dinge, die ungeschönte Realität bleibt im Verborgenen. Wir füttern die Vorstände mit Schonkost. Als seien Vorstande eine ganz empfindliche Spezies, die – wenn mit der nackten Wahrheit konfrontiert – wie ein empfindliches, überzüchtetes Chinchilla-Tierchen eingehen – oder aber wie ein Kaiser Nero despotisch unberechenbar werden könnten.

Die Begegnung zwischen Vorständen und untergegeben Führungskräften erinnert mich immer wieder an Länder mit Pseudoparlamenten, an verkappte Monarchien, deren Herrscher sehr schnell böse werden können. Und Letzteres will man lieber nicht herausfordern. Erst muss dem Premier stundenlang gehuldigt werden, bevor äußerst vorsichtig und sehr diplomatisch auf einen möglichen Missstand im Land, auf einen eventuellen Verbesserungsbedarf hingewiesen werden darf. Und wenn man dies tut, dann so euphemistisch, dass die Situation überhaupt nicht mehr als Missstand erkennbar ist – wodurch sich der Herrscher auch nicht veranlasst fühlt, irgendetwas zu verändern. Mittelalterliche Zustände in unseren Unternehmen?

Mit welch despotischem, menschenverachtendem Geist gerade heute Vorstände regieren, zeigt sich insbesondere dann, wenn es darum geht, untergebene Manager oder Mitarbeiter zu entlassen. Ein Beispiel dazu, nicht konstruiert, sondern mitten aus dem Leben gegriffen.

Zwei Geschäftsführer eines Unternehmens wurden nach langen, verdienstvollen Jahren in einer Aufsichtsratssitzung ohne jegliche Vorwarnung geschasst. Einer der beiden Geschäftsführer war über 25 Jahre für das Unternehmen tätig gewesen, mit sehr viel Engagement, innerer Verbundenheit für seine Aufgabe und das Unternehmen. Sicherlich war das Management der beiden Geschäftsführer nicht frei von Fehlern gewesen, wie dies bei keinem Menschen der Fall ist. Grundsätzlich hatten die beiden jedoch ihr Geschäft seriös und zuverlässig geführt.

Wie gewohnt hielten die Geschäftsführer mit dem Aufsichtsratsvorsitzenden zwischen den Sitzungen telefonisch Kontakt – man avisierte Vorhaben, schmiedete gemeinsame Pläne etc. So auch am

Vorabend dieser denkwürdigen Aufsichtsratssitzung. Im Verborgenen blieb in den Vorgesprächen, dass der Aufsichtsrat schon längst beschlossen hatte, die beiden Geschäftsführer in der nächsten Sitzung zu schassen.

Die Aufsichtsratssitzung dauerte nur wenige Minuten – genauso lange, wie der Aufsichtsrat brauchte, um zu sagen, dass die beiden Geschäftsführer innerhalb von drei Stunden das Unternehmen zu verlassen hätten. Eine Begründung blieb er schuldig. Und so mussten sich die beiden altgedienten Herren wie Diebe aus dem Unternehmen schleichen, ihre Autoschlüssel abgeben, ihre persönlichen Habseligkeiten aus ihren Schreibtischen räumen. Zeit, um sich von den Mitarbeitern zu verabschieden, blieb ihnen nicht.

Zeugt der Geist dieses Aufsichtsrates von menschlicher Weisheit? Von Anerkennung und Wertschätzung der Würde des Menschen? Von offener Kommunikation? Von Ehrlichkeit?

Einer der beiden Geschäftsführer konnte die Schmach dieses würdelosen Rausschmisses nicht verwinden. Den befreundeten Nachbarn an seinem Wohnsitz vermittelte er den Eindruck, als sei alles in Butter. Wie gewohnt verließ er jeden Morgen sein Haus, allerdings nun, um zum Golfplatz zu fahren. Eines Morgens lag er einfach tot im Bett. Ein körperlich völlig gesunder und im Übrigen glücklicher Mann.

Erkennen Sie im Verhalten des Aufsichtsrates irgendein Zeichen von menschlicher Entwicklung? Müssten nach so vielen tausend Jahren unserer menschlichen Evolution nicht diejenigen, die ein Unternehmen an der Spitze führen, sich durch ein besonders hohes Maß an Weisheit, an Liebe für das Leben auszeichnen? Worauf sind wir eigentlich stolz?

Leider ist ein solch menschenverachtender Geist im Management weit verbreitet. Nicht selten ist er umso verachtender, je höher die Hierarchiestufe. Deshalb: Den dringendsten persönlichen Entwicklungsbedarf als Mensch haben die obersten Manager! Ihr Nachholbedarf besteht nicht in einem Wissen, das sie in einem der renomierten MBA-Studiengänge erwerben könnten. Ihr Nachholbedarf besteht in Sachen Herzensbildung! Und diese Forderung gilt gleichermaßen für uns alle – für Führungskräfte jeglicher Hierarchiestufe und sämtliche Mitarbeiter in den Unternehmen.

An den Missbrauch der Macht gewöhnt sich der Mensch
– wenn die Mitmenschen es zulassen –
so rasch wie der Automobilist ans Schnellfahren.
Darum (...) sind wahrscheinlich die Mitläufer
viel gefährlicher als die Radikalen,
von denen es ja immer nur wenige gibt.

Eugen Kogon[10]

Die schweigenden Mitarbeiter (»die Mitläufer«) sind also gefährlicher als die despotischen Führungskräfte (»die Radikalen«), die ihre eigene Verhaltensstörung gar nicht mehr bewusst wahrnehmen – es sei denn, man würde es ihnen sagen. Daher ist es an der Zeit, unsere Opferhaltung abzulegen, mit der wir uns einreden, wir säßen am kürzeren Hebel, und die uns immer wieder verlockt, als vermeintlich Unbeteiligte wegzusehen.

Vom Unfehlbarkeitsglauben – Götter in Wirtschaftstempeln

Die magische Metamorphose zum Manager

Einmal in ihrem Leben durchleben Manager eine magische Metamorphose – und zwar in dem Moment, in dem sie vom »normalen Angestelltendasein« in den Adelsstand des »Managers« erhoben werden. Ab diesem Zeitpunkt ändert sich etwas Grundlegendes im Leben dieser Menschen: Sie legen die Fehlbarkeit eines normal Sterblichen ein für alle Mal ab. Schlagartig, von einem Moment auf den anderen, sind sie geläuterte Wesen!

Der »magic moment« im Leben eines Managers ist jener, in dem er zu solchem berufen wird. Auf wundersame Weise wird er damit in den Adelsstand der Unfehlbaren aufgenommen. Wurden sie tags zuvor noch für vermeintlich unkluge Entscheidungen oder Versäumnisse von ihren Chefs getadelt, litten sie noch bis gestern unter oftmals unsachgemäß und menschenunwürdig geäußerter Kritik ihrer Vorgesetzen, unter Schuldzuweisungen, ungebetenen Ratschlägen und gönnerhaften Hinweisen, so sind sie es, die ab sofort in ihrer Managertätigkeit aus einer neu gewonnenen Unfehlbarkeit heraus zu wirken beginnen.

Alles ist Erfolg!

Von diesem magischen Moment an ist nur noch ein Ergebnis möglich: Erfolg! Sämtliche Projekte, jegliches Verhalten, alle Vorhaben – egal, um welche Maßnahmen es sich handelt –, sie können nur noch eines: gelingen! Eine andere Möglichkeit gibt es nicht mehr. Alles ist fortan Erfolg – oder wird zumindest als solcher verkauft!

Was ist das Geheimnis dieses Mirakels? Vollzieht es sich dadurch, dass ein neuer Titel auf der Visitenkarte zu lesen ist? Dadurch, dass eine andere Zahl auf dem Gehaltskonto sichtbar wird? Dadurch, dass ein höher motorisierter Firmenwagen und ab sofort ein »Chef-Parkplatz« zur Verfügung steht? Oder dadurch, dass nun Designer-lampen, Flachbildschirme oder anderes elektronisches Spielzeug angeschafft werden können?

Wie der ungläubige Thomas glaubt der Manager an alles materiell Sichtbare! Die üblichen Insignien der Macht nimmt er gerne als Beweis für seine innere Läuterung zur Unfehlbarkeit. In seinem Geschäftsbereich steht er mit diesem Glauben allerdings allein auf weiter Flur. Während seine Mitarbeiter – wie er selbst, als er früher noch »Mitarbeiter« war – die tollkühnen Taten ihres Chefs mitleidig, augenrollend und vor allen Dingen schweigend beobachten, brütet er, der (neugeborene) Manager, bereits seine nächsten pseudo-kreativen Kapriolen aus, um sich mit ihnen zu brüsten. Sein dynamischer Leistungswille ist nichts anderes als ein unermüdlicher Beweiswille seiner Omnipotenz und Genialität.

Der zum Manager beförderte Mensch tut beinahe alles dafür, dass seine Mitarbeiter allmählich den Glauben an seine Zurechnungsfähigkeit verlieren. Allerdings bringt er in seinem irrgeleiteten Selbstverständnis der eigenen Unfehlbarkeit nicht die Ergebnisse hervor, die er hervorbringen könnte. Dann nämlich, wenn er seine eigene Fehlbarkeit akzeptierte!

Geruht wird nur im Grab!

> Wir werden nicht sterben,
> dazu sind wir viel zu beschäftigt.
>
> *Viviane Forrester*[11]

Ich möchte Ihnen von einer Episode berichten, die ich in einem Tagungshotel in der Nähe von Berlin erlebte. Als ich sehr früh morgens beim Frühstück saß, hörte ich, wie sich zwei Herren einer Firma, die in dem Hotel eine Tagung durchführte, am Frühstückstisch begrüßten. Das Gespräch der beiden weiß gehemdeten, beschlipsten, sehr adretten Herren verlief etwa wie folgt, wobei ich Ihnen meine Konnotation nicht vorenthalten möchte:

Herr A: »Na, gut geschlafen?«

Herr B: »Ja, selbstverständlich!« (mit von Stolz geschwellter Brust, im militärischen Stakkato, nach dem Motto »Ich habe alles im Griff!«)

Herr A: »Ja, ja, (wir) die Frühaufsteher sind doch immer die gleichen ...!« (Suche nach Anerkennung und Identität: Wir, die Frühaufsteher, sind die Guten, die kernigen Macher! Die Spätaufsteher-Kollegen sind Weicheier!)

Herr B: »Keine Frage – geruht wird nur im Grab!« (Ich verschluckte mich beinahe an meinem Kaffee.)

Das Paradoxon der Göttlichkeit

Wir machen uns zu Gott,
während wir alles Göttliche ablehnen.

Die beiden Herren erkannten nicht, dass es nicht allein in ihrer Macht steht, gut zu schlafen, gesund aufzuwachen, die Geschicke des Unternehmens erfolgreich zu leiten. Was mich erschreckte, war ihre »Controller-Mentalität«: »Ich bin so potent, so machtvoll, dass alles so passiert, wie ich es will. Schließlich halte ich die Fäden in der Hand, ich habe alles »im Griff«, ich bestimme, was geschieht. Diese Businessmen hatten scheinbar den Kontakt, den Respekt und die Demut vor dem größeren, universalen Zusammenhang verloren, in den sie eingebettet sind; sie ignorierten all die Energien und Kräfte des Universums, mit denen sie in Resonanz stehen. Oft werden diese Leute erst durch einschneidende Ereignisse in ihrem Leben daran erinnert, dass der Fluss des Lebens einer größeren Wahrheit folgt – als allein ihrem zwanghaften Willen.

»Mein Wille geschehe!«

Im Bestreben, unabhängig von einer höheren Macht zu sein, ernennt sich der dem Allmachtswahn verfallene Manager kurzerhand selbst zu Gott. »Auf Gott selbst kann man sich ja nicht verlassen. Da ist es doch erheblich besser, wenn *mein* Wille geschieht!«

Ziel dieser Selbstvergottung ist es, möglichst unabhängig zu werden von einem Gefühl des Getragenseins, des Gehaltenwerdens in einem größeren Sinnzusammenhang, des Vertrauens, dass alles gut ist, so wie es ist, auch wenn er manches im Moment noch nicht versteht. Er will unabhängig sein von einem Rhythmus des Werdens und Vergehens, von einem Gefühl der Dankbarkeit, der Ehrfurcht vor dem Leben. Er will unabhängig sein von der Erkenntnis, dass für alles gesorgt ist – auch ohne sein Zutun, unabhängig von seiner eigenen Verletzlichkeit, seiner Fehlbarkeit, seinen Zweifeln, seinem Scheitern und seiner gelegentlichen Ohnmacht. Er will unabhängig sein von dem Vertrauen in den Fluss des Lebens.

Was der sich zu Gott aufschwingende Manager dabei übersieht: Er verneint das Leben – lässt er sich doch erst gar nicht darauf ein. Wir sind keine unabhängigen Wesen. Wir stehen in Resonanz zu allen Elementen, Energien und Wesen des Lebens, zu allem, was in diesem Universum existiert.

Paradox ist, dass Manager glauben, gottgleich agieren zu können, sich selbst also zu Gott zu machen – einer »Instanz«, die sie doch eigentlich ablehnen. Dabei erkennen sie nicht die göttliche Fülle in sich: das göttliche Prinzip der Liebe und der Fülle in ihrem Alltag, in ihrer Umgebung, in jedem Baum, in jedem Strauch, in jedem Menschen, der ihnen begegnet. Den Blick für das Göttliche haben sie schon lange verloren. Dass sie selbst göttliche Geschöpfe sind, wollen sie nicht erkennen. Das ist doch nur weichliches, religiöses Gehabe, das ist Glauben – nicht bewiesen –, wer mag, kann diesem ja im Privaten frönen, wenn er meint, dass es ihm gut tut. Da nehmen wir doch schon lieber selbst das Zepter in die Hand – und spielen Gott.

Manche Menschen müssen erst krank werden, einen Unfall erleiden oder im Krankenhaus um ihr Leben bangen, um so die Chance zu haben, sich darüber klar zu werden, was sie möglicherweise verwechselt haben.

Alles im Griff?

Kontrolle ist ein Trugschluss – zumal die Art
von Kontrolle, die wir auszuüben versuchen.
Alles, was wir kontrollieren wollen,
kontrolliert uns und unser Leben.

Melody Beattie[12]

Die sich mit Gott verwechselnden Manager scheinen in jeder Sekunde ihres Daseins darum bemüht, mit unzweifelhafter Selbstverständlichkeit ausstrahlen zu wollen: »Keine Sorge – ich habe alles im Griff!« Selbst wenn ein Manager auf dem Weg zur Toilette auf dem Flur zufällig seinem Chef, seinen Kollegen oder Mitarbeitern begegnet, so scheint er in seine Haltung, in seinen flotten Schritt und in sein dynamisch geschmettertes »Guten Morgen« mit allem Nachdruck die Botschaft hineinlegen zu wollen »Alles im grünen Bereich!«, »Ich habe alles im Griff!«. Dies ist ein Trugschluss – die Wirklichkeit spricht eine andere Sprache.

In diesem Zusammenhang erinnere ich mich an eine Situation aus meinen frühen Berufsjahren. Eines späten Abends, nach einem Meeting, ging ich mit meinem Kollegen den Flur hinunter zurück in unser gemeinsames Büro. Die meisten Büroräume waren leer – der Großteil der Mitarbeiter war bereits nach Hause gegangen. Schließlich kamen wir an der Tür eines Kollegen vorbei – ich hielt ihn für den weisesten im Kreise der erweiterten Geschäftsführung, weil er stets rationale und emotionale Intelligenz ganz selbstverständlich miteinander kombinierte. Seine Bürotüre stand ein wenig offen und so sahen wir ihn, wie er in verzweifelter, erschöpfter Pose am Tisch saß, die Brille abgenommen hatte und sich das Gesicht mit beiden Händen rieb. Es war, als hätte er mit dem Ablegen der Brille auch seine Rolle des Managers abgelegt, die ihn ständig dazu nötigte, den Anschein zu erwecken, »alles unter Kontrolle« zu haben. Er befand sich damals in einer sehr schwierigen Situation. Der größte Kunde seines Geschäftsfeldes trieb politische Spielchen mit ihm, drohte abzuspringen und seine ausschließlich rational denkenden Chefs schmetterten seine integrativen Lösungsvorschläge zynisch ab und stellten ihn als Idioten hin.

Mein Kollege war ob dieses Anblicks entsetzt. »Hast du gesehen, wie fertig Herr A. aussah?« Er war erschüttert und verunsichert zugleich, als hätte man ihm selbst den Boden unter den Füßen weggezogen. Wie konnte Herr A., der ihm doch sonst durch sein ausgewogenes, fundiertes Vorgehen so viel Sicherheit vermittelte, selbst plötzlich so verunsichert, so verzweifelt sein? Mein Kollege fühlte sich und den ganzen Geschäftsbereich plötzlich bedroht. Wenn Herr A. schon ratlos ist, wie soll es dann nur weitergehen?

Dabei hatte Herr A. in einem vermeintlich unbeobachteten Moment einfach nur gezeigt, wie es wirklich in diesem Augenblick um ihn bestellt war. Mir machte seine Gemütsverfassung keine Angst; ich empfand sie vielmehr als »normal«. »Normal« für seine Situation – völlig zerrieben zwischen den Fronten, ohne Wertschätzung seiner Weisheit, ohne Anerkennung für sein »So-sein«. Da kann man schon mal erschöpft und verzweifelt sein und von dieser Situation aus sich wieder sammeln. Herr A. befand sich gerade in der Talsohle, am tiefsten Punkt der Krise, von dem aus es wieder bergauf geht.

> Tauschen Sie ein Leben, das Sie
> zu kontrollieren versuchen,
> gegen etwas Besseres:
> ein Leben, das lenkbar ist.
> *Melody Beattie*[13]

Das Paradoxon der Vollkommenheit

Der zum Manager gekürte Mensch versucht mit aller Macht, sich ums Scheitern zu drücken. Seine Sehnsucht ist es, keine Schattenseiten zu haben, keine schmerzhaften Erfahrungen machen zu müssen, niemals zu irren. Was dabei herauskommt, sehen wir an unzähligen Beispielen des Missmanagements in der Wirtschaft und der Politik. Der ehemalige Chef der Bundesanstalt für Arbeit, der zurücktreten musste, hatte ein halbes Jahr zuvor in einem Interview angegeben: Noch nie habe er sich in seinem Berufsleben geirrt.[14]

Je mehr wir versuchen, perfekt zu sein, indem wir unsere fehlbare Seite leugnen, umso fehlbarer, umso irregeleiteter agieren wir. Das hat die Geschichte schon häufig gezeigt, wir könnten an dieser Stelle viele Namen nennen.

Um Horst-Eberhard Richter zu zitieren: »Wer aus Scheitern nicht lernen kann, gefährdet sich. Unfähig, sich zurückzunehmen, rennt er sich wahrscheinlich irgendwann den Kopf ein. Er büßt für seine Weigerung, den Grund für sein Misslingen in sich selbst zu bearbeiten. Er mag ein besonderes Maß an Unerschrockenheit und Durchsetzungswillen darstellen. In Wirklichkeit hält er es nicht aus, an sich selbst zu zweifeln. Sich eines schwer wiegenden Irrtums zu überführen schreckt ihn. So ist seine Unbeirrbarkeit nichts anderes als Resignation. Die Ahnung, dass er tatsächlich irrt, bekämpft er durch eine ewige Flucht nach vorn.«[15]

So paradox es klingen mag: Menschen sind dann vollkommen, wenn sie sich (und anderen) ihre eigene Fehlbarkeit eingestehen. (Das gilt auch für Manager!)

Das Paradoxe ist: Je mehr ein Mensch sich mit Gott verwechselt, je mehr er sich also für unfehlbar hält, umso mehr Fehler macht er. Überprüfen Sie einmal für sich, ob Sie diese Behauptung auch feststellen, wenn Sie die Manager in Ihrer Umgebung beobachten. Der einzig heilsame Weg aus der Managerunfehlbarkeitsfalle heraus ist

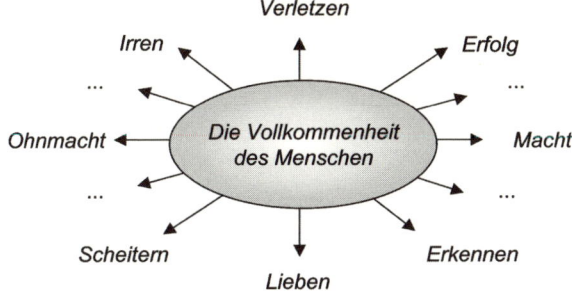

es, mit allen Sinnen zu verstehen und zu akzeptieren: »Indem ich Fehler mache, bin ich vollkommen!«

Je mehr Sie versuchen, keine Schwächen, kein Scheitern zu zeigen, umso mehr Energie müssen Sie dafür aufwenden, dieses doch nie erreichbare Scheinbild des Fehlerlosen aufrechtzuerhalten. Umso mehr Macht geben Sie damit den ungeliebten Seiten in Ihrem Leben – umso mehr Energie opfern Sie ihnen.

> Perfektsein ist eine Illusion –
> Vollkommenheit dagegen nicht!

Haben Sie Angst, dabei »das Gesicht zu verlieren«? Das Gegenteil ist der Fall: Sie gewinnen ein Gesicht, dass die Großartigkeit Ihrer Person in Ihrer ganzen Vollkommenheit zeigt!

Ohne Schwächen sind wir kein Mensch. Wenn wir versuchen, keine Schwächen zu zeigen, versuchen wir etwas anderes zu sein als ein Mensch. Dann bemühen wir uns, etwas zu sein, was wir nicht sind und niemals sein können: perfekt.

Stellen Sie sich vor, eine Rose würde versuchen, ein Baum zu sein. Spüren Sie, wie absurd dies wäre, welche Anstrengung und Unmöglichkeit dies für die Rose bedeuten würde? Lernen wir also von der Natur: Eine Rose überlegt nicht, ob ihr So-sein okay ist. Vielmehr akzeptiert sie sich: sie blüht und blüht und blüht!

Die Zukunft im Rückspiegel

Die Rezession treibt ihre Blüten –
einfalls- und ergebnislos

Wehmütig wünschen sich die deutschen Manager den alten Zustand vor der Rezession zurück. Sie klammern an der Vergangenheit und betrachten die Zukunft durch den Rückspiegel. Damit widersetzen sie sich jedoch dem Fluss des Lebens und der Einsicht.

Daher erinnern heute viele Unternehmen an verschreckte Kaninchen, die lauernd in ihrem Bau sitzen, abwartend, dass sich die Lage »im Außen« doch endlich bessern möge. Dann, wenn der Krieg vorbei ist; dann, wenn ein konjunktureller Aufschwung aus den USA auch unsere Wirtschaft wieder beflügelt; dann, wenn ein erholter Aktienmarkt erkennen lässt, dass das Vertrauen in die Unternehmen wiederhergestellt ist; dann, ja dann würden auch die Unternehmer selbst wieder an sich glauben, investieren – und im gewohnten Stile weiter managen wie zuvor.

Doch bis dahin wissen sich Unternehmer nicht besser zu helfen, als mit ihrem Mangeldenken den Abwärtstrend zu verstärken und die Politik um Hilfe zu bitten. Auf das Signal »Rezession« werden in den Chefetagen unserer Unternehmen zur Zeit zwei bekannte Rezepte befolgt, nach dem Motto: »Das haben wir doch immer so gemacht, wenn wir mal nicht so fette Jahre hatten!«.

Rezept 1: »Den Gürtel enger schnallen!« heißt zum einen die Losung. Mitarbeiter werden entlassen, Investitionen gestoppt, Geschäftsbereiche geschlossen, Beteiligungen verkauft, Beratungsbudgets gestrichen, Change-Projekte eingestellt, Weiterbildung auf

Eis gelegt: »In Zeiten der Rezession muss schließlich jedes Unternehmen und jede Abteilung Opfer bringen.«

Ob nun ein Mitarbeiter der X Bank AG seinem Vorstand auf der Betriebsversammlung lauscht oder sich dieser Mitarbeiter zufällig in die Betriebsversammlung der Y Handels GmbH verirrte – er würde allerorten die gleichen einfallslosen Ansagen über erhöhten Kosten-, Leistungs- und Vertriebsdruck hören.

Auch die Beraterbranche liefert wenig Impulse für den Aufbruch in eine neue Art des Erfolgs. Faszinierende, fundierte Ideen für die Gestaltung einer lebenswerten Zukunft bleiben auch sie schuldig. Genauso eingleisig Ratio-basiert unterwegs wie ihre Kunden, verstärken sie den Abwärtstrend der Wirtschaft: indem die »hardliner« unter den Beratern groß angelegte Kostensenkungsprogramme auf den Tisch legen oder aber ein unsägliches Preisdumping empfehlen, von dem sich ganze Branchen in den nächsten Jahren nicht mehr erholen werden. Und die etwas »softeren« Beratungshäuser verdienen ebenfalls an der Rezession: sie bieten Outplacement-Beratung an (für Kunde wie Berater gleichermaßen »politically correct«) oder trainieren Führungskräfte darin, wie man Kündigungsgespräche moralisch einwandfrei führt.

Rezept 2: »Den Vertrieb puschen!« lautet die zweite Devise. Hier herrscht oft ein blinder Aktionismus, der nur darauf aus ist, so wenig Marktanteile wie möglich zu verlieren. »Es ist nicht genug für alle da«, ist die Überzeugung. Man will auf keinen Fall zu den größten Verlierern der Krise gehören. So werden die altbekannten Produkte mit verzweifelten Aktionen in den Markt gedrückt.

Anstatt mit den Menschen da draußen, mit den potenziellen Kunden über deren Sehnsüchte, Wünsche und Träume zu sprechen, die sie jetzt gerade aktuell in der Rezession haben, wird der Druck auf den Vertrieb erhöht, die »ollen Kamellen« an den Mann zu bringen – mit einem Gebaren, das nicht selten an jenes von Drückerkolonnen erinnert.

Gedacht wird lediglich in Produktkategorien – und zwar in denen des Vorjahres, die durch ein bisschen Kosmetik verzweifelt aufgefrischt werden. Alter Wein in neuen Schläuchen. Produktentwicklung findet bestenfalls im Sinne eines Releasemanagements statt. Abgetakelten Produkten versucht man neuen Glanz zu verleihen – eine neue Verpackung, ein Zusatzmodul, ein neues Versprechen, ein Relaunch – während das Altgediente jämmerlich durchschimmert. Neue Geschäftsfelder, neue Dienstleistungen werden kaum entwickelt. Echte Kreativität findet nicht statt. Wie auch?

Um den Spirit deutscher Unternehmen
ist es nicht zum Besten bestellt.

Der Geist der Angst blockiert sämtliche Intelligenzen, die für das Schaffen neuer Potenziale nötig wären: die kreative, emotionale, intuitive und die spirituelle Intelligenz. Die einzige Intelligenz, die die meisten Manager heute aktiv geschaltet haben, ist die der rationalen Intelligenz. Alle übrigen liegen weitgehend brach. So gesehen sind Manager heute Schrumpfgestalten ihrer selbst. Sie nutzen nur einen geringen Teil ihres Potenzials.

»Sich reduzieren!«, »Sich einschränken!«, »Nichts wagen!« ist die Devise im Management dieser Tage – und abwarten, dass andere den Aufschwung herbeizaubern. Doch wie sollen die anderen den Zauber vollbringen, wenn sie doch selbst von der Schwindsucht erfasst sind?

Das Paradoxon der Spiritualität: Man kann nicht nicht spirituell sein!

Es ist ein Geist, ein *Spirit* der Angst und des Mangels, von dem sich Manager heute leiten lassen. Paradox daran ist, dass die Manager Spiritualität weit von sich weisen und glauben, mit Spiritualität überhaupt nichts am Hut zu haben – obwohl sie doch in jedem Augenblick ihres Managerdaseins einen bestimmten *Spirit* praktizieren.

Spirit bedeutet nichts anderes als Geist. Und immer, egal wo und in welcher Situation wir uns auf dieser Welt gerade befinden, unserem *Spirit* können wir nicht entkommen, er ist immer dabei. Was wir auch denken oder tun, wie wir mit uns, mit unserer Aufgabe und mit anderen Menschen umgehen – es ist immer Ausdruck unserer Geisteshaltung. Dieser *Spirit* kann sehr segensreich für uns und unser Business sein – oder eben nicht. Auf die Qualität des Geistes kommt es an![16] Denn: Man kann nicht nicht spirituell sein!

Genauso, wie man nicht nicht kommunizieren kann. Letzteres haben die Manager schon vor Jahrzehnten von Paul Watzlawik gehört. Was sie jetzt lernen müssen ist, dass das eigene Denken und Handeln immer von einem bestimmten Geist durchzogen ist – und genau auf die Qualität dieses Geistes kommt es an.

Der *Spirit* ist also nicht irgendein nutzloses Beiwerk des Menschen, ein Nice-to-have-Add-on, ein Goodie für den Manager. Nein, er ist Ausgangspunkt unseres Seins, unseres Denkens und Handelns und bestimmt die Qualität unserer Ergebnisse.

Wie ein roter Faden zieht sich unser *Spirit* durch:

➤ Über unsere Ideen, Vorhaben, Konzepte bis hin zu den anfassbaren, materiellen Ergebnissen, in denen er sich letztlich manifestiert (das heißt also in den Produkten, Umsätzen etc.).

➤ Über unser Verhalten gegenüber unseren Mitmenschen bis hin zur Qualität unserer Beziehungen, die ebenfalls Ausdruck unseres Geistes sind.

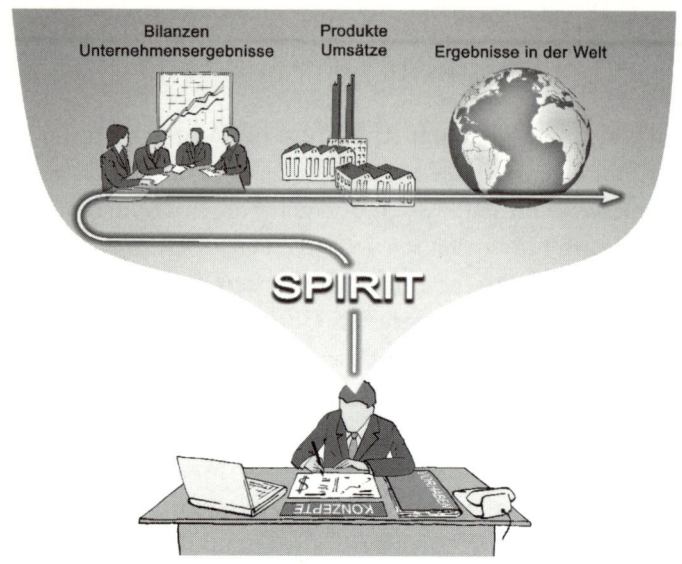

Der *Spirit* von heute manifestiert sich in
den Ergebnissen von morgen.

Wie wenig segensreich unser Geist der Angst und des Mangels wirkt,
den wir in der jüngsten Vergangenheit gepflegt haben, sehen wir
an den aktuellen Ergebnissen, über die wir uns ständig beklagen:
vermehrte Schließungen von Unternehmen, drastische Personalent-
lassungen, erhöhte Arbeitslosigkeit, steigende volkswirtschaftliche
Kosten, Zusammenbruch etablierter gesellschaftlicher und politischer Systeme. Damit ist keinem gedient. Weder den Unternehmen,
den Mitarbeitern, den Kunden noch den Steuerzahlern bzw. der Gesellschaft insgesamt.

Mit ihrem *Spirit* der Angst und des Mangels werden Manager ihrer
Aufgabe und dem Leben nicht gerecht! Denn: Das Prinzip der
Schöpfung ist Fülle!

Würden wir uns von einem Geist der Fülle leiten lassen, der ja das
Prinzip der Schöpfung ist, könnten wir uns über Ergebnisse freuen,
die Ausdruck eben dieser schöpferischen Fülle wären. Eigentlich
müssten Manager daher die Rezession mit anderen Augen sehen, bietet sie doch die beste Gelegenheit, zur Ruhe zu kommen, den Geist
aufzumachen, ganz neu nachzudenken, Herkömmliches in Frage zu
stellen und darüber zu reflektieren, was diese Kundenlandschaft,
diese Gesellschaft, diese Welt in ihrer jetzigen Entwicklungsphase
braucht, wonach sie ruft, nach welchen Produkten sie sich genau jetzt
sehnt. Was fasziniert Menschen heute? Wofür ist jetzt die Zeit reif?
Wofür ist die Welt, sind die Menschen offen und bereit?

Unser aktueller Gewinn ist also ein »Mehr an Zeit«, schließlich haben wir weniger Kundenaufträge abzuwickeln. Obwohl wir uns alle
danach sehnten, endlich einmal Zeit und weniger Stress zu haben,
können wir die nun vorhandene Ruhe nicht genießen. Vor lauter
Angst und Verzweiflung haben wir mehr denn je zu tun. Sicher, die
Kosten laufen weiter, auch bei einbrechenden Umsätzen und rück-
läufigen Aktienkursen. Allerdings bringt das Agieren im Hamsterrad
nicht den Ausweg aus dem Dilemma. Und so übersehen wir, dass der
ganze Stress selbst gemacht ist.

Panisches Agieren verzögert
den Prozess der Einsicht.

Die Krise macht nervös. Man muss doch etwas tun! Panik blockiert
sämtliche Intelligenzen. Indessen treibt absurder Aktionismus seine
Blüten: Manches Unternehmen droht in seinem eigenen Projektportfolio zu ersticken. Jüngst hörte ich einen Manager klagen: »Ich
habe überhaupt keinen Überblick mehr über alle angestoßenen Pro-

jekte und Maßnahmen in meinem Bereich – wie soll ich sie da noch überwachen?«

Und der Zentralbereichsleiter »Personal« einer großen deutschen Bank ist für eine Vielzahl von strategischen Personalprojekten verantwortlich. Sie betreffen sämtliche Geschäftsbereiche der Bank. Startet er wieder einmal ein neues Projekt, so stellt er zunächst das Ziel und den Nutzen des Projektes den Geschäftsbereichsleitern in einem Kick-off vor. Er berichtete mir: »Die hören mir in der ersten viertel Stunde meiner Präsentation überhaupt nicht mehr zu, nämlich gerade dann, wenn ich das Ziel und den Nutzen des Projektes vorstelle. Sie ziehen es vor, sich in dieser Zeit geistig auszuklinken, ein kleines Nickerchen zu machen. Wenn sie wieder aufwachen, fragen sie mich: ›Okay, sagen Sie mir einfach nur, was ich nun im Rahmen der Umsetzung dieses Projektes operativ tun soll.‹«

Maßnahmen abarbeiten – ohne deren Sinn zu kennen. Bewusstloses und lustloses Management – Kennzeichen der Krise?

Kaum eine Situation verbessert sich,
wenn wir Amok laufen.
Melody Beattie [17]

Eine andere Episode: Ich telefoniere mit einem meiner Kunden, Manager in einem Unternehmen mit 2500 Mitarbeitern. Für dieses Gespräch hatten wir uns eine Stunde im Kalender reserviert, um über verschiedene Anliegen seines Bereiches zu sprechen. Nachdem wir u.a. über den absurden Aktionismus im Hamsterrad gesprochen haben, unter dem er leidet, bricht er nach zehn Minuten das Gespräch unvermittelt ab: »Ich muss Schluss machen, der nächste Termin drängt.«

Durch die Übermacht des Controllings besiegeln
wir den Tod der Kreativität. [18]

Die Industrie der Angst sowie die Dominanz der linkshirnigen Ratio lässt die Controller als Gewinner aus der Krise hervorgehen. Kein Wunder, dass insbesondere die schöpferischste Ressource des Menschen – unsere kreative Intelligenz – zur Zeit keine Chance hat.

Während in Zeiten guter Umsätze und fetter Gewinne die marktverantwortlichen Manager Oberwasser haben und ihre Kollegen aus dem Controlling spüren lassen, dass sie sie für nervende Tabellenknechte halten, die per se nichts zum Unternehmenserfolg, zur Wertschöpfung beitragen – so hat sich das Kräfteverhältnis aktuell gewandelt. Jetzt beherrschen die Controller das Geschehen. Inoffiziell zu neuer Macht gekommen, sind sie es nun, die von der Rezession profitieren. Indem sie den marktverantwortlichen Managern jegliche Form von Kreativität verbieten, spielen sie ihre Macht genüsslich aus. Sie erlauben es ihnen nicht, neue, sinnvolle Quellen der Wertschöpfung zu erschließen. So klopfen sie jedem Manager, der auch nur den Versuch wagen würde, innovative Projekte anzugehen, hochmütig auf die Finger. Dem gehen die Manager aus dem Wege – schließlich lässt sich niemand gerne »abwatschen«. Fragen Sie doch mal einen Direktor »Controlling«, was er von *Spirit in Business*, von Universal Citizenship-Projekten oder Business Feng Shui hält!

Erik Händeler hat das sehr treffend formuliert: »In Zeiten knapper Gewinne (...) vergeht den meisten die Lust, Neues auszuprobieren. Zu dumm: Ausgerechnet in diesen Zeiten sind gerade unkonventionelle Pioniere gefragt, die innovative Produktion, Handel und Verhaltensweisen umsetzen; die sich über ›das war schon immer so‹ und ›das haben wir noch nie so gemacht‹ hinwegsetzen. Doch solche seltenen Menschen sind in der Regel nicht status-, sondern so sachorientiert, dass sie sich nicht lange mit Formalkram aufhalten – was es ihnen in konservativen formalen Strukturen so schwer macht, den neuen Wohlstand voranzubringen.«[19]

Deutschland schrumpft – von der Multiplen Sklerose in der Ökonomie

Deutsche Unternehmer sorgen für die
ökonomische Multiple Sklerose.

»Deutschland sei ›ungebrochen‹ auf dem Weg in die Abwärtsspirale«, beobachtet das Deutsche Institut für Wirtschaftsforschung.[20] Vor dem Hintergrund sinkender Absatzvolumen betrachten Unternehmer Preissenkungen als ihre derzeit einzige variable Stellschraube. So sehen Wirtschaftsfachleute eine wirtschaftliche Deflation voraus, eine Situation also, in der die Preise verfallen. Da ihr Rationalisierungspotenzial weitgehend ausgeschöpft ist, würden Unternehmen folglich in eine Gewinnkompression geraten – sie würden zwischen sinkenden Stückpreisen und konstanten Kosten zermalmt. »Eine deflationäre Wirtschaft ist eine widrige Welt, in der ein brutaler Ausleseprozess abläuft. (…) Eine ›Verschuldungsdeflation‹, wie sie Deutschland droht, geht immer mit einer Bankenkrise einher.«[21] Banken verknappen ihre Kredite. Sie fürchten, dass aufgrund der unsicheren Wirtschaftslage ihre Schuldner insolvent werden. Geld wird knapp und teuer. Die Realzinsen steigen und lassen mittelfristig die Kosten der Unternehmen sogar steigen. So werden die Daumenschrauben immer stärker angezogen: die Gewinnkompression nimmt zu.

Das Heil im Außen zu suchen sei ausweglos, so die Prognosen der Wirtschaftsleute.[22] Ein Exportboom sei nicht zu erwarten; selbst ein (gegenüber dem Dollar und Yen) schwacher Euro könne kaum die Nachfrage aus dem Ausland beleben, da Japan selbst seit Jahren mit einer Deflation zu kämpfen habe und den USA das gleiche Schicksal droht.

Panik im einstigen Wirtschaftswunderland? Noch nicht. Die Lage kann jedoch rasch sehr ungemütlich werden.[23] Aber Unternehmen haben ja die Chance, es anders zu machen. Was jetzt erforderlich ist, ist die Erkenntnis, dass sie selbst für die aktuelle Lage verantwortlich sind. Sie sind keine Opfer der Situation. Sie schaffen sie vielmehr.

Aus diesem Grunde ist es so wichtig, dass Manager aufwachen, sich ihres eigenen *Spirits* bewusst werden und sich entscheiden, mit einem *Spirit* der Fülle, der Kreativität, des Respekts und der Liebe für das Leben segensreichere Ergebnisse in der Wirtschaft zu schaffen – Ergebnisse, auf die wir stolz sein können.

Das Paradoxon des Ur-Misstrauens in die Verlässlichkeit der Welt

Wir sind erschüttert über die täglichen Katastrophenmeldungen, über Betrug, Bankrott etc. Dabei sind sie lediglich Ergebnisse, materielle Manifestationen unseres Geistes. Von daher müssten wir eigentlich erkennen, dass die Welt sehr verlässlich ist. Denn: In der Qualität der Ergebnisse ist die Qualität unseres *Spirits* zu erkennen!

Wenn unser Geist – so wie heute – von Angst, Aggression und Mangel geprägt ist, dann sind die unerquicklichen Ereignisse, die uns in den Medien tagtäglich präsentiert werden, nur allzu logisch. Also müssten wir auch erkennen, dass wir mit anderen, besseren Ergebnissen rechnen dürfen, wenn unsere Taten von einem anderen Geist wären. Paradox ist, dass wir diesen Zusammenhang scheinbar nicht erkennen wollen. Tatsächlich gibt es keinen Grund für unser Ur-Misstrauen in die Verlässlichkeit der Welt!

Spirit in Business: Spiritualität und Vernunft – zwei unvereinbare Phänomene?

Das Magazin *Business Week* sieht den stärksten Wirkungsfaktor für eine neue Nachdenklichkeit in der Wirtschaft darin, dass die Beachtung der Spiritualität sich nicht nur positiv auf die Psyche der Führungskräfte auswirkt, sondern auch die Grundlage für eine höhere Kreativität und Produktivität der Unternehmen sein kann.

Spiritualität und Vernunft sind keine unvereinbaren Phänomene, sondern zwei unauflösbar miteinander verbundene Phänomene!

Einen *Sinn*-vollen *Spirit* ins Business zu bringen ist daher das einzig Vernünftige, das wir tun können!

Unsere Manager im Konfliktboom – master of desaster!

In wirtschaftlichen Wachstumsphasen wurden Konflikte anders als heute gelöst – nämlich gar nicht. Die narzisstische Selbstvergottung ließ Manager unbeirrt an die eigene Unfehlbarkeit glauben (durch die die Existenz von Konflikten ja überhaupt nicht gegeben sein konnte) und machte sie unsensibel für die Belange anderer. Das bewahrte sie davor, sowohl die Fähigkeit zu entwickeln, sich anbahnende Konflikte zu erkennen, als auch die Fähigkeit einer offenen und ehrlichen Kommunikation zu erlernen. Konflikte gab es in den fetten Wirtschaftsjahren trotzdem – aber wie begegnete man ihnen damals?

Unzufriedene Mitarbeiter wurden mit Gehaltserhöhungen, Beförderungen, Incentives, Leistungsprämien – also einer ganzen Palette monetärer Goodies besänftigt. Waren diese Möglichkeiten ausgereizt, und die Unzufriedenheit war nach wie vor vorhanden, schaute sich der Mitarbeiter nach einem anderen Job um und wechselte schließlich das Unternehmen. Gelöst wurde der eigentliche Grund der Unzufriedenheit beim vorigen Arbeitgeber nicht.

Warum blühen die Konflikte in den Unternehmen gerade jetzt, in mageren Wirtschaftsjahren so stark auf? Das, was in den Unternehmen jahrelang unter den Teppich gekehrt wurde, wächst allmählich zu ganzen Gebirgen an. Sahen die Mitarbeiter früher die Flucht aus dem Unternehmen als letzte Möglichkeit, den Konflikt (zumindest für sich) zu beenden, so glauben sie heute, dass ihnen dieser Fluchtweg versperrt ist. Schließlich liegt der Arbeitsmarkt danieder – so schnell bekommt man keinen neuen Job. Also harren sie aus – im Konfliktgebiet ihres aktuellen Arbeitsplatzes. Auch stehen ihren Chefs nicht mehr die monetären Beruhigungspillen zur Verfügung, da das Unternehmen ja auf Sparkurs ist. Da mag es nicht verwundern, dass der Druck im Kessel immer höher wird – jetzt, da es das Ventil nach draußen nicht mehr gibt.

Gelöst werden die Konflikte heute allerdings immer noch nicht, sie werden eher verwaltet, zum Beispiel in anonymen Führungskräfte-Feedback-Programmen. Oder ein Mediator wird beauftragt, der zwischen den Konfliktparteien vermitteln soll. Oft wird dieser jedoch viel zu spät um Hilfe gebeten – nämlich dann, wenn nichts mehr zu retten ist.

In Sachen Personalführung rächen sich die Versäumnisse der Vergangenheit. So sind viele Manager auch hier mit dem Aufarbeiten der Vergangenheit wiederum »backward-minded« unterwegs.

Schließlich sollen die 360 Grad-Führungs-Feedback-Programme den Fehler ausbügeln, dass Manager all die Monate zuvor nicht offen und ehrlich mit ihren Mitarbeitern geredet haben. Dazu wird nun ein riesiger Verwaltungsapparat in Bewegung gesetzt, der aus künstlichen Strukturen in Form von aufgeblähten Fragebögen, Auswertungen nichtssagender oder verweigerter Antworten auf unsinnige Fragen sowie differenzierten Statistiken besteht. Kommuniziert wird trotzdem nicht. Denn schließlich bleibt der ganze Feedbacksalat realitätsfern und anonym. Die eigentlichen Gründe der Unzufriedenheit bleiben im Verborgenen.

Ehrliche Kommunikation ist eine Disziplin,
die mitten ins tägliche Leben gehört,
und nicht in einmal jährliche
Sondermaßnahmen,
für die es ein Extrabudget und
eine Extraplanung braucht.

Diese synthetischen Pseudo-Feedback-Programme zeigen, wie groß die Angst der Manager ist, mit Konflikten tatsächlich in Berührung zu kommen, sowie ihre unterentwickelte Fähigkeit, Fehler einzugestehen.

Würden sie das Natürlichste der Welt tun und einfach regelmäßig mit ihren Mitarbeitern offen und ehrlich über deren fachliche und persönliche Belange sprechen, bräuchten die Unternehmen keine groß angelegten Führungskräfte-Feedback-Programme, in denen sie mit Null Effekt Geld versenken. Nach dem Motto »Hau ruck, jetzt wird kommuniziert. Das haben wir so lange nicht gemacht!« Aber selbst dann wird ja nicht kommuniziert. Das Einzige, was dadurch wächst, ist der Zynismus und der Frust der Mitarbeiter.

Das Gleiche passiert bei Mediationen – zumindest dann, wenn sie zu spät in Anspruch genommen werden, da es den meisten Managern an der Sensibilität fehlt, Konflikte als solche überhaupt wahrzunehmen. Um mit Paul Watzlawick zu sprechen: Das, was unter dem sichtbaren Eisberg, das heißt auf der Beziehungsebene gärt, bleibt ihnen verborgen.

Rein in ihrer Vernunft unterwegs, halten viele einen Konflikt für einen Disput auf der Sachebene, den sie qua ihrer hierarchischen Überlegenheit in einem Schlagabtausch von Argumenten niedermachen – vermeintlich allerdings nur. Das, was im Hintergrund schon lange gärt, die persönlichen Verletzungen, der Ärger, die Frustrationen werden durch das sachliche Ersticken nur noch zusätzlich genährt. Dabei wünschen sich die Mitarbeiter nichts sehnlicher, als dass ihre persönlichen Befindlichkeiten, ihre Kränkungen doch endlich einmal gesehen würden. Doch hier haben Manager ja gerade ihren blinden Fleck. So entflammt die Glut allmählich zum Flächenbrand – der Konflikt eskaliert. Irgendwann wird ein Mediator gerufen, weil man nicht mehr weiterweiß. Allerdings sind die Wunden, die sich Manager und Mitarbeiter bis dahin gegenseitig zugefügt haben, meist so tief, dass sie nicht mehr zu heilen sind. Am Ende bleibt oft nur noch eine unschöne Trennung.

Die Chancen, die es zu einem frühen Zeitpunkt noch für eine saubere, einvernehmliche Konfliktlösung gab, wurden nicht genutzt. Stattdessen enden die meisten Konflikte im Desaster: man wird innerhalb des Konzerns versetzt oder gleich vor dessen Türe – nur selten ohne einen Gesichtsverlust, die Häme der Kollegen oder eine klägliche, mühsam erstrittene Abfindung mitzunehmen.

Wir pflegen eine Industrie der Angst.

Zurück bleiben Narben. Weder das Team noch die Führungskraft haben etwas dazugelernt. Was sich anschließend im Gedächtnis aller Beteiligten einprägt, ist die Überzeugung, dass man Konflikte tunlichst vermeiden sollte. Wie sich dies auf die Kommunikationskultur auswirkt, ist offensichtlich. Noch viele Jahre nach solchen Konflikten halten Mitarbeiter lieber den Mund, wenn ihnen etwas stinkt. Kritik üben sie nur in Abwesenheit desjenigen, den sie betrifft. Zu sehr fürchten sie, alte Erfahrungen zu wiederholen. So ist die Kommunikationskultur von einem »Übereinanderreden« gekennzeichnet. Ein »Miteinanderreden« findet nur im vermeintlich fachlichen Kontext statt. Auf diese Weise werden Ja-Sager gezüchtet, die sich in einer Kultur mangelnden Vertrauens und der Unehrlichkeit bewegen.

Die Unternehmenskultur, die von den obersten Managern geprägt wird, nötigt quasi Führungskräfte des mittleren Managements dazu, Konflikte zu übergehen, weil man als solcher ja »stets alles im Griff« zu haben hat. Denn: Als erfolgreicher Manager hat man keine Konflikte!

Oder würden Sie sagen, wenn Sie von Ihrem Chef gefragt würden: »Na, wie läuft's in Ihrer Abteilung?«, »Also, ich habe da einen Konflikt, der tiefergehend ist, den wir noch nicht gelöst haben!« Das würden Sie sicher vermeiden, um keine unsicheren Blicke Ihres Chefs zu ernten, die verraten: »Ist der etwa überfordert? Muss ich mir über eine Nachfolge Gedanken machen?«

Die einzig mögliche Antwort auf die rhetorische Frage ist also: »Alles im grünen Bereich, Chef!« Das klingt fast wie ein militärisches »Aye, aye, Sir!«Und so züchten wir in unseren Unternehmen eine antiquierte Kultur heran, in der nur Ja-Sager und Konfliktvertuscher erwünscht sind.

Insbesondere in wirtschaftlich schlechten Zeiten
wissen die Menschen in den Unternehmen sehr genau,
wo der eigene Schreibtisch aufhört.

Eine Kultur der Schuldsuche macht sich breit. Gerade in Zeiten rückläufiger Umsätze weiß man genau, wo der eigene Schreibtisch aufhört und der des Kollegen – und damit dessen Schuld – anfängt.

Jeder kennt schließlich die unsäglichen Meetings mit ihrer selbstverständlich gewordenen, kriegerischen Kultur, in die jeder Manager gedanklich hochgerüstet geht – seine Waffen sind Worte, die wie Pfeilspitzen unter die Gürtellinie gehen und die Kompetenz und Zurechnungsfähigkeit des Gegenübers gezielt, allerdings höchst subtil in Frage stellen sollen.

Sind wir diesmal – Gott sei Dank – wieder einmal davongekommen und gehen wir nur mit kleineren Blessuren, lediglich verschwitzt und mit verspanntem Nacken aus dem Meeting (alleine das permanente »Auf der Hut sein« kostet eine gewisse Anstrengung), so finden wir doch nur kurzzeitig Entspannung, etwa bei einem Kaffeeplausch mit der Sekretärin – für ganze fünf Minuten. »Nicht zu sehr entspannen« ist die Devise, denn: nach dem Meeting ist vor dem Meeting! Und es kann einen auch zwischendurch jederzeit erwischen: vielleicht dann, wenn man auf dem Flur im Vorbeigehen unverhofft in die Fänge des Chefs gerät oder dem verhassten Kollegen im Fahrstuhl begegnet. Managerauge sei wachsam – und jederzeit schuldzuweisungsbereit!

> Was unterscheidet die Elite?
> Sie sucht nicht nach den Schuldigen!
> *Friedrich Assländer*[24]

Anstatt uns auf die Schöpfung von *sinn*vollen Produkten zu konzentrieren, betreiben wir das Mobbing nun noch einen Zacken schärfer. Wir lassen keine Gelegenheit aus, die sich uns im Geschäftsleben bietet, um andere subtil-genüsslich abzuwatschen: in Meetings, in E-Mails, von denen wir dem Chef bewusst eine Kopie zukommen lassen, stellen wir nur allzu gerne die Schuldfrage, um sie geflissentlich auch gleich zu beantworten. Mit unschuldsäugig geäußerten Aussagen, die ihre subkutane Wirkung nicht verfehlen, machen wir auf die vermeintlichen Schwächen, Defizite und Versäumnisse des Kollegen aufmerksam. Solange er der Sündenbock ist, werden unsere Defizite nicht entdeckt. Andere klein machen, um selbst größer zu erscheinen! Hier scheint unsere Kreativität keine Grenzen zu kennen. Nicht sehr rühmlich für den homo sapiens!

Der Manager von heute – eine Schrumpfgestalt des Menschen?

Der homo oeconomicus und
seine Teilpersönlichkeiten

Ich bin viele.

homo oeconomicus

Der homo oeconomicus, der »gemeine« Manager, ist eine recht merkwürdige Figur. Seine Irrungen und Wirrungen darf man ihm nicht übel nehmen, ist er doch von Schizophrenie geplagt. So treten auf der Bühne seines täglichen Managerlebens seine eigenen, verschiedenen Teilpersönlichkeiten auf. Besonders gut gefällt er sich in der Rolle des »homo fabers«.

homo faber: I do,
therefore I am!

Als homo faber verhält sich der Manager geradezu autistisch in seinem Macherwahn. Nur indem er das Hamsterrad durch ein völlig überfrachtetes Projektportfolio permanent in Schwung hält, kann er sich selbst beruhigen. Ein Macher-Junkie, der sich regelmäßig einen Schuss setzen muss. Seine Droge: unzählige Maßnahmen, Vorhaben, Projekte, Aktionen, Tasks und To do's. Sein liebstes Managementtool: das Hamsterrad. Sein Credo: »Es muss etwas passieren, aber es darf nichts geschehen!«[1]

Durch seine unzähligen Aktivitäten ist die Aufmerksamkeit des Managers zerstreut wie das Schrot einer Flinte. Kein Wunder, dass er seine eigene Mitte verliert. Auf keinen Fall darf ein leeres »Zeitfenster« im Terminkalender entstehen. Würde er früher nach Hause gehen, könnte er in den Verdacht geraten, entbehrlich zu sein. Und wer hört schon gerne den Kommentar von den Kollegen, wenn man einmal bereits um 16:00 Uhr das Büro verlässt: »Na, heute einen halben Tag Urlaub?«

»Machen, bis der Arzt kommt«, lautet die Devise des Macher-Managers. Nur kommt der leider nicht. Kein Arzt erscheint im Büro, um uns ein Beruhigungsmittel zu verpassen, damit wir langsam wieder zu uns kommen, um dann in aller Ruhe eine Entziehungskur vom Hamsterrad anzutreten. Niemand kann uns Macher-Junkies vom ewigen Machen erlösen – außer wir selbst!

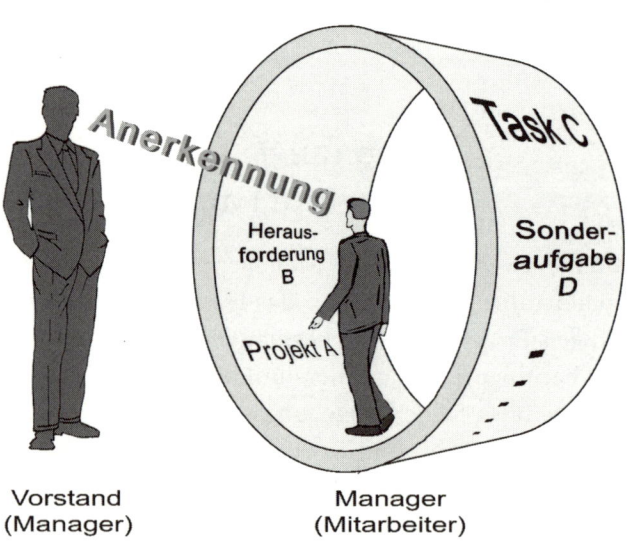

Vorstand
(Manager)

Manager
(Mitarbeiter)

Einige Manager eines großen deutschen Finanzdienstleistungsunternehmens klagten mir kürzlich ihr Leid: »Ich habe meine Balance verloren, ich ersticke in meinen unzähligen Aufgaben und Projekten, ich kann nicht mehr abschalten, der Druck ist unerträglich geworden, ich nehme ihn mit nach Hause, belaste damit meine Familie, bin gar nicht mehr richtig da, habe keinen rechten Zugang mehr zu mir selbst. Auch für meine Umwelt werde ich langsam unerträglich. Ich hätte gerne wieder mein Gleichgewicht, mein Wohlbefinden zurück.« Kein Wunder, dass Begriffe wie »Balance« uns derzeit so anmachen, oder Stressmanagementseminare sich in der jüngsten Vergangenheit großer Beliebtheit erfreuen.

So hilfreich diese sein können, wir lösen mit ihnen unser eigentliches Problem nicht. Es reicht nicht, den absurden Wahnsinn im Business-Hamsterrad unentwegt fortzusetzen, um dann in mühsam erkämpften Pausen völlig erschöpft in den Stressmanagementkurs zu hetzen. Es ist die Flucht in einen vermeintlichen Ausgleich, der ja doch nur das irrsinnige System stabilisiert. In solchen Kursen suchen wir nach Entspannungs- und Vitalisierungsmethoden, die uns helfen sollen, den ganzen Wahnsinn wenigstens für ein paar Stunden zu vergessen und uns energetisch aufzuladen – nur um schließlich am nächsten Morgen erneut die Bürotür und damit das Hamsterrad des absurden Business-Wahnsinns betreten und es unermüdlich in Schwung halten zu können.

Krishnamurti sagt, die wahre Revolution ist der Augenblick, in dem wir die Tiefe unserer Konditionierungen erkennen können. Dann wacht unser Organismus lange genug auf, um jenseits der alten Verhaltensmuster etwas Neues wahrzunehmen.[2]

Aber was bekommen wir als Macher-Mensch überhaupt noch bewusst mit? Nichts. Wir »funktionieren« wie in Trance. Auf A folgt B, auf Befehl Gehorsam, auf grimmiges Gesicht oder zynische Bemerkung des Vorstands folgt noch mehr Gehorsam, auf Erfolg folgt Überheblichkeit, auf Rezession folgt Angst, auf Ratlosigkeit folgt

Aktionismus. Diese Konditionierung gilt in jedem Unternehmen, in jeder Branche. Sie ist uns so in Fleisch und Blut übergegangen, dass wir sie überhaupt nicht mehr hinterfragen. Gerade in wirtschaftlich schlechten Zeiten, in Zeiten der Angst vertiefen sich die Rillen unserer eingeschliffenen Verhaltensmuster, wir spulen sie – dressierten Hündchen ähnelnd – unbewusst ab. Wir sind Dompteur unserer selbst und damit zugleich Domptierte – beides in Personalunion. Konrad Lorenz hätte seine helle Freude, würde er heute seine Verhaltensforschung nicht in der Tierwelt, sondern in der Businesswelt betreiben. Wer weiß, vielleicht würde er in tiefe Depression verfallen ob der beobachteten Absurditäten und der Feststellung, dass es einen Unterschied zur Tierwelt gibt: Die Tür des Käfigs in der Businesswelt ist offen! Wir müssen nur einen Schritt zur Seite machen, aus dem Hamsterrad heraustreten und schon hätte der Wahnsinn ein Ende. Dann könnten wir uns in Ruhe den Fragen widmen, zu deren Beantwortung uns die Krise einladen will.

➤ Wenn wir unsere Produkte, unsere Führung, unser Management *richtig* gut machen würden, und zwar *so* gut, dass wir die Menschen in der Tiefe ihrer Seele berührten und begeisterten – was hätten wir dann gemacht?
➤ Wenn wir unsere Produkte so gut machen würden, dass wir über sie in der Presse, im Fernsehen berichteten und die Leser bzw. Zuschauer davon fasziniert wären, uns anrufen und uns aus tiefstem Herzen beglückwünschten – wie würden dann unsere Produkte aussehen?
➤ Wenn wir zum Besten allen Lebens auf der Welt handeln würden – was würden wir dann tun?

Viel zu bedrohlich erscheint es dem Manager, diesen Fragen nachzugehen. Zu neu, zu ungewiss ist das Terrain, auf das er sich hier vorwagen würde. Da könnten ihm ja auch einmal Fehler unterlaufen.

Schnell muss er sich im Hamsterrad betäuben, indem er sich in die Wiederholung vertrauter Ideen und Maßnahmen stürzt. An ihnen kann er sich festklammern, das beruhigt ihn, gibt ihm (vermeintliche) Sicherheit. Zumindest muss er sich so nicht seine Ratlosigkeit eingestehen, nicht zugeben, dass er im Moment vielleicht noch nicht alle Antworten auf die Fragen kennt, die ihm die Krise nahe bringen will.

Die Fragen, die uns umtreiben – gerade auch die offenen, auf die wir noch nicht alle Antworten kennen – sind äußerst wertvoll. Sie sollten uns nicht beunruhigen – sie sind vielmehr das Wesen unserer Entwicklung; sie sind Schritte auf unserem Weg, etwas Neues zu gebären, um schließlich Veränderungen in die Welt zu setzen.

Vielleicht kann diese Sichtweise Manager eher beruhigen als die Hamsterradaktionen, die ja doch nur zum Burn-out, zur Selbstzerstörung führen. Vielleicht führt diese Sichtweise sogar dazu, dass Manager sich mit den offenen Fragen unserer Zukunft anfreunden. Dazu müssten sie allerdings mehr als ihren »homo ratio« aktivieren.

homo ratio: I think,
therefore I am!

Vier Fünftel aller Intelligenzen liegen in Deutschlands Wirtschaft
brach. Nur eine kleine Minderheit von Menschen in unserer Gesellschaft bringt ihr einzigartiges, persönliches Potenzial zum Blühen!

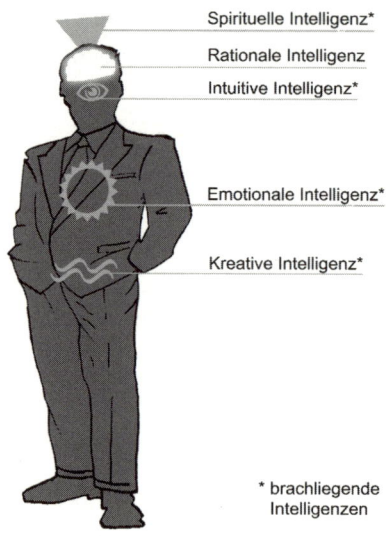

Spirituelle Intelligenz*
Rationale Intelligenz
Intuitive Intelligenz*

Emotionale Intelligenz*

Kreative Intelligenz*

* brachliegende
Intelligenzen

Die Grafik macht es deutlich: Lediglich die rationale Intelligenz, ein
Fünftel unserer Intelligenzen, ist permanent im Einsatz. Der homo
ratio degradiert sich selbst zur Schrumpfgestalt des Menschen,
indem er alles auf eine Karte setzt. Den Großteil seiner Intelligenzen
verschmäht er. Damit begeht er einen Frevel an der Schöpfung.
Das, was er leisten könnte, kann sich somit überhaupt nicht offen-
baren.

Wir werden die Irrtümer unseres Denkens
nur durch Weisheit erkennen.

Tom Nierth[3]

Ließen wir alle wertvollen Intelligenzquellen sprudeln und unsere Weisheit ihrem natürlichen Lebens- und Wachstumsimpuls folgen, anstatt sie zu unterdrücken, würden wir eine sehr viel lebenswertere und sinnvollere Businesswelt schaffen. Wollen wir uns zum weisen Manager entwickeln, müssen wir ganzer Mensch werden, indem wir sämtliche Intelligenzen zu Wort kommen lassen. Dann schöpfen wir aus unserer eigenen, göttlichen Fülle, dann leben wir die volle Kraft unseres einzigartigen Potenzials!

Nun ist es ja nicht so, dass nur die Manager Schrumpfgestalten des Menschen wären. Ihre Dis-Integrität zieht natürlich auch die ihrer Mitarbeiter nach sich. Auch deren Potenzial liegt weitestgehend brach, auch deren Intelligenzen bleiben überwiegend unbenutzt. Damit sind Manager und Mitarbeiter Schicksalsgenossen in ihrem geschrumpften menschlichen Dasein. Wobei man fairerweise sagen muss: Es fängt bei den Managern an! Dadurch, dass sie den Großteil ihrer Intelligenzen nicht nutzen, haben sie die entscheidenden Kanäle gar nicht offen, um kreative, ungewöhnliche, *sinn*volle Vorschläge und Ideen ihrer Mitarbeiter aufnehmen zu können, die deren allintelligenter Weisheit entsprungen sein mögen. Als Schrumpfgestalt verurteilen sich die Manager quasi dazu, wirklich gute, *sinn*volle Ideen ablehnen zu müssen, weil sie – derart disintegriert – den Gehalt der Ideen nicht verstehen können.

Dass sich die Dominanz der Ratio immer in den von ihr erzeugten Ergebnissen rächt, das zeigt das folgende Beispiel.

Im Laufe meiner beruflichen Laufbahn war ich in einem Unternehmen Mitglied des Führungskreises, der aus mehreren Bereichsleitern und den Geschäftsführern bestand. Die Geschäftsführer argumentierten und entschieden überwiegend aus ihrer Ratio heraus. Der Geist, den sie praktizierten, zeugte von einer gewissen Überheblichkeit. Ich glaube, sie hielten die Bereichsleiter für dümmer als sich selbst. Jedenfalls schüttelten sie oft über deren Vorschläge verständnislos den Kopf und machten zynische Bemerkungen. Die meisten der Bereichsleiter ließen sich dadurch einschüchtern und meldeten sich in der Führungsrunde kaum noch zu Wort.

Nur ein Bereichsleiter, der mehrere seiner Intelligenzen nutzte, wurde nicht müde, dafür zu plädieren, immer wieder auch die Gefühlsseite, die Seele des Menschen zu berücksichtigen. Schließlich wurden die Entscheidungen des Führungskreises dadurch runder und tragfähiger, weil man der Welt – wie sie nun einmal ist – gerechter wurde. Jener Bereichsleiter hatte den Mut, diese verletzbare Seite des Menschen zu bedenken, ja diese Seite von sich zu zeigen, wohlwissend, dass dies mit hochgezogenen Augenbrauen, Stirnrunzeln und nicht selten zunächst mit abfälligen Bemerkungen der Kollegen und der Geschäftsführung goutiert werden würde.

Im Laufe der Zeit geriet das Unternehmen zunehmend unter Druck eines sich schrumpfgestaltig gebärdenden Aufsichtsrates, der die Geschäftsführer erst dann aus den Aufsichtsratssitzungen entließ, nachdem sie größenwahnsinnige Wachstumsprognosen unterschrieben hatten. Protestierten die Geschäftsführer gegen diese völlig unhaltbaren Vorgaben, mussten sie sich den Vorwurf gefallen lassen, memmenhafte Weicheier zu sein ... und trotzdem die unrealistischen Sollzahlen zusagen.

Der Druck, der so auf die Geschäftsführung ausgeübt wurde, wuchs. Selbst unter der Knute irrealer Zielvorgaben verlor die Geschäftsführung immer mehr die Offenheit für das, was der oben erwähnte Bereichsleiter bislang wohltuend zu integrieren vermochte. Er wurde fortan mit Repressalien der unterschiedlichsten Art durch die Geschäftsführung bestraft, nicht mehr ernst genommen, vor den duckmäuserisch-konfirmistisch schweigenden Kollegen im Führungskreis abgewertet, bloßgestellt, belächelt und als unfähig hingestellt.

Schließlich verließ der geschätzte Kollege das Unternehmen. Das Unternehmen selbst wurde bald darauf zerschlagen, Teile davon verhökert, verramscht, dicht gemacht. So viel zum Erfolg der Nicht-Integration, der Nicht-Integrität von Managern und Unternehmen. Innen wie außen. Die Intelligenz-Apartheid der Manager manifestiert sich auf der materiellen Ebene im Bankrott bzw. dem mäßigen Erfolg der Unternehmen.

Der homo ratio lebt in einer permanenten Intelligenz-Apartheid, während sein Verwandter, der homo faber, auch noch für eine Bewusstseins-Apartheid sorgt, indem er das Hamsterrad bis zur Bewusstlosigkeit antreibt. Der gemeine Manager, dem wir allerorten begegnen, ist demnach ein Mensch, der seinen Job tranceartig, wie in einem Wachkoma, erfüllt. Mittlerweile kann ich sehr viel besser (als zu Beginn meiner beruflichen Tätigkeit) verstehen, dass Mitarbeiter – nach dem Vorbild ihrer Chefs – irgendwann frustriert und resigniert in eine bewusstlose Trance fallen.

Aber wie holt man einen Patienten aus dem Koma zurück? Keine so leichte Aufgabe! Jeder Mediziner würde Ihnen sagen, wie wichtig es ist, den im Wachkoma liegenden Patienten mit allen Sinnen, mit allen Intelligenzen anzusprechen. Nicht umsonst werden Angehörige häufig dazu angehalten, die Lieblingsmusik des Patienten mitzubringen, mit ihm liebevoll zu reden, ihn zu streicheln etc. und all seine Sinnesquellen zu aktivieren.

Im Business, in dem Manager wie Mitarbeiter im Wachkoma agieren, geht es um nichts anderes: nämlich Manager und Mitarbeiter wieder in Kontakt zu bringen mit all ihren schöpferisch-kraftvollen Quellen ihrer menschlichen Existenz.

Vom Humankapital zur Menschenorientierung

Unlängst wurde ich vom Team eines großen Finanzdienstleisters gebeten, die Konflikte zu bearbeiten, die schon lange zwischen der Führungskraft und seinen Mitarbeitern schwelten. Ziel war es, die Kluft, die zwischen ihnen entstanden war, zu schließen und ein gegenseitiges Vertrauen wiederherzustellen. Im Workshop benannten die Teammitglieder verschiedenste Problemfelder, an denen sie arbeiten wollten. Ganz zum Schluss der Themensammlung wagte ein eher schüchterner Mitarbeiter zu sagen: »Ich glaube, wir sollten auch daran arbeiten, wie wir unseren Umgang menschlicher, ja liebevoller gestalten können.« Als er die erstaunten, skeptischen Blicke seiner Kollegen bemerkte, errötete er und war versucht, sein Anliegen zurückzuziehen. Erschreckend, dass wir glauben, den Begriff der Liebe nur in partnerschaftlichen Beziehungen zu verwenden. In Wirklichkeit geht es in all unserem Tun und Sein um nichts anderes.

Der Workshop dauerte zwei Tage. Man gab sich strukturierte Feedbacks – allesamt richtig und hilfreich, doch irgendwie blieben sie an der Oberfläche. Als am zweiten Tag einige Teilnehmer in Tränen ausbrachen, wurde offensichtlich: alle Mitarbeiter sehnten sich nach Mitgefühl für ihre menschlichen Belange, nach *Menschen*-Liebe! Alle waren sehr berührt, als sie in ihrer tiefen Verzweiflung spürten: Es geht um nichts anderes. Das ist es, was in der Vergangenheit so sehr zu kurz gekommen war.

Wir alle sehnen uns danach, als Mensch
wahrgenommen zu werden!

Was anfangs als Nebensächlichkeit belächelt worden war, hatte sich als das zentrale Thema entpuppt. Liebe! Insbesondere die Führungskraft dieser Bank hatte Angst, ihre emotionale Seite zu zeigen. Und so, ohne Zugang zu ihrer eigenen, im Job ausgeblendeten Herzensintelligenz, konnte sie weder die menschlichen Belange ihrer Mitarbeiter wahrnehmen noch auf sie reagieren. Ohne Selbstoffenbarung, ohne authentisches Zeigen der menschlichen Seite entsteht kein Mitgefühl, kein Verständnis, keine Unterstützung und kein Vertrauen von anderen.

»Als Führungskraft weiß ich alles und kann alle Probleme auf der Sachebene lösen. Menschlichkeit ist Gefühlsduselei und hat im Job nichts zu suchen.« Mit dieser Überzeugung machen sich Führungskräfte selbst das Leben schwer und sorgen sogar für ihr eigenes Scheitern. Auch glauben viele, sie müssten eine psychologische Ausbildung abgeschlossen haben, um mit den menschlichen Belangen umgehen zu können. Das ist ein Irrtum. Sie müssen einfach nur Mensch sein!

> Es ist eine allgemeine Schwierigkeit, dass Ehrlichkeit
> uns selbst gegenüber nicht genügend geübt wird und
> wir uns daher in einem Rollenspiel verlieren.
> Es ist äußerst anstrengend, andauernd sich selbst
> und anderen etwas vorzugaukeln.
>
> *Ayya Khema*[4]

Die Reduzierung auf ein Fünftel unseres Wesens, auf die Ratio, vollziehen wir allmorgendlich in einem ganz bestimmten Moment, nämlich dann, wenn wir die Eingangstüre des Gebäudes unseres Arbeitgebers passieren. Just in diesem Augenblick verlieren wir die Ganzheit unserer Persönlichkeit. Wir schlüpfen, nein, wir schrumpfen in die Rolle »Abteilungsleiter Rechnungswesen«, »Bereichsleiter Consumer Products«, »Mitarbeiterin Marketing/Kommunikation«, »kaufmännischer Direktor« etc. Was von uns übrig bleibt, ist eine leere, seelenlose Hülse – eine Rolle, in der wir niemals unser ganzes, wahres Gesicht zeigen.

> Emotionen scheut der homo ratio
> wie der Teufel das Weihwasser.

Unerschütterlicher Glaube des homo ratio ist es, dass er seine Emotionalität, Verletzbarkeit als Mensch und sein Bedürfnis nach Liebe »zu Hause« lassen kann, das heißt an einem Ort, der von ihm und seinem Arbeitsplatz physisch weit entfernt ist. Tatsächlich ist unsere emotionale Seite jedoch fest mit unserem Körper und auch mit unserem Geist, mit unseren Gedanken, unserer Ratio verbunden. Wie können wir also glauben, dass wir nur im privaten Umfeld emotionale Wesen seien?

Gerade im Job ist unsere Emotionalität unser stärkster, ja sogar einzigster Antreiber. Schließlich wollen wir beweisen, dass wir in unserer Einzigartigkeit etwas Besonderes zu leisten vermögen, um schließlich Anerkennung und Liebe zu bekommen. Und auch Wut, Neid, die aus dem Vergleich resultierende Angst, möglicherweise schlechter dazustehen als der Kollege, Intrigen und Machtkämpfe sind sehr emotionale Motive für unser Agieren. Zugeben, dass all unser Tun von Emotionen getrieben ist, würden wir allerdings nie. Da sagen wir lieber: »Nein, nein, für mich gibt es nur ein ganz sachliches, nüchternes Motiv: Ich muss schlichtweg Geld verdienen.«

Und so glaubt der homo ratio, dass er im Job ausschließlich aus Kopf besteht, um rein sachlich und clever zu agieren. Seinen Körper betrachtet er als unvermeidliches Anhängsel, der nur dazu da ist, seine Vernunft zur Arbeitsstelle zu tragen. Glauben wir wirklich, dass unsere restlichen Intelligenzen, insbesondere unsere Emotionen, zu Hause am Frühstückstisch sitzen bleiben, um darauf zu warten, abends unsere andere, rationale, analytische Seite wieder dazu zu setzen, um dann als ganzer Mensch das Abendessen einzunehmen?

Im dunklen Anzug, unserer Business-Verkleidung, steckt in der Regel doch einfach nur ein Mensch, der – wie wir alle – nur allzu menschliche Bedürfnisse hat.

Wir alle sind hochsensible Wesen, sonst würden wir nicht einen solchen Aufwand treiben, unsere verletzbare Seite zu verbergen, und einen solchen Wahnsinn veranstalten, um Anerkennung zu bekommen, um »Karriere« zu machen.

Spielen Sie nicht länger den unempfindlichen, toughen Manager, den nichts schreckt, den nichts verletzt, der keine Unsicherheit und Zweifel kennt. Zeigen Sie Ihr wahres Gesicht, das, was Sie umtreibt, was Sie als Mensch beschäftigt. Zeigen Sie Ihre wundervollen Fähigkeiten des Verzeihens, des Mitgefühls, des Verständnisses auch im Job – und reservieren Sie diese nicht für zu Hause. Praktizieren Sie nicht länger eine künstliche Trennung, die es in Wirklichkeit ja doch nicht gibt. Werden Sie sich stattdessen bewusst, dass Sie *EINS* sind.

Und Sie ent-emotionalisieren das dann!

Ein Manager eines großen deutschen Transportunternehmens, ein homo ratio par excellence, bat mich unlängst, die in seinem Team seit langem brodelnden und bereits deutlich eskalierten Konflikte zu lösen. Sein Vorschlag dazu war folgender:

Im Workshop selbst sollte die Jahresplanung seines Bereiches rein auf der Sachebene erarbeitet werden. Allerdings sollten die Mitarbeiter die Möglichkeit bekommen, bereits am Vortag (einem Sonntag) auf Kosten des Unternehmens anzureisen. Beim gemeinsamen Skifahren und Après Ski würden sich die Konflikte der Vergangenheit dann automatisch in Luft auflösen, quasi ohne dass man sie ansprechen müsste, sondern allein durch gemeinsames Biertrinken. Restlicher Unmut, der dann noch übrig sei und vor allen Dingen, die Unzufriedenheit, die Konflikte derjenigen Teammitglieder, die erst zum Workshop selbst anreisen würden, hätte ich dann zu klären. »Und Sie ent-emotionalisieren das dann!«, war die an mich gerichtete Aufforderung des Managers.

Wie groß ist doch die Angst von Managern, mit Emotionen des Menschen in Kontakt zu kommen! So groß, dass sie beinahe alles, was den Menschen ausmacht, tabuisieren. Im Jobkontext darf die emotionale Seite einfach nicht stattfinden! Ein Trugschluss – je mehr wir sie ignorieren, umso mehr holt sie uns ein. Nicht umsonst hatte gerade dieser Manager Zeit seines Amtes mit enormen Konflikten in seinem Team zu kämpfen.

Wahre Stärke kommt aus dem Herzen.

Erinnern Sie sich an Menschen, in deren Nähe Sie sich wohlfühlten! Ich vermute, dass es häufig Menschen waren, von denen Sie den Eindruck hatten, sie seien authentisch, die mit Humor über ihre eigenen Schwächen lachen konnten, die Mitgefühl hatten – ja, die menschliche Größe hatten. Sie erinnern sich vermutlich daran, wie gut Ihnen diese Menschen taten; wie angenehm ent-spannend es war, deren Gesellschaft zu genießen.

Auch Sie werden die Erfahrung machen, wie wohltuend es für andere ist, Sie so zu erleben, wie Sie wirklich sind. Sie werden überrascht sein, wie viel Respekt und Mitgefühl Ihnen entgegengebracht wird und wie ent-spannend es für Sie und andere ist, authentisch zu sein. Hier geht es um menschliche Größe. Sie werden staunen, wie viel Energie Sie für sich und die Dinge gewinnen, die Ihnen wirklich wichtig sind. Und Sie werden überrascht sein, wie viele Menschen Ihnen plötzlich den Rücken stärken, wenn Sie sich so zeigen, wie Sie wirklich sind!

homo numero: I calculate, therefore I am!

Ich möchte Ihnen eine weitere Teilpersönlichkeit des Managers vorstellen, den *homo numero*. Er bezeichnet sich – nein, eigentlich nur die anderen, seine Mitarbeiter – als »Humankapital« und vergisst dabei, was der Mensch ist und wozu er und seine Mitarbeiter eigentlich da sind.

So erkennt er nicht, dass Menschen immer wieder nur für Menschen da sind. Egal, was ein Unternehmen produziert (ob Anlagegüter, Konsumgüter, Dienstleistungen ...), der Endkunde bzw. das Ziel des Ganzen ist doch immer wieder der Mensch! Und so sind Manager und Mitarbeiter in allen Unternehmen, in jeder Branche immer wieder nur für Menschen da!

Und wie verstehen sich Manager stattdessen? Man könnte meinen, sie seien alleine dazu da, irgendwelche Bilanzen, Soll-Ist-Auswertungen und Statistiken zu bedienen. Sie glauben, ihr vornehmlicher Auftrag sei es, dafür zu sorgen, dass die Zahl, die da auf ihrem Papier steht, einen höheren Wert annimmt. Solange der homo numero in Humankapital und vom Mensch als Ressource denkt, die sich amortisieren muss, denkt er vom falschen Ende her.

> Nicht den Zahlen einen höheren Wert verleihen,
> sondern dem Leben!
> Dann spiegelt sich die für den Menschen
> *sinn*volle Entwicklung automatisch in
> den Zahlen der Bilanz.

Zahlen sind eine Folge, nicht der Selbstzweck unseres Tuns. Sie haben selbst keine Substanz, keinen *Spirit*, sie sind lediglich Manifestation unseres Geistes.

Um wieder zu einem *sinn*vollen Geist zu finden, muss sich der homo numero von einem weiteren seiner Glaubenssätze verabschieden: »Was nichts kostet, ist auch nichts wert.« Dann kann er auch wieder den Wert in Dingen erkennen, die nicht mit einem Preis versehen sind. Dann lernt er diese Dinge auch im Businessalltag wertzuschätzen und zu integrieren.

Das Phänomen der künstlichen Trennung

Does God know the difference between
chemistry and physics?

Stafford Beer[5]

Die Fragmentierung der Welt ist das Wesen der Wissenschaft mit ihren Fakultäten, sie ist das Wesen des Geschäftemachens in seinen Sektoren, Branchen, Sparten und Nischen, sie ist das Wesen des Unternehmensmanagements mit seiner Organisation in Geschäftsfelder, Abteilungen, Prozesse und Hierarchien, ja sie ist das Wesen des modernen Lebens. Bei der Fragmentierung geht allerdings etwas kaputt. Und das, was wir dabei kaputt machen, geht in unserer Wahrnehmung verloren.

So sehen wir nur Aspekte der Wirklichkeit – je nachdem, durch welches Fenster wir gerade die Welt betrachten. Die objektive Wirklichkeit ist viel größer.

Die Wahrheit ist ein pfadloses Land.

Krishnamurti[6]

Jede Wissenschaft, jede Branche, jeder Wirtschaftszweig, jede Religion kann als ein Pfad verstanden werden, der sich im grundlosen Grund auflöst, je mehr er sich dem alles verbindenden Zentrum nähert.

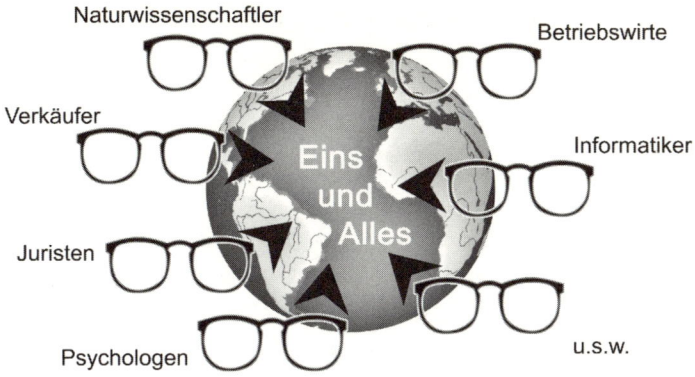

Jede künstlich geschaffene Disziplin ist somit der Versuch eines Pfades im Weglosen, mit dem Ziel, der Welt auf den Grund zu gehen. Die folgende Geschichte beschreibt die dabei allerdings sehr eingeschränkte Wahrnehmung von uns Business-Menschen sehr treffend.[7]

Das Netz des Fischers

Wir glauben nicht nur das, was wir sehen,
sondern wir sehen auch nur das,
was wir glauben.

Ein Berater trifft einen Fischer, der seit vielen Jahren sein Geschäft mit dem Verkauf von Fischen macht. Der Fischer ist studierter Ichthyologe – er versteht also etwas von seinem Fach. Zum Fischen benutzt er ein Netz, dessen Maschen jeweils fünf Quadratzentimeter groß sind. Der Berater befragt ihn zu seinen wesentlichen Erfahrungen als Fischer.

Der Fischer: Nun, meine gesamte Geschäftstätigkeit basiert auf zwei wesentlichen Erkenntnissen, die ich in meinem Studium kennen lernte und die sich in meiner Berufspraxis immer wieder bestätigten:
1. Alle Fische sind größer als fünf Zentimeter.
2. Alle Fische haben Kiemen.

Der Berater: Nun, es könnte sein, dass dein zweites Gesetz nicht stimmt. Denn vielleicht fängst du, wenn du noch länger fischst, einmal etwas ohne Kiemen.

Der Fischer: Nein, das kann nicht sein. Ich habe noch nie etwas anderes gefangen.

Der Berater: Ja, und dein erstes Gesetz ist gar kein Gesetz. Wenn du einmal hinschauen würdest, dann würdest du bemerken, dass dein Netz eine Maschenweite von fünf Zentimetern hat. Du kannst also gar nichts fangen, das kleiner als fünf Zentimeter ist.

Darauf der Fischer: Du als Berater kommst daher mit theoretischem Geschwafel. Du magst zwar allgemeine Methodenkenntnis haben, aber Fachkenntnis und Branchen-Know-how fehlen dir. Ich als Fachmann und Branchenkenner dagegen sage:
1. Ein Fisch ist etwas, was ich mit meinem Netz fangen kann.
2. Was ich mit meinem Netz nicht fangen kann, ist kein Fisch!

Manager – Insassen im selbst gebastelten Gefängnis

Wir als Manager und Mitarbeiter verhalten uns genau wie dieser Fischer. Wir können uns nichts anderes vorstellen als das, was wir gelernt haben. Dass es noch etwas anderes geben mag, außer dem, was wir seit Jahrzehnten kennen und wiederholen, geht über unsere Vorstellungskraft. Manager halten ihre Art des Managements, ihre Art der Führung für die einzig richtige und die einzig mögliche. So bleiben sie, wie der Fischer, verhaftet in der Wiederholung des ewig Gleichen.

Wenn wir von der Wirklichkeit sprechen, sprechen wir nicht von der Wirklichkeit, wie sie ist, sondern von unserer Wahrnehmung der Wirklichkeit. Wir schauen auf die Welt durch ein selbst gebasteltes Fenster von einem Format, das wir ihm selbst gegeben und durch Gitterstäbe, die wir selbst eingezogen haben. Mit der Größe des Fensters wählen wir den Ausschnitt der Wirklichkeit, den wir zu sehen gedenken; und mithilfe von Gitterstäben, der Trennung von Privat und Beruf (»Work & Life«), Gesellschaft, Politik und Unternehmen, den Fakultäten, Disziplinen, Kategorien, Wissenschaften, Branchen, Sparten, Geschäftsfeldern, Zielgruppen, Abteilungen, Prozessschritten, Hierarchien, Kompetenzen und Zuständigkeiten etc. fragmentieren wir die Welt abermals.

> Alles, was dir passiert, muss durch dein Fenster
> deines Glaubens gehen (...)
> Das bedeutet schlicht und ergreifend,
> dass es nichts in unserem Leben geben wird,
> was wir nicht glauben. (...)
> Je größer das Fenster, desto mehr Licht kommt nach innen.
> Und mit diesem Licht kommt auch die frische Luft.
>
> *S. Fox* [8]

Von sehr viel Licht und frischer Luft ist unser Business heute nicht durchströmt. Dazu mangelt es uns an persönlicher Offenheit für das, was es da draußen, außerhalb der bekannten Abmessungen unseres Schreibtisches noch geben mag. So erinnern die Büros in den Unternehmen heute leider häufig an selbst gebastelte Gefängniszellen von Managern und Mitarbeitern. Und aufgrund unseres beschränkten Ausblicks halten wir die Trennung für das Natürliche, die unabänderbare Realität, die objektive Wirklichkeit.

Dabei ist die Welt eine Einheit oder, wie die Wissenschaftler der Neuen Physik sagen, eine Nicht-Zweiheit. Die Trennung ist eine Illusion. Die Trennung wird (von uns Menschen) organisiert und nicht der Zusammenhang. Die Verbundenheit ist das natürlich vorhandene; wir müssen sie nicht schaffen, sie ist gegeben.

Durch unseren beschränkten Fensterausschnitt nehmen wir immer wieder das Gleiche wahr: Das, was wir wissen; das, was wir erwarten; das, wovon wir überzeugt sind. Der Fischer, ebenso wie der Manager, tut nichts anderes, als sein bisheriges Wissen tagtäglich zu bestätigen. Unermüdlich, wie in Trance, kopiert er sich und seine Produkte. Er bewegt sich geistig tagein, tagaus in den bekannten, tief eingeschliffenen Rillen seiner beschränkten Wahrnehmung. So bleibt auch das, was sich auf der materiellen Ebene manifestieren kann, stets das »Ewig Gleiche«.[9]

Wo Wissen bewahrt wird,
wird Lernen verhindert.

Die neuere Hirnforschung zeigt, dass Wissen und Lernen Gegensätze sind. »Das Gehirn ist zu Beginn seiner Entwicklung so strukturiert, dass nahezu jede Zelle mit jeder Zelle in Kontakt steht. (...) Im Laufe der Entwicklung, das heißt der Lerngeschichte, werden diese Verbindungen gekappt, so dass nur einige übrig bleiben. Und damit bleiben auch nur bestimmte, bevorzugte und immer wieder repetierte interne Hirnprozessmuster übrig. (...) Wissen macht deshalb immer irgendwie beschränkt.«[10]

Veränderungswürdig wird die Situation allerdings nur dadurch, dass wir selbst es ja sind, die mit unseren beschränkten Ergebnissen nicht zufrieden sind: Es sind die Ergebnisse von Umsatzrückgang, vom seelenlosen Geschäftemachen, von Personalabbau, Unternehmenspleiten, Arbeitslosigkeit, Kriminalität, Krieg, Krankheiten, von der Nichtmehrleistungsfähigkeit unserer Schulen und sozialen Systeme etc.

Diese materiellen Ergebnisse unseres Geistes bestätigen wiederum nur das, was wir zwischen unseren kleingeistigen Gitterstäben in unserem engen Gesichtsfeld erwartet haben: das vertraute Elend. In diesem selbst gewählten Teufelskreis des geistig-materiellen Hamsterrades halten wir uns selbst gefangen und bestätigen uns ein ums andere Mal, dass es ja gar nichts anderes geben kann.

Die materiellen Resultate unseres Geistes haben stets Indikatorfunktion: in unserer akuellen Situation zeigen sie uns an, dass es uns an etwas mangelt. An einem Geist der ehrlichen Neugier, der Offenheit, der Kreativität, der Freiheit und Liebe, des Respekts, der Ehrfurcht und Demut – an einem Geist also, mit dem wir zu ungleich befriedigenderen Ergebnissen gelangten. Um uns als ganzer Mensch und der Wirklichkeit als Ganzes tatsächlich gerecht zu werden, sollten wir die Weisheit der Disziplinen zusammenführen, indem wir unseren Fensterausschnitt zur Welt größer wählen, die Gitterstäbe auseinander biegen und unsere Glaubenssätze wie folgt weiterentwickeln:

➤ Ich weiß, dass ich nichts weiß. (Sokrates)
➤ Ich weiß, dass ich weiß. (Fritz B. Simon)
➤ Ich weiß, dass ich wissen kann,
    wenn ich mit allen Sinnen online bin. (Siglinda Oppelt)

Trennung: Der rote Faden, der sich durch alle Disziplinen zieht

Wo finden wir das Trennende wieder? Schier überall in unserer wirtschaftlichen, gesellschaftlichen und persönlichen Welt treffen wir auf das Phänomen der Trennung. Sie ist der rote Faden, der sich durch alle Disziplinen zieht und damit alles verbindet.

Die Wissenschaften haben die Trennung im 19. und 20. Jahrhundert perfektioniert. Für den Naturwissenschaftler zählen die Geisteswissenschaften nicht, der eine Fachbereich ist bei dem anderen verpönt, die Wirtschaftswissenschaftler rümpfen die Nase über die Agrarstudenten, die Mediziner belächeln die Psychologen usw. Jeder beansprucht für sich, die alleinige Wahrheit zu kennen.

Was ist der Effekt des Trennens?

Woher kommt das Trennende? Es entsteht aus unserer Sehnsucht, die komplexe Welt be-greifbar und beherrschbar zu machen. Wir wollen alles »in den Griff bekommen«. Das schaffen wir nur, indem wir die komplexe Welt in Stücke schneiden. Das ist unsere Überzeugung. Tatsächlich – so lehrt uns nicht nur die Neue Physik – ist die Welt aber nicht begreifbar, also mit unserer Ratio nicht gänzlich erfahrbar. Wir erleben viel mehr, nehmen viel mehr von der Welt wahr, als mit dieser Ausrüstung alleine erfassbar wäre. Und dennoch frönen wir der Segmentierung, erfüllt sie doch noch eine weitere wichtige Funktion: Sie befriedigt unsere Eitelkeit.

Viele Branchen und Berufszweige, wie die der Juristen oder die Marketing- und PR-Agenturen, bedienen sich branchenspezifischer Sprachcodes, so dass sie nicht von jedermann verstanden werden können. Trennung wurde und wird praktiziert, um sich zu exponieren, um selbst als elitär zu gelten.

Der Taylorismus half uns innerhalb von Unternehmensorganisationen, die Trennung auf die Spitze zu treiben. Dabei trennen wir nicht nur »in Prozessschritte«, sondern auch »in Menschen«. Noch heute finden wir in der Industrie die Blaukittel und die Weißkittel. Die Weißkittel sind etwas Besseres, weil sie »mit dem Kopf« arbeiten. Die Blaukittel arbeiten vorwiegend mit dem Körper, mit Muskelkraft. Das ist weniger wert. Außerdem sind sie weniger intelligent. Wenn sie dann noch Ausländer sind, umso mehr.

> Mit dem Trennen beginnt das Leid.
>
> *Krishnamurti*[11]

Unsere Vorliebe, alles zu trennen, führt zu unserer nächsten Neigung: dem Vergleichen. Und das Vergleichen bringt wiederum automatisch das Bewerten mit sich. Was ist besser? Was ist schlechter? Wer ist gut? Wer ist böse? Was ist richtig? Was ist falsch? Wer hat Recht? Dieses urteilende Separieren manifestiert wiederum das Trennende und führt letztendlich zum Krieg: zu unserer eigenen, inneren Einseitigkeit, zum Krieg mit unserem Nachbarn, mit unseren Kollegen, mit den Abteilungen in unserem Unternehmen, zum Kampf der politischen Parteien sowie zum Krieg von Glaubensgemeinschaften und Nationen.

Über dem permanenten Trennen, Vergleichen und Bewerten vergessen wir, dass wir alle *einzigartig* und *eins* sind und vor allen Dingen eines teilen: die Sehnsucht nach Sinn und Liebe.

Wer hohes Bewusstsein praktiziert, hält sich mit derlei Hobbys nicht auf. Er setzt seine Energien für *sinn*volle, konstruktive Ideen ein und realisiert Vorhaben, die den Menschen weiterbringen. Alles andere ist pure Energieverschwendung.

Die ganz normale Schizophrenie

Alles Isolierte führt in die Irre.
Nur die Ganzheit ist zuverlässig
und leitet den Menschen zum Heil.
Martin Buber[12]

Glauben wir, wir können unabhängig und isoliert in unseren künstlichen Subsystemen agieren, lehrt uns die Wirklichkeit etwas anderes. »Tatsächlich sagt die Praxis dieser Teilung aber nur, dass wir uns an die Spaltung der Welterklärung schon fast gewöhnten, dass wir die Schizophrenie eines zerteilten Menschenbildes, den Widerspruch von Leib und Seele, Geist und Materie hingenommen haben.« Und dieses Schisma läuft durch alle Elemente der Zivilisation (...); unsere ganze Welt ist dadurch gespalten. Überall führt die Zweiseitigkeit wie das Eindimensionale unserer Anschauungsformen von den Widersprüchen halber Gesamt-Ursachen zu jenem

Dilemma, in welchem wir uns vom Individuum bis zur Gesellschaft befinden.«[13]

Was dabei verloren geht, ist der Blick für unsere natürliche Verbundenheit, das Gefühl für das ur-eigenste Menschsein, dafür, dass wir *eins* sind. Schließlich verbindet uns Menschen mehr als uns trennt. Auch wenn wir uns modernster Technologien wie Internet und Intranets bedienen, die uns tagtäglich auf sachlich-informativer Ebene mit der Welt bzw. konzernintern verbinden – eine echte Verbundenheit empfinden wir heute nicht.

Je mehr wir jedoch die Grenzen unserer Egozentrik überwinden, je mehr wir über den Tellerrand hinausschauen und je mehr es uns gelingt, einen Blick fürs Ganze zu entwickeln, umso selbstverständlicher und eingängiger erreicht uns die Erkenntnis der Allverbundenheit, die Einsicht, dass alles *eins* ist, dass alles in *einem*, in der höchsten, unendlichen Energie des Universums – nennen wir es »Gott« – seinen Ursprung und sein Ende hat. In diesem Zuge werden wir auch die intensive Erfahrung des Mitgefühls – mit uns selbst und mit anderen – machen. In der Vergangenheit haben wir uns abgespalten, uns innerlich getrennt von wesentlichen Bedürfnissen, wie dem nach Liebe, Vergebung, Verbundenheit, Frieden etc.

Erst wenn wir die Trennung *in uns* aufheben, versöhnen wir uns mit uns selbst und können schließlich auch versöhnlicher mit unseren Mitmenschen, der Erde und dem Kosmos umgehen. Dann nähern wir uns Gott in uns und in allem, was uns umgibt.

Niklaus Brantschen drückt das sehr eindrücklich aus: »Was der Naturwissenschaftler vielleicht ahnt und vermutet, mit seiner Methode aber nicht erfassen und beschreiben kann, das muss der reflektierende Glaube zur Sprache bringen, soll es nicht in Vergessenheit geraten. Gerade weil Gott als der tragende Grund uns so nahe ist – näher als wir uns selbst –, wird er oft vom Lärm des Alltags übertönt; wird totgeschwiegen, gerät in Vergessenheit. Er muss in einer Form zur Sprache gebracht werden, die alle verstehen, nicht nur die Theologen. Diese Sprache muss an menschliche Erfahrungen wie Staunen, Liebe, Angst, Freude und Geborgenheit anknüpfen.«[14]

Mit unserer Einseitigkeit im Rationalen verfehlen wir die Ganzheit der Wirklichkeit. Wesentliche Teile der universellen Wirklichkeit und damit unserer göttlichen Vollkommenheit entgehen uns dabei.

Dabei ist jede einzelne Disziplin nur ein Fenster, durch das wir die Welt betrachten, deren Wahrheit sich mit der Wahrheit aller übrigen Disziplinen im Grunde trifft, *Eins* wird. So müssen wir erkennen, dass sämtliche Fachkategorien, sämtliche Fenster auf die Welt konkurrenzlos sind, im Innersten zu einem großen Sinnzusammenhang verschmelzen. Deshalb ist es pure Energieverschwendung, sich darüber aufzureiben, »Wer hat Recht, wer hat Unrecht?«. Vielmehr geht es darum, den Zusammenhang, das große Bild zu erkennen, die Wirklichkeit als Ganzes zu erfahren. Verweigern wir uns der Integration, so verzögern wir das Tempo der menschlichen Evolution.

Das Paradoxon der Moderne

Leider verloren, Herr Keynes

Unsere Manager – Wesen aus
dem 18. Jahrhundert

Die Nachfrage bestimmt das Angebot? Weit gefehlt, Herr Keynes![15]
Überzeugungen aus der Zeit von 1750–1850 prägen vielmehr das
Denken und Handeln der Manager von heute. Lehrten die Ökono-
men der Klassik, dass das Angebot die Nachfrage bestimme, so scheinen diese 250 Jahre alten Anschauungen heute noch in den Köpfen
unserer Manager ihr Unwesen zu treiben. Ja, sie bilden dort sogar
massive Gitterstäbe und begrenzen damit das Vorstellungsvermögen.
Während sie im hochmotorisierten Firmenwagen im Hier und Jetzt
durch die Gegend sausen, mit den modernsten elektronischen Steu-
erungssystemen und intelligenten Kommunikationstools ausgestattet sind, lebt der Kopf unserer Manager noch im 18. Jahrhundert.

Mit der Nachfrage-orientierten Denkweise von Herrn Keynes
glaubten wir uns dann im 20. Jahrhundert von den starren Vorstellungen der klassischen Theorie verabschiedet zu haben. Hochnäsig
würden wir heute Herrn Say[16] und seine klassischen Theoreme als
längst überholt betrachten. Tatsächlich praktizieren wir diese jedoch
tagtäglich in unserer vermeintlich ach so modernen Management-
welt: Denn es sind immer noch die Anbieter, die (in bornierter
Weise) bestimmen, was gekauft werden darf.

Oder sind Sie jemals von einem Unternehmen gefragt worden,
wovon Sie träumen, was Sie fasziniert? Nein, Sie bekommen etwas
vorgesetzt und dürfen maximal zwischen Produktalternativen wäh-

len, die jemand anderes sich für Sie und Ihr Wohl ausgedacht hat. Irgendwie anmaßend, nicht wahr? Der Kauf eines der Angebote wird Ihnen dann noch eindringlich nahe gelegt. Alles nur zu Ihrem Besten, versteht sich. Ich vermisse echtes Interesse der Unternehmen an den Menschen, die sie irgendwann später ihre Kunden nennen sollten. Ich vermisse echte Kommunikation, echte, gemeinsame Auseinandersetzung darüber, was die Welt jetzt braucht, was den Menschen heute gut tut. Erst dann sollte die Produktion beginnen.

Das Paradoxon der Moderne besteht also darin, dass unser Körper die technischen Errungenschaften des 21. Jahrhunderts zwar sehr effizient zu nutzen weiß, unser Kopf allerdings noch im 18. Jahrhundert lebt. Das macht uns einmal mehr zu schizophrenen Wesen. Um uns wieder zu integrieren und ganzheitlich »modern« zu werden, müssen wir noch weiter in die Vergangenheit zurückgehen und uns an eine uralte Sehnsucht erinnern: Die Sehnsucht von Herrn Schmidt.[17]

Adam Smith[18] oder: Eine uralte Sehnsucht

Mit Träumen beginnt die Realität.
Daniel Goeudevert [19]

Erinnern wir uns daran, dass unser heutiges System der freien Marktwirtschaft auf den Träumereien von Adam Smith basiert, auf seiner damals vermutlich verrückt anmutenden, Vision von einer idealen Welt. Was trieb Adam Smith an? Wonach sehnte er sich? Was war das zentrale Motiv seiner Vision?

In einer frühen, weniger bekannten Schrift beschäftigt er sich mit den moralischen Gefühlen des Menschen. Sympathie und Mitgefühl stellt er ins Zentrum menschlichen Verhaltens. Sein 17 Jahre später erschienenes, bekanntes Werk *The wealth of nations* (*Der Reichtum der Nationen*) ist von einem völlig anderen Geist durchdrungen: Hier legt er die Annahme zugrunde, der Mensch sei ein egoistisches, habgieriges Wesen, das vor allem durch materielle Anreize zu motivieren sei. Eine Überzeugung, die der Staatstheoretiker Thomas Hobbes schon vor ihm hegte.

Adam Smith rang offensichtlich mit zwei scheinbar widerstrebenden Prinzipien der menschlichen Existenz. Er suchte die Sehnsucht nach ethischem, moralischem Verhalten mit den egoistischen, profitstrebenden Ambitionen des Menschen zu vereinen.

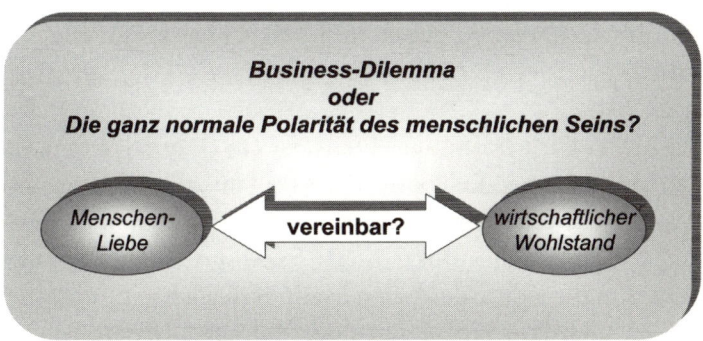

Business-Dilemma
oder
Die ganz normale Polarität des menschlichen Seins?

Menschen-Liebe — vereinbar? → wirtschaftlicher Wohlstand

Die Sehnsucht nach Menschen-Liebe und nach wirtschaftlichem Wohlstand galt es und gilt es immer noch zu versöhnen. Ein brandaktuelles Thema! Unser derzeitiges Dilemma in der Wirtschaft, Politik und Gesellschaft ist ja gerade aus der einseitigen Konzentration auf das Profitstreben und der zeitgleichen Vernachlässigung der Liebe entstanden. Nun müssen wir uns dringend von dem kollektiven Glaubenssatz verabschieden, der behauptet, die beiden Ziele seien nicht zu vereinbaren.

Wer löst denn nun das Dilemma für uns?
Die Kirche? Der Markt? Der Staat?
Oder wer?

Wie hat Adam Smith den inneren Konflikt über die Widersprüchlichkeiten der menschlichen Existenz gelöst? Er wandte sich vom Christentum ab, weil er die Moral der christlichen Nächstenliebe nicht für geeignet hielt, die beiden Sehnsüchte zu vereinen. Stattdessen entschied er sich für den (auf den Stoiker Epiktet[20] zurückgehenden) Glauben »Der Markt wird es schon richten«. Der Glaube an die »unsichtbare Hand«, die über der freien Marktwirtschaft schwebt und bewirkt, dass nur das von den Konsumenten »Gewollte« im ausreichenden Maße produziert wird; die »invisible hand«, die für das Equilibrium von Angebot und Nachfrage sorgt und die am Eigennutz orientierten Individuen anleitet, das Allgemeinwohl zu fördern.

»Der Markt wird es schon richten«, ist ein Dogma, dem wir heute noch anhängen. Eine »Religion«, die wir nicht zu hinterfragen scheinen: Womit werden denn unsere Wirtschaftsstudenten an den Universitäten heute noch indoktriniert? Es ist das Dogma des blinden Vertrauens in die Kräfte des freien Marktes. Gleichzeitig sprechen die weltweiten Tatsachen eine ganz andere Sprache. Unsere Lehrer und Manager scheinen vor dieser Diskrepanz die Augen zu verschließen. Auch wenn es die Machtelite nicht gerne hört, so sei dies doch die Realität, so die Philosophin Carola Meier-Seethaler.

Die Verantwortung für die Integration beider Motive delegieren wir an die »liberale Marktwirtschaft«, und wenn das nicht funktioniert, an den »Sozialstaat« – soll der sich doch darum kümmern! Damit sind wir fein raus. Die aktuellen Ergebnisse in der Wirtschaft und Politik beweisen jedoch, dass wir eben nicht fein raus sind: Die Wirtschaft stagniert, der Sozialstaat bricht zusammen. Brauchen wir noch größere Katastrophen, noch deutlichere Zeichen, um endlich einzusehen, dass wir umdenken müssen, dass wir unsere Wirtschaftsphilosophie einer grundsätzlichen Revision unterziehen müssen?

Wann verstehen wir endlich, dass es den Markt, den Staat gar nicht gibt? Beide sind Illusionen in unserem Kopf! Wann verstehen wir endlich, dass es unsere eigene Verantwortung ist, um die es hier geht, dass es die Verantwortung jedes einzelnen Managers ist, für die Integration der Polaritäten, für Menschen-Liebe und ökonomischen Wohlstand gleichermaßen zu sorgen? Wann verstehen wir, dass sich diese Verantwortung nicht outsourcen lässt – weder an den Markt, den Staat, die Kirchen oder sonstige abstrakte Gebilde?

> Menschliches Leben vollzieht sich in Polaritäten.
> Heil wird unsere Wirtschaft nur,
> wenn wir selbst es sind, die beide Pole würdigen
> und in einem weisen Management integrieren.

Die Antwort auf die Frage, wer denn nun das Dilemma für uns löst, kann nur lauten: Weder die Kirche noch der Markt, auch nicht der Staat, sondern wir selbst, die einzelnen Manager werden das Problem der Integration zu lösen haben. Die Ökonomie der Zukunft ist also gar kein Dilemma, sondern ein Tetralemma. Dazu mehr im Kapitel »Wohin entwickelt sich die Welt?«[21]

Von der Peinlichkeit der
Menschen-Liebe

Die wissenschaftliche und technische Welt der Neuzeit
ist das Ergebnis des Wagnisses des Menschen,
das Erkenntnis ohne Liebe heißt.

Carl Friedrich von Weizsäcker[22]

Den Begriff der Liebe salonfähig, wirtschaftsfähig zu machen –
das ist die Herausforderung im Business des 21. Jahrhunderts!
Dass er ungehindert und unbelächelt in den heiligen Hallen der
Unternehmen Einzug halten kann, dass er uns nicht mehr peinlich
ist, sondern uns genauso selbstverständlich und geläufig über
die Lippen kommt, wie »Effizienz«, »Produktivität« oder der »Deckungsbeitrag« eines bestimmten Produktes – dazu möchte ich einen
Beitrag leisten.

III

Über den Tellerrand geschaut

Absurdes in der Wirtschafts- und Arbeitsmarktpolitik

Die Businesswelt existiert nicht als isoliertes Subsystem im Gesamtsystem Welt. Wollen wir sie im positiven Sinne weiterentwickeln, müssen wir mehr von der Wirklichkeit sehen als nur sie selbst. Wir müssen den größeren Kontext verstehen, in den wir das Business eingebettet haben, in den unser Business-Geist ausstrahlt und von dessen Geist unser Business wiederum beeinflusst wird. Erfolg in der Geschäftswelt kann nur im Einklang mit einem sinnvollen Geist in Gesellschaft, Politik und Bildung geschehen.

»Management für die Zukunft« bedeutet also den Blick zu weiten. Wenn Sie sich dem Ausflug in größere, an das Business angrenzende Regionen nicht anschließen möchten, um möglicherweise gleich vertieft etwas über das Management der Zukunft zu erfahren, dann empfehle ich Ihnen, Kapitel III zu überspringen und gleich das Kapitel »Der Paradigmenwechsel in der Wirtschaft« zu lesen.

Das Ende etablierter Systeme

In Wirtschaft und Politik halten wir seit Jahrzehnten an etablierten Strukturen fest. Wir ignorieren, dass die Gesellschaft sich verändert hat, dass die Menschen nun andere Bedürfnisse haben als beispielsweise 1950. Galt es damals – nach dem gerade erst beendeten Zweiten Weltkrieg – die Sehnsucht nach Sicherheit und materiellem Wohlstand zu befriedigen, so haben sich das Bewusstsein der Menschen und damit ihre Sehnsüchte weiterentwickelt.

Was wir Menschen in der Welt erreichen, wie wir uns der Welt zeigen und wie wir uns selbst im Weltzusammenhang verstehen wollen, verändert sich im Zeitablauf. Heute gibt es viele Anzeichen dafür, dass sich unser persönliches und kollektives Bewusstsein nach mehr *Sinn* sehnt: Wir wollen einen größeren Sinn finden in unserem eigenen Leben und Sinn stiftend wirken für den Menschen, für den Kosmos.

Wir müssen also Strukturen schaffen, die zu unseren gesellschaftlichen Bedürfnissen, zu unserer gesellschaftlichen Größenordnung und unserem Entwicklungsstatus passen. Wir müssen neue Modelle *sinn*vollen Lebens und Arbeitens entwickeln, die unsere Sehnsucht, unsere Visionen und Träume sowie unser persönliches Wachsen und Reifen als Mensch unterstützen. Im Business. Im Leben überhaupt.

Ergebnislose Reförmchen

Die tragenden Wände unserer Systeme sind morsch.
Was machen die Politiker?
Sie ziehen dünne, verschachtelte Trennwände ein.
Stabiler wird das Ganze dadurch nicht.
Nur teurer und unverständlicher.

Was die heutige Politik anbietet, sind Reförmchen, die die Verzweiflung und Einfallslosigkeit ihrer Erfinder durchschimmern lassen. Offensichtlich fällt es den Urhebern der Pseudo-Reformen schwer, über den Tellerrand hinauszuschauen, um einen Blick von der Metaebene auf die Problematiken des Systems zu werfen und dieses auch einmal in Frage zu stellen. Unsere Systeme, wie das Renten-, das Gesundheits-, das Sozialversicherungs- oder das Arbeitsmarktsystem erinnern an morsche, baufällige Häuser. Und Politiker werden nicht müde, weitere Pappmaschee-Trennwände und Pseudo-Stützpfeiler in diese morschen Häuser einzuziehen. Sie gestalten die Systeme zunehmend komplizierter, indem sie weitere Subsysteme einbauen aus undurchschaubaren Steuergesetzen, Förderungen, Regeln, Ge- und Verboten für Arbeitslose und Selbstständige, zusätzliche Abgabenordnungen für das Gesundheitssystem, deren Sinn wir nicht verstehen, weil sie keinen haben. Die Häuser, die Systeme, in denen sich keiner mehr zurechtfindet, werden verschachtelter, undurchdringlicher und teurer – stabiler jedoch nicht.

Dass die derzeitigen Reförmchen zu kurz gedacht waren (und damit auch zu kurz griffen), manifestierte der Kanzler selbst mit seinem Leitsatz »Alles muss sich ändern, damit es bleiben kann, wie es ist.«[1] Und genau das ist das Problem. Die Grenzen, innerhalb derer er sich erlaubte zu denken, waren die der bestehenden Systeme. Er dokterte an zusätzlichen Verschnörkelungen des Systems herum. Was er dabei übersah, ist, dass die tragenden Säulen schon längst nicht mehr tragen, sondern brüchig sind und die Statik schon lange nicht mehr gewährleistet ist. Somit bleiben die Reförmchen Streicheleinheiten für die bestehenden, morbiden Systeme. Genauso absurd wäre es, wenn ein Arzt seinem Patienten, dessen gesamter Knochenbau Osteoporose hat, Rheumasalbe auf den rechten Arm schmierte.

Des Kanzlers Therapie, egal ob sie den Namen Hartz oder Agenda 2010 trägt, wird sich als nicht heilsam erweisen. Weder werden die Symptome gelindert, sprich weniger Arbeitslose, weniger Defizite in den öffentlichen Kassen etc., noch werden die Ursachen behoben, sprich nachhaltige, integrative Lösungen gefunden.

Stattdessen werden sich die Schmerzen verschlimmern: sowohl durch die Kosten, die für derlei ergebnislose Maßnahmen versenkt werden, als auch durch die Schuldenberge, die durch das operative Tagesgeschäft der nicht länger tragfähigen Systeme immer weiter anwachsen. Ein Verschlimmbessern der Systeme durch gleichermaßen einfallslose wie ergebnislose Reförmchen.

»Wenn wir die richtigen Antreiber finden, die dafür sorgen, dass die bisherigen Grenzen zwischen Politik, Wissenschaft und Wirtschaft durchlässiger werden, wären wir einen entscheidenden Schritt weiter«, sagt der Unternehmer August Wilhelm Scheer.[2]

Den Regierenden aber fehlt der Blick fürs Ganze. Nur, wenn es gelingt, unser Blickfeld zu erweitern, wenn wir einen holistischen Lösungsansatz wählen, kann sich unsere Lebenswelt nachhaltig positiv verändern.

Solange wir, egal ob als Politiker oder Manager, durch die Enge unseres herkömmlich vergitterten Fensters auf die Welt blicken, können wir uns nichts anderes vorstellen als die bestehenden Systeme. Einfach weil wir nichts anderes wahrnehmen. Wir müssen den Weitwinkel wählen, um von einer Metaperspektive aus den Blick auf die Welt und den Kosmos zu richten. Erst der mit der Frage »Wovon lebt der Mensch? Was tut dem Menschen, was tut dem Kosmos gut« verbundene Blick von der Metaperspektive auf die Welt wird es uns ermöglichen, angemessenere, *sinn*vollere Lösungen mit allen Sinnen und Intelligenzen zu finden.

Der (Irr-)Glaube an die Vollbeschäftigung als oberstes Arbeitsmarktziel

Fortschreitende Automatisierung und technische Innovationen bewirken seit der Industrialisierung eine fortwährend steigende Produktivität. Diese wiederum übertrifft seit Jahrzehnten die Steigerung des Wirtschaftswachstums. Das Ergebnis: »Nur 20 Prozent der arbeitsfähigen Bevölkerung würden im 21. Jahrhundert ausreichen, um die Weltwirtschaft in Schwung zu halten. Mehr Arbeitskraft wird nicht gebraucht.«[3] Darüber waren sich bereits 1995 damalige internationale Spitzenpolitiker wie Gorbatschow,

Bush und Thatcher auf einem Kongress über »Die Zukunft der Arbeit« einig.[4]

Gibt es einen Sinn ohne Arbeit?

Wenn Arbeit bislang das Mittel war, um den eigenen Lebensunterhalt sicherzustellen, und dies zukünftig aber nur noch für 20 Prozent der arbeitsfähigen Bevölkerung gelten wird, dann stellen sich uns ganz andere Fragen: Was tun die restlichen Menschen? Kann es *sinn*volle Beschäftigungen geben, die nicht in der klassischen Form von Arbeit stattfinden? Wie wird Reichtum zukünftig verteilt? Womit beschäftigen sich die restlichen Menschen? Was wird zukünftig wie entlohnt? Welche anderen, heute brachliegenden Tätigkeiten erscheinen uns für die Menschen, für den Kosmos sinnvoll? Was sind sie uns wert? Wenn es nicht mehr Arbeit allein ist, die uns zu vollwertigen Mitgliedern der Gesellschaft macht, was dann? Was macht den Menschen aus? Was macht Lebensqualität aus? Wird Muße ebenso als Wert akzeptiert? War das Streben nach Muße und Bequemlichkeit nicht das Ziel, das wir mit der Technologisierung und Automatisierung verfolgten? Und jetzt, wo ein großer Teil unserer Bevölkerung sich dem Müßiggang widmen kann, verurteilen wir diese Menschen dafür?

»Solange Arbeit im Zentrum unseres gesellschaftlichen und individuellen Lebens steht, gibt es nur die Wahl zwischen Horrorszenarien. Solange wir Arbeit als Wert an sich sehen, werden wir uns immer absurdere Lösungen ausdenken, um Arbeit zu erhalten. In unserem Arbeitswahn werden wir auf ewig versuchen, den Lauf der Geschichte aufzuhalten.«[5]

Dennoch erklären die amtierenden Kanzler die Reduzierung der Arbeitslosigkeit zu ihrem obersten Ziel. Sie halten krampfhaft daran fest, auch wenn die Welt dies überhaupt nicht braucht. Auch das klägliche Scheitern jedweder ihrer Bemühungen lässt sie nicht »zur

Räson« kommen. »138 Milliarden Euro hat Berlin schon in den ostdeutschen Arbeitsmarkt gepumpt. Ohne Erfolg. Trotzdem soll die staatliche Job-Beschaffung weitergehen«, so titelt *DIE ZEIT* vom 5. Juni 2003. Verzweifelt wird nicht nur am falschen Ziel, sondern auch an etablierten, gescheiterten Instrumenten, wie den ABM-Maßnahmen, festgehalten. Und weiter heißt es: »6,5 Millionen Ostdeutsche sind inzwischen in den Genuss der Förderung gekommen – doch einen festen Arbeitsplatz fanden hinterher die wenigsten. Mehr Arbeitsuchende irren von ABM zu Weiterbildung, werden nach einem kurzen Job wieder arbeitslos und kehren erneut in die staatlich bezuschusste Warteschleife zurück. Auch Wolfgang Clement hat das gemerkt. ›Mehr oder weniger kläglich‹ sei die Eingliederungsleistung, schimpft der Wirtschaftsminister.«

Der (Irr-)Glaube, man müsse nur den Druck erhöhen

Aus Verzweiflung wird die vermeintliche »Schuld« auf den Arbeitslosen verlagert – dieser bewegt sich jedoch in einem längst überholten System, in dem die Lösung nicht zu finden sein wird. Dennoch wird ihm ein schlechtes Gewissen gemacht. Er darf keine Jobs mehr ablehnen. Wehe es klappt nicht mit dem zugewiesenen Arbeitgeber!

Gefangen wie in einem Tigerkäfig schleichen Mitarbeiter des Arbeitsamts und Arbeitslose ruhelos hin und her. Währenddessen verkleinert die Regierung die Bodenfläche des Käfigs, der Gesetzgeber zieht weitere Gitterstäbe ein. Es wird enger und ungemütlicher im Käfig – die Atmosphäre darin angespannter, verzweifelter, neurotischer. Da mag auch die Umbenennung der »Bundesanstalt« in »Bundesagentur für Arbeit« nicht die Dynamik und den Erfolg herbeizaubern, die man sich so sehnlichst wünscht. Denn: die Lösung liegt außerhalb des Käfigs.

Stattdessen wird der Druck auf den Arbeitslosen erhöht, in der Job-Suche selbst aktiver zu sein oder an realitätsfernen Weiterbildungsmaßnahmen teilzunehmen. So ist zum Beispiel seit Anfang 2003 die Teilnahme an einer »Profiling-Maßnahme« für Arbeitslose verbindlich. In den »mit billigem Psychokram voll gepackten Kursen« wird den teilnehmenden Akademikern eingeschärft, »dass auf Bewerbungsunterlagen keine Fettflecken zu finden sein sollten«.[6] Als Belohnung bekommt man zwar keinen Job – weil das System einfach keinen hergibt –, aber man bekommt vom Arbeitsvermittler zumindest das Gefühl vermittelt, ein »braver« Arbeitsloser zu sein, dem nicht mit Sanktionen gedroht wird. Mögliche Sanktionen bestehen darin, den Arbeitslosen als »nicht kooperativ« einzustufen, um damit eine Handhabe für Kürzungen der Unterstützung zu haben. Alle spielen das absurde Spiel mit – wohl ahnend, dass es keinen Sinn macht. Allesamt sind wir wieder einmal Opfer – wir erfüllen ja nur die Vorschriften. »Ja, was will man denn sonst machen?«

»Alle Mann ab ins Hamsterrad!«, scheint nicht nur das Credo unserer Manager zu sein, nein, es könnte genauso treffend die Überschrift über der aktuellen Arbeitsmarktpolitik sein. 2003 sagte der amtierende Chef der Bundesagentur für Arbeit, er wolle den »trägen Arbeitslosen Beine machen«.[7] Er schien tatsächlich zu glauben, man müsse nur die Leistungen drastisch kürzen und den Druck auf die Arbeitslosen deutlich erhöhen, dann beeilen die sich schon, so schnell wie möglich wieder vom Schauplatz der Schande, dem Arbeitslosenmarkt, zu verschwinden.

Fatal ist es anzunehmen, Langzeitarbeitslose seien faul und träge – wenn sie sich nur beeilen würden, wären sie schon längst wieder in Lohn und Brot. Dieses Denken in »Schuld« entsteht aus Panik, aus Verzweiflung und Hilflosigkeit. Und sie setzt sich fort: Neigen unsere

Politiker, Amtsinhaber und wir, die Gesellschaft, dazu, den Arbeitslosen die Schuld für ihre Situation zu geben, sie als Menschen »zweiter Klasse« zu betrachten, dann müssen wir uns nicht wundern, wenn diese wiederum »die Schuld« weitergeben an Menschen, wie Ausländer, Juden, Moslems etc., also Menschen »dritter Klasse« erfinden, die man ruhig jagen könne.[8]

Alles fängt also beim Geist der Regierenden an! Welcher amtierende Politiker lässt sich von einem Geist der Menschen-Liebe, der Verbundenheit leiten? Wer von den Politikern und Amtsinhabern hat sich schon einmal mit Langzeitarbeitslosen unterhalten? Hat sie gefragt, wie es ihnen geht, was sie vermissen, was sie von ganzem Herzen tun wollen, was sinnvolle Lösungen sein könnten? Warum tun sie es nicht? Der Chef der Bundesagentur für Arbeit hätte sich selbst beim Wort nehmen sollen, als er sagte, er verstünde sich als CEO eines Konzerns – ein guter Manager redet mit seinen Kunden!

Es fehlt das Bewusstsein, dass wir alle Eins sind, liebe Politiker. In jedem Arbeitslosen ist ein Teil von ihnen, den Politikern und Amtsinhabern, und in ihnen ist ein Teil jedes Arbeitslosen! Ein bisschen mehr beim Menschen ansetzen und weniger bei Kunst-Begriffen wie CEO! Ein bisschen mehr in *Sinn* denken und weniger in Statistiken – dann werden diese auch besser!

Vergessen Sie ABM-Maßnahmen, in denen die »Problemfälle« geparkt werden, die von dem Geist umweht sind: »Menschen zweiter Klasse, mit denen war nichts besseres anzufangen!« Denn Menschen mit Job und Langzeitarbeitlose unterscheidet nichts: Jeder von ihnen will einfach nur seine Einzigartigkeit leben, will Anerkennung dafür bekommen. Ein Perspektivenwechsel tut manchmal gut, um den Menschen, den Kunden zu verstehen – und mit und für ihn Dinge zu entwickeln, die für den Menschen sinnvoll sind.

Sind Sie Politiker, dann verlassen Sie einmal Ihr Amt, Ihr Ressort. Nehmen Sie die Vogelsperspektive ein. Betrachten Sie unsere Systeme von oben – dann erkennen Sie vielleicht auch Zusammenhänge. Dann wird Ihnen möglicherweise die Absurdität klar, Menschen zu nötigen, sich nicht vorhandene Jobs zu suchen.

Der (Irr-)Glaube, die Lösung liege im bestehenden System

Politiker und Amtsinhaber in öffentlichen Institutionen haben eines gemeinsam: das Terrain, über das sie sich erlauben nachzudenken, wählen sie sehr eng. Das Terrain wird völlig ausgefüllt von dem Amt bzw. dem Ressort, für das der Einzelne gerade zuständig ist. Einen Vorgarten gibt es nicht. Bebaute Fläche und Nachdenk-Fläche sind identisch.

Politiker müssen sich von dem Irrglauben verabschieden, ein integratives, interdisziplinäres Vorgehen sei dem Volke nicht vermittelbar. Das Gegenteil ist der Fall. Das heutige Geschehen, die aktuellen Konzepte, die Pseudo-Reformen der Politik sind nicht vermittelbar. Die Politikverdrossenheit der Menschen spricht eine deutliche Sprache: rückläufige Wahlbeteiligungen, Parteiaustritte (die SPD verlor alleine im Jahr 2003 43 000 ihrer Mitglieder – ein Austrittsrekord, der sie auf das Niveau von 1963 zurückwirft).[9]

Es ist daher dringend notwendig, interdisziplinär nachzudenken. Aus dem systemischen Konstruktivismus wissen wir schon lange, dass alles miteinander zusammenhängt. Und die von uns geschaffenen Ressorts sind lediglich ein künstliches Konstrukt – geschaffen aus der Sehnsucht, die Welt einfacher, handhabbarer zu machen und die Komplexität der Welt zu reduzieren, damit sie besser steuerbar ist. Was uns dabei abhanden gekommen ist, ist der Blick fürs Ganze, die Erkenntnis, dass alles miteinander verbunden ist, dass alles *eins* ist.

In unseren Lebenswelten, in den Kommunen, im Land, im Bund, auf europäischer und globaler Ebene müssen wir viel stärker interdisziplinär zusammenkommen, um integrative Lösungen zu finden. Erst dann werden gehaltvolle, stimmige Lösungen möglich, die wie Wunder anmuten werden.

Wie kann das konkret aussehen? Dazu mehr im Kapitel »Dream Society«.

Merkwürdiges in der Gesellschaft und Sozialpolitik

Das, was wir derzeit »Leben« nennen

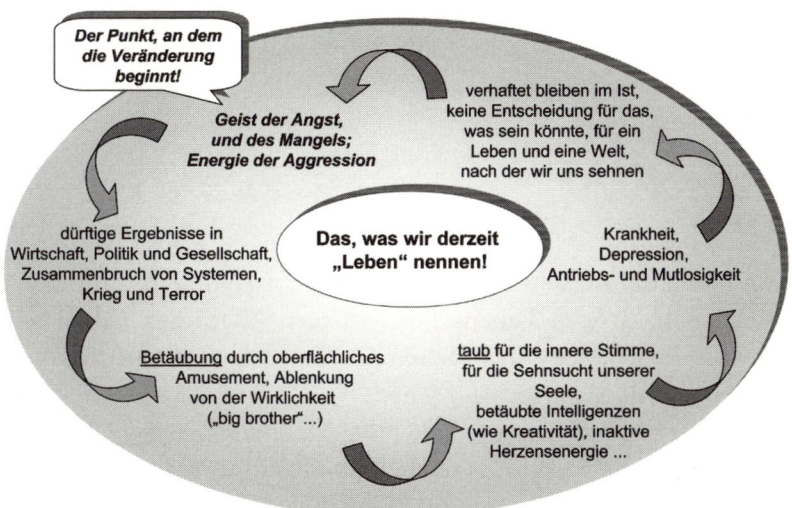

Die meisten Menschen in unserer Gesellschaft leben auf einem sehr niedrigen energetischen Niveau. Schauen Sie sich einmal um, an Ihrem Arbeitsplatz, auf den Straßen, in den Fußgängerzonen. Haben Sie nicht auch das Gefühl, dass Sie vorwiegend in graue Gesichter schauen? Sie sehen unzufriedene Menschen, die sich tagtäglich durch gleichförmige Rituale in eine Alltagstrance begeben, die fortwährend jammern über die schlechte Wirtschaftslage, die dummen Politiker und den Chef, der einfach unfähig ist. Es ist ein gebetsmühlenartiges Lamentieren darüber, wie schlecht doch alles im Außen ist. Um nicht der inneren Leere, der unbefriedigten Sehnsucht ihrer Seele begegnen zu müssen, betäuben sich die Menschen mit tumben Büchern oder Fernsehsendungen. Von welchem Menschen geht ein Leuchten, ein Strahlen aus? Wer lebt die volle Kraft seines persönlichen Potenzials? Wer steckt Sie mit seiner Lebendigkeit an? Wer inspiriert sie, wer strahlt kraftvolle Energie, echte Aufrichtigkeit, beflügelnde Leichtigkeit, unbefangene Herzlichkeit aus? Wer hat volle Präsenz in seinem Tun?

Das vertraute Elend ...
... das möge man uns bloß nicht
wegnehmen!

Kaum jemand! Zu sehr sind wir auf die Fortsetzung unseres unerquicklichen, drögen Lebens konzentriert. Allerdings haben wir jederzeit die Chance aufzuwachen und das Heft selbst in die Hand zu nehmen. Als Manager. Als Mensch.

»Ja, aber was soll man denn da plötzlich anders machen? Es muss doch alles so sein! Ich muss doch meine Familie, meine Kinder ernähren!«, höre ich Führungskräfte sagen. »Schließlich leben wir in diesem System – und das hat bestimmte Spielregeln.« Das vertraute Elend, der vertraute Sumpf – kuschelig warm, da weiß man, was man hat!

Niemand kann dich in das Gefängnis
deiner Psyche werfen
– Du bist schon drin.
Anonym

Schließlich sei man so vielschichtig eingebunden in unser Gesellschafts- und Wirtschaftssystem, mit all seinen komplexen Abhängigkeiten, dass man entweder nur im System mitmachen kann oder es ganz verlassen muss.

Unsere Abhängigkeiten – das sind vor allem unsere gedanklichen Gitterstäbe, unsere Glaubenssätze, mit denen wir unsere Seele einengen; das sind unsere Lebens-, Hausrats-, Rechtsschutz- und sonstigen Versicherungen (die ja doch nur ein Geschäft mit der Angst sind), die wir glauben, bedienen zu müssen; das ist die Art und Weise, in der wir glauben, unsere Familie versorgen zu müssen; das ist die Art und Weise, in der wir glauben, uns verhalten zu müssen, im Job, im privaten Umfeld – weil »man« das eben so macht.

Wenn wir aber mit unserem Leben unzufrieden sind, so müsste dies doch Grund genug sein, es zu ändern. Als Späthippie in eine Kommune auf Gomera zu flüchten, wenn man die Absurdität unseres Systems nicht länger erträgt, kann wohl nicht die einzige Lösung sein. Es gibt Alternativen. Wir können auch hier, vor Ort, beweisen, dass wir regional-globale, *sinn*volle, befriedigende und befriedende Lebens- und Arbeitswelten schaffen können. Allerdings reicht es nicht, damit aufzuhören, uns mit den Biografien von Eintags-Berühmtheiten oder unsäglichen Fernseh-Talkshows zu betäuben. Hans Magnus Enzensberger formulierte den wunderbaren Satz: »Der Tatsache, dass es schwachsinnig ist, verdankt das Fernsehen ja gerade seinen Charme, seine Unwiderstehlichkeit, seinen Erfolg.«[10]

Um eine wirkliche Veränderung zu erfahren, müssen wir an einem früheren Punkt ansetzen: Zufriedenheit und Erfüllung finden wir dann, wenn wir uns von einem anderen, kreativen, all-intelligenten Geist, einem Geist der Fülle leiten lassen.

Ist unsere psychotische Karriere
noch zu stoppen?

Die schwerwiegendste Krankheit unserer Gesellschaft ist heute der Mangel an Lebensfreude und Liebe! Es ist schon absurd: Wir kultivieren ein Wachstum an Krankheiten, aber ein Wachstum an Gesundheit verzeichnet unsere Gesellschaft nicht.

Unentwegt »erfinden« wir neue, vielfältige Zivilisationskrankheiten, was wiederum das Wachstum unzähliger Arztpraxen der verschiedensten Fachrichtungen und neue Therapieformen nach sich zieht. Ganz schön kreativ, könnte man meinen.

Tatsächlich ist das »Gesundheits«wesen[11] lediglich reaktiv: »noch mehr Kranke« haben in der Vergangenheit zu »noch mehr Krankenhäusern, Spezialkliniken und Arztpraxen« geführt – allesamt Einrichtungen, die an den Symptomen herumdoktern und das bestehende Krankenversicherungssystem letztlich in die Knie zwingen werden. Die Ursachen unserer Krankheit, unseres Unwohlseins bleiben unbeachtet. Dabei ist jede Krankheit letztendlich nicht nur auf einen Mangel an Vitaminen, an körpereigenen bzw. körperfremden Stoffen oder eine mangelhafte Funktion von Organen zurückzuführen. Die Ursache jeder Krankheit ist ein Mangel an Freude!

Und der Schlüssel zur Lebensfreude besteht wiederum ... in der Selbstliebe! Wie kann es anders sein? Die Liebe zu uns selbst ermöglicht es uns, heil und gesund zu sein!

Bei unserem aktuellen Geist des Größenwahns in Wirtschaft und Politik mag es jedoch nicht überraschen, dass es insbesondere die Gehirnkrankheiten wie Parkinson und Alzheimer sind, die heute immer häufiger auftauchen. Was bedeutet deren Zunahme für die Entwicklung der Menschheit? Fragen wir den Arzt Dr. Jayanath Abeyweckrama[12], so bedeutet es, dass die Menschheit auf ihr Ende zugeht. Er erläutert dies wie folgt: Nerven- und Gehirnzellen sind von ihrer Struktur her gleich. Zusammen mit Fortpflanzungszellen sind sie die einzigen Körperzellen des Menschen, die sich nicht erneuern (alle anderen Zellen erneuern sich alle sieben Tage). Wenn wir also unser »fortschrittliches« Leben in der modernen Welt so gestalten, dass unsere Gehirnzellen degenerieren, und wir als Mensch nicht so angelegt sind, diese Zellen zu reproduzieren, dann können wir daraus folgern, dass wir auf unser Ende zugehen.

Diese Erkenntnis will uns nicht auffordern, resigniert die Hände in den Schoß zu legen und uns auf diese Art dem Ende zutreiben zu lassen. Nein, sie will uns vielmehr ermuntern, aufzuwachen und bewusst gegenzusteuern. Wie? Die Erkrankungen des Gehirns legen es schon nahe: indem wir für die Gesundung unseres Geistes, das heißt für einen Geist der Menschen-Liebe sorgen.

Können wir der psychotischen Karriere, der Tragik unserer Gesellschaft noch Einhalt gebieten? David L. Rosenhan, Professor für Psychologie und Recht an der Stanford-Universität, berichtet von einem Experiment, in dem gesunde Scheinpatienten in die Psychiatrie eingewiesen wurden. Sie verhielten sich »ganz normal«, verstellten sich also nicht. »Trotz ihrer öffentlichen ›Zurschaustellung‹ von geistiger Gesundheit wurde keiner der Scheinpatienten als solcher entlarvt.«[13] Jedenfalls nicht von den Ärzten. Viele Patienten dagegen äußerten vehement den Verdacht: »Sie sind nicht verrückt. Sie sind ein Journalist oder ein Professor (...). Sie überprüfen das Krankenhaus.« (...) »Die Tatsache, dass die Patienten das Normalsein häufig erkannten, das Personal jedoch nicht, wirft wichtige Fragen auf.«[14] Der vermeintlich Kranke hat offensichtlich ein sehr gutes Gespür für das »Gesunde«.

Doch einmal in die Mühlen des Systems geraten, nimmt unsere psychotische Karriere unaufhaltsam ihren Lauf. Bei allen Scheinpatienten wurden Krankheiten diagnostiziert und entsprechende Therapiepläne von den Ärzten erstellt. Je nach individuellem

»Heilungsverlauf« wurden sie nach ein bis acht Wochen Klinikaufenthalt mit der Diagnose »Schizophrenie in Remission« wieder entlassen.

Die Frage ist, ob wir als Gesellschaft unsere psychotische Karriere unentwegt fortsetzen wollen?

Systemimmanente Blockaden

Frage: Warum hat der Löwe
so einen dicken Kopf?
Antwort: Damit er im Zoo
nicht durch das Gitter passt.
Fritz B. Simon[15]

Wenn wir die Systeme, unsere Strukturen, so gemacht haben, wie sie sind, können wir sie auch anders machen. Lassen Sie uns nicht die Verantwortung abgeben mit banalen Sätzen wie »Es ist halt so! Was will man da machen?«

Oder sind Sie tatsächlich der Meinung, dass wir Menschen dazu gedacht sind, in einer selbst geschaffenen, grauen Alltagsödnis dahinzuvegetieren, in der wir uns mit den komplexen Systemen, Vorschriften und Regeln quälen? Wir basteln uns unsere Gefängniszellen selbst und ziehen auch noch eigenhändig Gitterstäbe in die Fenster ein, die aus unseren persönlichen und kollektiven Glaubenssätzen bestehen.

Irgendwie scheint uns das lustvolle Jammern, die gebetsmühlenartige Wiederholung unserer Glaubenssätze, die vertraute Opferhaltung ja auch Genuss zu bescheren – pervers, nicht wahr? O wir kranken Seelen! Und da glauben wir, die Menschen, die tatsächlich im Gefängnis oder in psychiatrischen Einrichtungen sitzen, seien gestört – dabei hat deren Seele vielleicht einfach nur auf eine Weise versucht, die Gitterstäbe zu durchbrechen. Es ist daher lohnend, immer mal wieder die Frage zu stellen, wer diesseits und wer jenseits der Gitterstäbe ist.

Schließlich sind unsere äußeren starren, komplexen und einengenden Strukturen in Politik und Gesellschaft lediglich Ausdruck unserer eigenen, inneren Welt, unserer Ängste, unseres Bedürfnisses nach Halt, Orientierung und Sicherheit. Die gefängnisartigen, komplexen Strukturen der Systeme in unserer äußeren Welt spiegeln unsere innere Zwanghaftigkeit, unser mangelndes Vertrauen in uns selbst und in das Eingebundensein in einen größeren Zusammenhang wieder, unser mangelndes Vertrauen darin, dass auch das Universum für uns sorgt, wenn wir uns dem Fluss des Lebens hingeben. Folglich halten wir an Bestehendem krampfhaft fest. Wir klammern uns an Pseudostrukturen, mit denen wir uns vorgaukeln, alles unter Kontrolle bekommen zu können.

Wie sehr wir dies tun, zeigen die folgenden Beispiele aus Politik und Gesellschaft.

»Poppen« für die Rente

Kürzlich erfuhr ich in einer Talkshow von einem »Rat der Nachhaltigkeit«, den unser Kanzler ins Leben gerufen hatte. Meine spontane Freude darüber (»endlich geht es in die richtige Richtung«) wurde schnell im Keim erstickt. Berichtete doch der Talkgast, dass dieser Rat, der zwar die Jugend adressiere, aber überwiegend aus über 50-Jährigen besetzt sei, die Jugend gebeten habe, Vorschläge für ein Logo zu entwickeln. Daraus sei der Slogan »Poppen für die Rente« entstanden, der nun auf Postkarten in Berliner Kneipen feilgeboten würde.

Wenn es gelingt,

sich durch eine objektiv veränderte Umwelt

nicht stören zu lassen

und sie subjektiv als unverändert wahrzunehmen,

gibt es (...) keinen Grund zu lernen.

Fritz B. Simon[16]

Der Appell, Kinder in die Welt zu setzen, damit das an Osteoporose leidende Rentensystem erhalten werden kann, ein obsoletes System mit einem morschen Knochengerüst, auf das noch so viele Zeugungsakte nicht lebensverlängernd wirken können – wenn das unsere Regierung unter Nachhaltigkeit versteht, kann ich nur wiederholt sagen: Sie ist hochgradig therapiewürdig. Unsere Regierenden wollen offensichtlich nicht wahrhaben, dass die sozialen Sicherungssysteme nicht mehr tragfähig, also gar nicht mehr nachhaltig sein können. Ist es nicht das, was wir Psychose nennen? Konsequentes Ausblenden elementarer Teile der menschlichen Wirklichkeit?

Völlig konzentriert auf den eigenen Machterhalt und das Verdrängen der eigenen Fehlbarkeit, blenden die Regierenden aus, dass sich die Umwelt verändert hat. Ihr Regieren findet somit ständig unter der Prämisse »other things being equal« statt – einer haltlosen, weil unwirklichen Annahme. Diese Ceteris-paribus-Annahme wird in der Volkswirtschaftslehre herangezogen, um Ausschnitte der Wirtschaftswirklichkeit modellhaft zu simulieren. Und genau diesen Charakter verleihen die Regierenden ihrem beruflichen Wirken: Man hat den Eindruck, sie spielen mit Modellen im Sandkasten, wobei sie die Wirklichkeit um sie herum völlig vergessen haben. Das müssen sie auch, fordert die Konzentration auf ihren Machterhalt doch ihre ganze Energie und Aufmerksamkeit. Und so führen sie munter Experimente mit unserem sozialen und wirtschaftlichen System im Sandkastenlabor durch. Dabei kann der Blick für entscheidende

Elemente der gesellschaftlichen Wirklichkeit, für menschliche Bedürfnisse und den Unmut der Wähler schon einmal verloren gehen.

In einem Schauspielhaus fingen die Kulissen Feuer, der Bajazzo trat vor, um das Publikum zu benachrichtigen. Man glaubte, es sei ein Witz, und applaudierte. Er wiederholte die Anzeige, man jubelte noch lauter. So, denke ich, wird die Welt unter allgemeinem Jubel witziger Köpfe zugrunde gehen, die da glauben, es sei ein Witz.

Sören Kierkegaard[17]

Das Gestalten der politischen Wirklichkeit wird zur Pseudoaktivität auf der politischen Bühne degradiert – das eigentliche Drama vollzieht sich im subtilen Spiel um den eigenen Machterhalt. Und auch die Zunft der Berater ist froh, wenn sie eine wenig intelligente, dafür aber gut bezahlte Nebenrolle abbekommt. Denn wieso sollten die Berater die aufklärende Rolle des Narren übernehmen, der die unerfreuliche Wahrheit entblößen würde – um dann geköpft zu werden? Diese Rolle bleibt also unbesetzt im politischen Ränkespiel.

Zurück zum Kolonialherrentum – oder: Lassen Sie doch andere Ihren Dreck wegmachen!

So ist es erschreckend, aber nicht überraschend, welche Empfehlungen von Beratern an die Politik gerichtet werden. Professor Meinhard Miegel, politischer Berater und u.a. Vorsitzender der Kommission für Zukunftsfragen der Länder Bayern und Sachsen, propagiert beispielsweise als Rettung für die Zukunft eine Dienstbotengesellschaft, in der niedrig qualifizierte Menschen einfache Dienste für andere übernehmen, die bisher von jenen unentgeltlich selbst verrichtet wurden. Dies werde sich jedoch erst dann Bahn brechen, wenn die »(...) mentalen Probleme der Bevölkerung, andere Menschen ihren Dreck wegmachen zu lassen«, gelöst sind.[18]

Ruft Professor Miegel damit zu einem regionalen Kolonialherrentum im eigenen Land auf, wodurch Globalisierung im regionalen Kontext tatsächlich ad absurdum geführt würde? Ich bezweifle, dass unsere gesellschaftlichen Probleme dadurch gelöst würden, dass einige Menschen mit geringerer Schulbildung sich dazu degradieren ließen, für andere die Schuhe zu putzen! Glauben wir wirklich, damit wäre die Menschheit in Deutschland einen Schritt weiter? Wir sollten uns davor hüten, eine soziale Apartheid aufgrund unterschiedlicher Schulbildung zu fördern und dies als »Entwicklung« zu verstehen. Interessant ist die Frage, welcher Vorschlag entstehen würde, wenn alle Intelligenzen aktiviert sind.

Sichern Sie sich eine bescheidene Existenz: Zwangsarbeit bis zum 78. Lebensjahr

So schockierend und wichtig der erste Bericht des *Club of Rome* 1972 für unser gesellschaftliches Bewusstsein war, so enttäuschend sind die letzten, retardiert-kommunistisch anmutenden Ideen in einem seiner jüngsten Berichte. Die Aussagen sind quasi ein Plädoyer für ein Zwangsarbeitertum, in dem der Staat allen 18- bis 78-Jährigen »(...) ein Mindestmaß von 20 Wochenstunden Arbeit zur Verfügung stellen soll«, verbunden mit einer Bezahlung, die eine »bescheidene Existenz sichern wird«.[19] Eine attraktive Vision? Eine Welt, in der Sie gerne leben möchten? Dream Society?

Auffälliges in der Bildung

Eine Management-Krankheit zurückverfolgt: Wo der rote Faden anfängt

Als Manager besteht unser tägliches Handwerkszeug überwiegend aus Zahlen, Daten und Fakten, die wir mit klarem Verstand richtig planen, kontrollieren und interpretieren – so meinen wir zumindest. Die einseitige Anwendung der Ratio im Job wird uns bereits in der Schule antrainiert.

Zahlen, Daten, Fakten auswendig lernen und pauken prägen den Schulalltag. Kreative Lernmethoden, die alle Sinne des Menschen nutzen, finden wir hier nicht. Da mag es nicht wundern, wenn wir auch später im Beruf nicht alle Sinne beisammen haben.

Sie gehen uns verloren im Prinzip der Trennung, dem das Schulsystem folgt. Man könnte meinen, Adam Smith habe sich nicht nur in der Industrie ausgetobt.

In den Schulen kategorisieren wir in vielfältige Haupt- und Nebenfächer, in Leistungs- und Stützkurse, in differenzierte Kurs- und Notensysteme, in vielfältige Abschlüsse mit unterschiedlichen Zertifikaten, in Hauptschulabgänger, in Realschulanwärter etc. Die ausgeprägte Neigung zur Trennung, zum Zerlegen, zum Bewerten, Vergleichen, zum Be- und Verurteilen finden wir in den Schulen genauso wie in den Unternehmen. Was uns hier wie dort dabei verloren geht, ist der Blick für das Leben, für den Menschen in seiner Ganzheit. Und die Erkenntnis, dass das Leben auch durch noch so viele Strukturen nicht zu trivialisieren und in den Griff zu bekommen ist.

In der Systemtheorie unterscheidet man triviale von nicht trivialen Maschinen. In den Naturwissenschaften gelten »(...) Systeme im Bereich des Lebens (...) (als) hochkomplex organisierte nicht triviale Maschinen.«[20] Ihr Verhalten, ihre Interaktionen, ihre Entwicklung können nicht als linearer Ursache-Wirkungs-Zusammenhang verstanden werden. Das Zusammenspiel der beteiligten Systemkomponenten ist hoch komplex. »Wie wir schon gesehen haben, sind nichttriviale Maschinen lästige Zeitgenossen: Man weiß nicht, was sie tun und auch nicht, was sie tun werden.«[21]

Schüler sind aber Menschen und als solche nun einmal »lebende Systeme«, deren Wesen man durch Trivialisierung gar nicht gerecht werden kann! Ja, deren Lebendigkeit man sogar durch Trivialisierung, wie sie in der Überdosis an schulischer Struktur zum Ausdruck kommt, erstickt!

»Also werden unsere Kinder in die Schule
– die große staatliche Trivialisierungsmaschine – geschickt,
damit sie dann mit den erwarteten Antworten
herauskommen.«
H. v. Foerster[22]

Mit Hilfe all der Noten-, Kurs- und Einstufungssysteme werden die jungen Menschen gedeckelt, gedämpft, wird ihnen eingeredet: »Dieses kannst du und jenes kannst du nicht bzw. nicht gut genug! Deshalb taugst du (nur) für diesen Abschluss oder jenen Beruf.« Die individuelle Einzigartigkeit der jungen Menschen wird durch das Gitternetz des schulischen Bewertungssystems gedrückt wie durch einen Fleischwolf, und am Ende bleiben nur Fragmente der ursprünglich leuchtenden Strahlkraft ihres individuellen Potenzials übrig, das vielleicht nie mehr wiederbelebt wird.[23]

Absurd, dass der durch die Schule zerlegte Mensch die Bruchteile seines Potenzials im späteren Erwachsenenalter in Coaching-Sitzungen mühsam wieder zusammensetzt, um nach der ersten Ernüchterung im Job festzustellen: »Was will *ich* denn eigentlich? Was ist das *Besondere*, das *ich* der Welt zu geben habe?«

Heute ist unser Schulsystem darauf ausgerichtet, Menschen hervorzubringen, die so konditioniert sind, dass sie sich möglichst passgenau in das nachfolgende Systemgefüge der Arbeitswelt einfügen.

Lehrer entlassen Schüler nach zwölf bis dreizehn Jahren Schulzeit, ohne dass diese wüssten, worin ihre Einzigartigkeit liegt. Bei vielen Schülern liegt diese womöglich in Fähigkeiten, die von keinem der Standardschulfächer je berührt worden sind. Ganz nach dem »hammernet-Syndrom«, das auch die Unternehmen an den Tag legen.

Nicht nur der Wirtschaft ist also Keynes viel zu modern, auch die Schulen sind noch im Gedankengut der Klassischen Angebotstheorie aus dem 18. Jahrhundert verhaftet. Dazu Fritz B. Simon: »Die lernende Organisation wird gefordert. Die Schule ist jedoch in einer Situation, wie sie für die Betriebe der DDR charakteristisch war. Man hatte einen konstanten Markt, die Kunden mussten nehmen, was man ihnen zuteilte. Die Schule ist keine Organisation, die zu lernen braucht – genauso wenig wie die Lehrer –, ihr Markt bleibt der gleiche (...)«. »Wer mit einer konstanten Umwelt rechnet, hat schon verloren. Mitarbeiter wie Organisationen müssen sich andauernd verändern.« »(...) die Bestätigung des Wissens (...) ist die beste Voraussetzung für erfolgreiches Nichtlernen (...)«.[24]

Fritz B. Simon hält dies für den Grund, warum altbewährte Organisationen und Institutionen wie die Schule immer weniger lernen: »Sie wissen einfach zu viel.« »Wer die Idee aufgibt, er wüsste, verliert seine Lernbehinderung. Er kann neugierig seine alten Unterscheidungen in Frage stellen, um zu ›entlernen‹. Wer das schafft, eröffnet sich nicht nur den Blick auf eine neu strukturierte Welt, er wird sich auch anders verhalten und insofern die Welt verändern.[25]

Im Controlling-Wahn:
PISA und mehr

Die Schule zum schwachen Geist:
Lernen fürs Leben oder die Stelle
hinterm Komma?

Weder die PISA-Studien selbst noch die daraus abgeleiteten Maßnahmen sind dazu angetan, eine *sinn*vollere Schulwelt auf den Weg zu bringen. Genau wie der angstgetriebene Aktionismus in den Unternehmen sind die Studien und Maßnahmen lediglich Ausdruck unseres rein Ratio-basierten, wenig intellektuellen Controllingwahns. Alleine die Abfragekriterien sind Ausdruck unseres pathologisch engen Horizontes. Wären wir all-intelligent, würden wir uns ganz andere Fragen zu unserem Bildungssystem stellen, wie zum Beispiel:

➤ Wie können wir den jungen Menschen helfen, die Einzigartigkeit ihrer Seele zu entdecken?

➤ Wie können wir fachliche Ausbildung und Herzensbildung miteinander verbinden?

➤ Wie können wir den jungen Menschen Basisfähigkeiten für ein gesundes, erfülltes Leben lehren – wie den Umgang mit Kritik, mit Konflikten, mit Hass, Wut und Neid, mit dem Tod, mit der Selbstliebe, Abgrenzung und Verbundenheit etc. ...?

➤ Wie können wir Menschen hervorbringen, die Vertrauen in sich haben, die für eine menschengerechte Welt einstehen; die der Weisheit ihrer eigenen Seele folgen; die das zu ihrem Beruf machen, worin sich ihre Einzigartigkeit ausdrücken will; die Berufe schaffen, die es vielleicht noch gar nicht gibt ...?

Wenn der spitze Bleistift
erst mal rechnet

Stattdessen treiben wir die Separierung, Strukturierung und Kontrolle auf geradezu pathologisch anmutende Weise auf die Spitze. Qualitäten wie Weisheit, Einzigartigkeit, Allintelligenz, Sinn, Lebens- und Menschengerechtigkeit sowie Lebendigkeit werden dabei komplett ausgeblendet.

Als Folge von PISA ist zum Beispiel eine größere, bundesweite Standardisierung der Lehrpläne geplant. Zudem will die Bundesbildungsministerin regelmäßige Leistungskontrollen der Schulen einführen. Und auch in Bezug auf die möglichen Schulabschlüsse werden die Schüler durch zusätzliche Leistungskontrollen zukünftig in ein noch komplizierteres Schubladensystem sortiert.

Das Geld, das in solch absurde Controlling-Aktionen investiert wird, bleibt letztendlich ergebnislos. Sunk costs. Versenkt!

Merken Sie einen Unterschied zum Business? Es gibt keinen! Auch nicht zur übrigen Politik, die das Gesundheitswesen, den Arbeitsmarkt, oder die Einkommensteuer betrifft. »Unsere Führungskräfte rechnen bis zu drei Stellen hinter dem Komma, ohne noch einen Sinn zu erkennen«, berichtete mir ein Direktor eines großen deutschen Dienstleistungsunternehmens.

Das Einzige, was im Bildungssystem steigen wird, ist der durch so viel zwanghafte Kontrolle ausgeübte Druck auf die Schüler. Immer mehr Schüler werden zu Psychopharmaka oder Drogen greifen, was wiederum gesellschaftliche Folgekosten produzieren wird. So gesehen eskaliert im fortgesetzten Controllingwahn das Prinzip der Trennung: die Trennung der Schülerschaft in die vermeintlich Schlauen, die »geistige Elite«, die den Druck besser aushalten, und jene Schüler, die sich mittels Pillen, Drogen, Verhaltensauffälligkeiten oder Krankheit aus dem Wahnsinn ausklinken. Die Frage bleibt: Wer ist tatsächlich schlauer?

IV

Aufbruch in ein neues Bewusstsein

Abschied vom mechanistischen Weltbild

Unser westlicher Geist ist seiner
Natur nach technisch

Walther Zimmerli ✦

Der noch weit verbreitete Manager vom Macher-Typus (»Geruht wird nur im Grab!«) zeigt, wie sehr wir noch in der mechanistischen Sicht auf die Welt verhaftet sind – einer Weltsicht, die im 17. Jahrhundert ihren Ursprung nahm, als Isaac Newton (1643-1727) seine Prinzipien der Mechanik entwickelte. Hierauf begründete sich das Verständnis, dass die Welt aus Maschinen bestehe, ja dass die Welt (bzw. der Mensch) als Ganzes quasi eine Maschine sei. Diese mechanistische Vorstellung verleitet uns noch heute zu dem Glauben, man könne die Welt in Teile zerlegen, sie analysieren, verbessern oder reparieren, um sie dann wieder zu einem funktionstüchtigeren Ganzen zusammenzusetzen.

Vom materieorientierten Macher-Typus zum kosmischen Azubi

So bedienen sich viele Manager noch heute der überwiegend operationalen Herangehensweise eines Ingenieurs, die von einer starken Überheblichkeit zeugt. Nach dem Motto: Gott hat damals mit der Schöpfung begonnen, dann aber wohl etwas zu früh aufgehört. Vielleicht hätte er am 7. Tag nicht ruhen, sondern stattdessen die Welt in

Perfektion vollenden sollen. Nun ja, jetzt müssen wir uns darum kümmern, dieses Versäumnis auszubügeln, indem wir (Manager und Wissenschaftler) selbst Hand anlegen, um die Welt in den Griff zu bekommen und sie in Vollkommenheit zu vollenden. Unsere Bemühungen in der Gentechnologie lassen solche Ambitionen nur allzu deutlich hervortreten. Nicht wir Menschen verstehen uns als »kosmische Azubis«[1], sondern wir weisen Gott die Funktion des »kosmischen Gastarbeiters« zu, wie der Physiker Roman Sexl schreibt.[2]

Dabei erliegen wir dem Irr-glauben, alles im Griff, alles unter Kontrolle haben zu können, und bezahlen dafür den Preis des Nicht-Angebundenseins, Nicht-in-Kontaktseins mit dem, was im Hintergrund an materieloser Potenzialität da ist, an göttlicher Schöpferkraft, an übergeordnetem Sinn. Gleichzeitig handeln wir uns den Verlust von Demut ein.

Der Mensch mit einer mechanistischen Vorstellung von der Welt war und ist immer auch einer, der seine Wahrnehmung von der Wirklichkeit auf das Materielle beschränkt. Tatsächlich liegen uns schon lange aus verschiedenen Disziplinen, so auch der Naturwissenschaft, anders lautende Erkenntnisse vor. Zum Beispiel die von Max Planck:

»Als Physiker, also als Mann, der sein ganzes Leben der nüchternen Wissenschaft, der Erforschung der Materie diente, bin ich sicher von dem Verdacht frei, für einen Schwarmgeist gehalten zu werden. Und so sage ich nach den Erforschungen des Atoms folgendes: Es gibt keine Materie an sich. Sie entsteht aus einer Kraft, einem bewussten intelligenten Geist, aus unsterblichen Geistwesen, die wiederum geschaffen worden sein müssen. So scheue ich mich nicht, deren geheimnisvollen Schöpfer ebenso zu nennen, wie ihn alle alten Kulturvölker der Erde früherer Jahrtausende genannt haben: GOTT!«[3]

Die Mikrophysik bescherte uns im 20. Jahrhundert die Erkenntnis, dass die Wirklichkeit nicht materiell, sondern reine Verbundenheit, eine Verbundenheit von »Wirks«[4] ist – eine Potenzialität, die sich in jedem Augenblick neu erschafft. Dann muss also, wenn wir die Welt erfahren wollen, nicht die vordergründige, sichtbare Materie wie bislang der Ausgangspunkt unserer Betrachtung sein, sondern wir müssen den Weitwinkel, die Metaperspektive einnehmen und unsere Sinne öffnen für das (noch) nicht Sichtbare, das vermeintliche »Nichts«, das aber doch Wirksame: unseren Geist, den göttlichen Geist und die feinstofflichen Energien, die hinter den Dingen liegen.

Die Wirklichkeit ist also reine Potenzialität, eine Kann-Möglichkeit, sie ist Beziehung und Veränderung, die sich auf vielfältige Weise materiell manifestiert. Der Physiker Hans-Peter Dürr formuliert es so: »Die Welt zeigt sich als ein prinzipiell nicht auftrennbares Ganzes, das darüber hinaus spontane Kreation zulässt und in seiner zeitlichen Entwicklung nicht mehr mechanistisch versklavt, sondern wesentlich offen ist.«[5]

Eine Erkenntnis, die sicher schon seit Jahrhunderten, wenn nicht Jahrtausenden für Menschen mit offener spiritueller Intelligenz, für religiöse Menschen erfahrbar war. Und so wird klar, dass die unterschiedlichen, vom Menschen geschaffenen Disziplinen letztendlich *eins* sind, sich in *einem* gründen, auf *eines* hinauslaufen. Und ohne dieses *eine* ist *alles nichts*. Ohne die *Liebe* würde dieser Kosmos nicht existieren.

Diese Potenzialität ist es, die uns auch an unsere, in der Vergangenheit kaum genutzte Freiheit erinnert. Zu sehr haben wir sie in unserer ökonomischen Selbstversklavung unter Glaubenssätzen begraben, wie »Wer die Musik bezahlt, bestimmt, was gespielt wird«, »Was wollen Sie da machen, wenn Sie Familie haben, wenn Haus, Frau und Kinder versorgt werden wollen? Da kann man nicht einfach machen, was man will, was mehr Sinn hätte als das, was wir gerade tun.«

Unsere Freiheit und unsere unendliche schöpferische Kreativität wollen wieder entdeckt werden und zusammen mit einem spirituellen Bewusstsein in einen *sinn*vollen Wirkungskontext gestellt werden. Unsere verschmähte Freiheit und Kreativität wollen wie junge Fohlen nach einem langen Winter auf die Weide, vor Entzücken über die Welt springen und ihre Lebendigkeit spüren.

Wenn wir also nicht länger in gewohnt mechanistischer Manier durch unsere separatistischen Gitterstäbe auf die Welt blicken wollen, weil wir erkennen, dass uns diese Perspektive eine zu begrenzte Wahrnehmung der Wirklichkeit bietet, dass uns vieles in diesem engen Fensterausschnitt entgeht, dass wir uns mit seiner Enge die blinden Flecken schaffen, unter deren Ausblendung wir ja leiden, dann brauchen wir eine neue Weltsicht, die der Wirklichkeit stärker gerecht wird und den Menschen in seiner Ganzheit unterstützt.

Der spirituelle integrative Holismus – ein neuer Blick auf die Welt

Lassen Sie uns diese neue Perspektive auf die Welt zunächst als *»spirituellen, integrativen Holismus«* bezeichnen. »Spirituell«, weil wir uns der Wirksamkeit unserer geistigen Energie bewusst sind. Das Wissen darum ist sozusagen die zentrale Triebfeder, die den Wechsel zu einem neuen Weltbild ermöglicht. Unsere spirituelle Intelligenz hat eine besondere Bedeutung in dem neuen *holistischen Weltbild*, planen wir doch zukünftig von ihr aus die Vorhaben, die materiellen Ergebnisse und schließen von diesen auf unseren *Spirit* zurück.

Doch die spirituelle Kraft ist es nicht alleine, die die Qualität unserer neuen Weltsicht ausmacht. Tatsächlich holistisch wird unsere Weltsicht erst dann, wenn wir unsere übrigen Intelligenzen gleichermaßen nutzen, um die Welt in ihrer Ganzheit zu erfahren. Dies bedeutet natürlich einen inneren Prozess, eine persönliche Entwicklung. Denn die neue *spirituelle, integrativ-holistische* Weltsicht wird uns nur dann gelingen, wenn wir bereit sind

➤ zu entdecken, was im vermeintlichen »Nichts«, im Hintergrund und in den Zwischenräumen da ist an Potenzialität und feinstofflichen Energien,

➤ die Welt und das Leben in der gesamten, teilweise auch widersprüchlichen Polarität zu erfahren und nicht nur das aufzunehmen, was wir auf der Basis unserer Erfahrung schon kennen,

➤ nicht nur Herkömmliches kopieren wollen oder uns nur mit dem auseinander setzen, was uns gerade bequem ist.

Mit der neuen *integrativ-holistischen* Weltsicht erfahren wir die »Verwurzelung von allen Artikulationen des Seins, von allen Wirks im Selben.«[6]

Energetische Prinzipien: Vom morphogenetischen Netz und anderen Phänomenen

Für die stark ratio-orientierten Manager, denen feinstoffliche Energien immer noch etwas ungeheuer sind, ein Beispiel aus der Wissenschaft, das dazu betragen mag, sich mit energetischen Prinzipien ein wenig anzufreunden.

Wissenschaftler beobachteten, dass eine bestimmte Gattung von Affen auf einem speziellen Erdteil ihr Verhalten weiterentwickelte. Sie waren aufgrund veränderter Umweltbedingungen dazu »gezwungen« worden, erfinderisch zu sein, und entwickelten so ein neues Werkzeug, um auch fortan an Nahrung zu gelangen.

Eine andere Population von Affen der gleichen Gattung, die auf einem weit entfernten Erdteil lebten (zwischen beiden Affenstämmen bestand also kein direkter Kontakt), zeigte plötzlich die gleiche

Verhaltensweise, obwohl dieser Stamm gar nicht dazu genötigt war. Hier waren nämlich die Umweltbedingungen konstant geblieben. Wie haben die beiden Affenstämme diese Informationen ausgetauscht? Über ein feinstoffliches, energetisches Netz, das unsere Welt umspannt: das morphogenetische Netz.

Auch Ihnen ist das Funktionieren dieses Netzes aus Ihrem beruflichen und privaten Alltag sicherlich vertraut. Wenn Sie im Vorhinein wussten, dass ein bestimmter Mensch sie heute anrufen würde, um Ihnen eine Information mitzuteilen, dann hat es mal wieder funktioniert!

Beide, die Einsicht in das spirituelle Gesetz, »Man kann nicht nicht spirituell sein«, ebenso wie die Forderung des *Backtracings* spiegeln sich in den Erkenntnissen des renommierten Physikers und Bewusstseinsforschers Erwin Laszlo wieder, der u.a. die Wirkung von menschlichem Denken auf das Quantenfeld untersucht:

»In dem neuen Paradigma ist unser Gehirn nicht nur ein Fenster zum Universum; es erscheint auch als Teil des Organismus und damit als Informationssender in das Universum hinein. Durch die subtilen Wellenvorgänge im Quantenfeld vermittelt, fließt die Information zwischen dem Gehirn und dem übrigen Universum in beide Richtungen. Gedanken, Bilder, Gefühle und Intuition, die in unser Bewusstsein treten, finden ihre Entsprechung in den elektrochemischen Aktivitäten unserer neuronalen Netzwerke. Unsere flüchtigsten Gedanken und unbestimmtesten Intuitionen bleiben in verschlüsselter Form im kosmischen Vakuum erhalten. (...) dies bedingt eine neue Dimension der Verantwortlichkeit menschlicher Wesen: Was wir denken und fühlen, kann unsere Mitwesen beeinflussen, und zwar nicht nur diejenigen, die uns hier und jetzt nahe stehen, sondern auch diejenigen an entfernten Orten und in kommenden Generationen.«[7]

Wenn wir uns persönlich aufgrund
unserer Selbstliebe eine andere
Lebensqualität gönnen,
dann wird in der ganzen Welt
eine neue Qualität spürbar sein.

Selbstliebe also als *der* Schlüssel zu einer neuen Dimension unserer Verantwortlichkeit – gegenüber uns selbst und anderen.

In unserem heutigen angstbesetzten, aggressiven Agieren – wir sehen das nicht nur in der Wirtschaft – herrscht jedoch ein Mangel an Herzensenergie, an Liebe! Aus der östlichen Philosophie wissen wir, dass alles ein Herz hat: jeder Mensch, jede Wohnung, jedes Bürogebäude, jeder Ort ... die Erde, das Universum! Und alle Herzpunkte sind energetisch miteinander verbunden. Wenn das Herz krank ist, sind alle anderen Organe unterversorgt. Und was bedeutet das im universellen Kontext, in unserem energetisch vernetzten Dasein?

Nun, wir müssen nur die Nachrichten schauen! Tagtäglich wird dort darüber berichtet, wie sich unsere mangelnde Herzensenergie, also die Energie unseres Spirits der Angst, des Mangels und der Aggression auf der materiellen Ebene manifestiert, es reicht von Krieg, Terror, Folter, Verwüstungen von Landschaften, Naturkatastrophen bis zu Wirtschaftsskandalen, Betrügereien, Bankrott, Unternehmenspleiten bis zum Abschied von einem sozial verantwortlichen Staat.

Wie wäre es stattdessen, wenn globale Unternehmen bewusst die Herzensenergie stärkten? Eine neue Qualität von Erfolg wäre sicher spürbar.

Wenn wir unsere Herzensenergie,
unsere Liebe stärken,
heilen wir nicht nur uns.
Wir bringen vielmehr ins Lot:
die Welt!

Wohin entwickelt sich die Welt?

Neben dem heute noch aktuellen Zeitgeist der Angst, des Mangels, der Aggression und menschlichen Dis-Integration zeichnet sich heute bereits deutlich ein Trend zu mehr Bewusstheit ab. Unser Bedürfnis nach *Sinn*, nach *Liebe* scheint sich immer mehr Bahn brechen zu wollen.

In einer im Jahre 2002 vom Lassalle-Institut durchgeführten »Ethik-Bilanz in der Schweizer Wirtschaft« wurden die Top-Entscheider aus den 2000 größten Schweizer Unternehmen zum Thema »Ethik im Management« befragt. Unter dem Begriff »Ethik« verstanden die Befragten im Wesentlichen die Beachtung von humanistischen Prinzipien, die Respektierung des eigenen Gewissens, die Verantwortung für Erde und Kosmos sowie für die soziale Gemeinschaft und Gerechtigkeit.[18] Die Mehrheit der interviewten Führungskräfte gab an, dass Ethik sowohl in der Wirtschaft als auch in der Gesellschaft in den letzten drei bis fünf Jahren an Bedeutung verloren habe.[19] Diese Einschätzung machten sie an folgenden Beobachtungen fest:

Finanzlastigkeit der Unternehmensführung; finanzielle Kennzahlen werden höher bewertet als menschliche Werte; hemmungslose Bereicherung des Top-Kaders; Abzocker-Mentalität; Bereicherung der Manager auf Kosten der Arbeitnehmer; schier unerträglicher »Filz« unter Top-Managern; Shareholder-(statt Stakeholder-)Ausrichtung; zunehmendes Primat des Geldes; kurzfristige Gewinnmaximierung; zu starke Ausrichtung auf Kapitalgeber; Überbewertung des materiellen Nutzens und des rein wirtschaftlichen Ertrages; »Ver-Amerikanisierung« der Schweizer Wirtschaft; zunehmende Rücksichtslosigkeit; sinkendes Verantwortungsbewusstsein gegenüber Mitarbeitern; Personalabbau; zunehmender Egoismus; zunehmende Entsolidarisierung der Sozialpartner und der Gesellschaft; Verwaltungs(=Aufsichts-)räte, die versuchen, sich ihrer Verantwortung zu entziehen; Worte, die nicht(s) mehr gelten (Verträge zum Teil auch nicht); die Auftragslage/der Auftragsbestand wird höher gewichtet als ethische Grundsätze.

Gleichzeitig spürten 20 Prozent der Befragten, dass heute der Ethik im Vergleich zu früher in Wirtschaft und Gesellschaft mehr Bedeutung beigemessen wird.[10] Dies äußere sich in:

Suche nach nachhaltigem Handeln; Verankerung von ethischen Richtlinien in Firmenleitbildern; Verbesserungen in der Firmenkultur; Team-orientierten Strukturen; Kommunikation; Information; qualitativer Entwicklung der Kundenbeziehungen; vermehrter Aufdeckung unkorrekter Machenschaften auf höchster Ebene; klarer Distanzierung gegenüber Vermögen mit dubiosem Ursprung; verschärften Maßnahmen und Kontrollen; vermehrter Transparenz in den Medien; neuen Kriterien für den Erfolg.[11]

Auch wenn dies zarte, noch nicht integrierte Bemühungen sind und wir noch am Anfang stehen, so lässt das Ergebnis der Studie doch den Trend bzw. das Bedürfnis zu einem »Mehr an Ethik« erkennen. Das Unerträgliche in den erstgenannten Beobachtungen, das vom ganzen Menschsein abgespaltene, unbefriedigte, herz-, sinn- und geistlose Agieren führt ja gerade dazu, dass unser Hunger nach »Ethik« verstärkt wird.

Das in der Vergangenheit sinnlose Agieren wird durch sich selbst die Umkehr bewirken. Auf den Trend der Vergangenheit folgt der Gegentrend in der Zukunft. Vielleicht hätte ein *sinn*voller Spirit keine so hohe Anziehungskraft, hätten wir vorher nicht das Gegenteil so überdeutlich erfahren. Ähnlich wie mit einem Kind, das die Mutter zwar warnen kann vor der heißen Herdplatte; die Erkenntnis, was »heiß« bedeutet, erfährt das Kind jedoch erst tiefgehend und nachhaltig, wenn es sich die Finger zum ersten Mal verbrannt hat.

Letztendlich bringt uns nur die persönlich gemachte Erfahrung weiter: sie hilft uns, deutlich unterscheiden zu können und uns klar zu positionieren. Haben wir in der Vergangenheit im Zuge der Shareholder-Euphorie die ethische Perspektive in der Unternehmensführung beinahe eliminiert oder die Diskussion darüber häufig mit dem Argument »Sachzwang Markt« abgebrochen[12], so scheint es in Zukunft immer weniger vorstellbar, dass wir uns und unserem Chef dies in Zukunft durchgehen lassen.

Raus aus der Pubertät

»Die Menschheit scheint, entwicklungsgeschichtlich betrachtet, in der Pubertätsphase zu stecken. Die einzelnen Völker sind dabei, sich selber zu entdecken und zu finden und sich mit anderen zu verbinden. Mauern fallen und Gräben schließen sich. Die Menschheitsfamilie entsteht. Da ist es ein Gebot der Stunde, alles, was an uns liegt, zu tun, um den Geist gegenseitiger Verständigung unter den Völkern der Welt zu fördern (...) damit unsere Kinder und Kindeskinder einst stolz den Namen Mensch tragen.«[13]

Der Vergleich mit der Pubertät ist treffend, ist doch der einzelne Mensch in der Pubertät uneins, ungelenk, mit sich und seiner Umwelt hadernd auf seiner Suche nach dem Sinn, oft nicht wissend, wohin die große Reise führen soll, was richtig und was falsch ist. Er fühlt sich unwohl in seiner Haut, fühlt sich noch nicht in seiner Mitte, manchmal depressiv, manchmal vergnügungssüchtig, um die innere Leere, das innere Ungemach zu überdecken.

Genauso sind die pubertierenden Manager in ihrer Businesswelt unterwegs, aber auch wir, die pubertierende Menschheit. Unterwegs auf der Suche nach der eigenen Mitte, dem eigenen Potenzial, dem, was unserem Leben Sinn gibt, der eigenen Aufgabe, die langsam spürbar wird und uns eine immer deutlichere, innere Sicherheit gibt, wozu wir uns berufen fühlen, was uns erfüllt.

Die Kraft des Weiblichen

»In den Vereinigten Staaten ist eine tiefreichende psychospirtuelle Heilungsbewegung mit zunehmender Breitenwirkung zu beobachten, und Frauen im Kulminationsstadium des jungen Erwachsenenalters sowie in der Lebensmitte bilden den harten Kern.«[14] So weit Joan Borysenko. Aber auch der FAZ-Herausgeber Frank Schirrmacher stellte kürzlich fest, »dass die Frauen die Bewusstseinsindustrie im Land übernommen haben (...).«[15]

»Das Wir, das sind wir Männer, die wir unsere lange unbestrittene Vorherrschaft ausgenützt haben, um die weibliche, das heißt die menschlichere Wertedimension als hemmend und fortschrittsfeindlich zurückzudrängen (...).«[16] Und Horst-Eberhard Richter sinniert weiter über die steigende Zahl der gewollt kinderlos bleibenden Frauen: »Mit einiger Phantasie kann man an die Möglichkeit denken, dass die gebärunwilligen Frauen den Männern signalisieren: Solange ihr nicht mitmacht, die Welt friedlicher und humaner zu gestalten, verweigern wir die Fortpflanzung.«[17]

Die Kraft des Männlichen

Der Zeit-Redakteur Peter Kümmel glaubt zu beobachten, dass sich in unserem Land eine Entmännlichung vollziehe.[18] Das sehe ich nicht. Ich meine, wir brauchen beides, weibliche und männliche Weisheit. Wir sollten klug sein, indem wir beide Anteile integrieren.

Das Leben folgt einem dualen Prinzip, es wird lebendig, ganz und heil durch Bi-Polaritäten. Beide Pole, den männlichen als auch den weiblichen, gilt es als gleichermaßen wertvoll zu erachten und im Mikro- wie im Makrokosmos zu integrieren: das heißt sowohl in meinem Leben als einzelner Mensch als auch im wirtschaftlichen und global-gesellschaftlichen Zusammenhang. Nur so können wir uns vom Helden der Arbeit zum Helden des Mensch-Seins entwickeln!

»Unser Mensch-Sein bedeutet immer auch: Mensch-Werdung (...). In unserer Zeit kommt die Mensch-Werdung zu sich selbst durch das Auftauchen des verdrängten Weiblichen. Das Weibliche im Mann wie in der Frau offenbart sich in neuen Erfahrungsweisen der Wirklichkeit, neuen Formen der Lebensgestaltung. Das Weibliche befähigt uns, Gottes neues Gesicht in der Geschichte zu ent-decken und *ihn* herzlich aufzunehmen.«[19]

Unser zunehmendes Bewusstsein über unsere Verbundenheit in einem größeren Zusammenhang wird uns helfen, eine erfolgreichere Zukunft zu gestalten.

Der Trend zur Integration

Die Zeichen der Zeit sind unverkennbar. So ist jüngst die Rede von einem »gefühlten Dollar«, das heißt vom Einfluss des Gefühls auf die Entwicklung von Wechselkursen. »Dass die Psychologie in der Volkswirtschaft an Bedeutung gewinnt, zeigt auch die Vergabe des Nobelpreises im Jahr 2002 an Daniel Kahnemann und Vernon Smith in dieser Disziplin.«[20] Das Magazin *Business Week* sah im gleichen Jahr den stärksten Wirkungsfaktor für eine neue Nachdenklichkeit in der Wirtschaft darin, dass die Beachtung der Spiritualität sich nicht nur positiv auf die Psyche der Führungskräfte auswirkt, sondern auch die

Grundlage für eine höhere Kreativität und Produktivität der Unternehmen sein kann.[21]

Der »change of mind and action«, ein *integratives* Bewusstsein und Handeln, zeigt sich auch darin, dass heute bereits weitere ungewohnte Disziplinen zusammengebracht werden: Das Orpheus Chamber Orchestra bietet Managern neue Einsichten für deren Führungsstil. Im Beobachten des Orchesters entdecken Manager eine neue Qualität des Zuhörens und sie lernen, wie viel Führung notwendig ist, um das einzigartige Potenzial der Solisten (also jedes einzelnen Teammitgliedes) zu fördern und gleichzeitig das Zusammenspiel des Teams auf höchstem Niveau hervorzubringen.

Systemische Aufstellungen beschreiten ihren Weg von der Familientherapie in die Unternehmensorganisationen derzeit sehr erfolgreich. Dort machen sie bislang unsichtbare, »nicht greifbare« feinstoffliche Energien transparent: Sie zeigen auf, wo und warum es in bestimmten Teamkonstellationen und Führungsebenen knirscht, und helfen, eine neue Ordnung zu finden, in der die Zusammenarbeit reibungslos funktionieren kann – eine Ordnung, die gereinigt ist von alten Energien persönlicher Verletzungen, Kränkungen, mangelnder Wertschätzung, von Ärger, Hass und Neid ...

Im Übrigen gibt es heute kaum einen Top-Manager auf Vorstandsebene, der nicht meditiert. Nur im Moment eben noch im »Geheimen«, hinter verschlossenen Türen. Jedoch sind die genannten Beispiele allesamt Strömungen, die zum *integrativen Management* hinführen und die uns helfen werden, »Menschen-Liebe« businessfähig, gesellschaftsfähig zu machen. Ist es nicht absurd? Ich stelle mir eine höhere Macht vor, nennen wir sie Gott, die nachsichtig lächelnd über uns den Kopf schüttelt – darüber, dass wir Menschen uns von dem selbstverständlichsten Thema, unserem naheliegendsten Bedürfnis so weit entfernt haben, dass wir es uns vorsichtig, Schritt für Schritt wieder zu Eigen machen – und die Scham darüber abbauen müssen. Der Mensch – ein tragikomisches Wesen!

Die Sterne unterstützen uns

Auch aus einer weiteren Disziplin, der Astrologie, wissen wir, dass sich im nahenden Wassermannzeitalter[22] ein Wandel des Bewusstseins vollziehen will. Mit diesem Zeitalter, so genannt, weil der »Frühlingspunkt« im Sternbild des Wassermanns steht, soll eine Änderung im Denken der Kulturen verbunden sein. Das polare Denken, ein Zeichen des vorausgegangenen Fischezeitalters, wird durch ganzheitliches Denken ersetzt. Symbolhaft dargestellt gießt der Wassermann aus einer Amphore Wasser vom Himmel auf die Erde. Mit dem Wasser verbindet er Himmel und Erde, weshalb die charakteristischen Eigenschaften dieses Zeitalters Harmonie, Frieden und Verständnis sind.

Auch wenn die Astrologen über den präzisen Beginn des Wassermannzeitalters streiten, so ist neben dem aktuellen destruktiven Geist, dem Angst- und Mangelbewusstsein, heute bereits eine andere Energie unter uns Menschen spürbar. Ein anderes Bewusstsein will sich Bahn brechen, wir wollen einer lange vernachlässigten Sehnsucht endlich wieder folgen: der Sehnsucht nach *Sinn*, nach dem *Warum*, nach dem *Was* (tun wir hier überhaupt?). Wir sind also in größere Entwicklungszusammenhänge, in kosmische Konstellationen eingebettet. Auf astrologisch-energetischer Ebene vollziehen sich Veränderungen, die uns tragen. Schließlich sind wir in Resonanz mit dieser Ebene. Die menschliche Entwicklung findet also in einem individuellen, gesellschaftlichen und kosmischen Kontext statt.

Aber hören wir nicht auch einen vielstimmigen Chor,
von anderen Tönen, die von einer Welt künden,
in der Wirtschaft nicht mehr synonym
mit Geldmachen ist,
sondern vitaler Teil des menschlichen Lebens?
Matthias Horx[23]

Und so sind die astrologischen Veränderungen nur ein Spiegel unserer eigenen inneren sinn-orientierten Energie, unseres zunehmend menschenorientierten Spirits, unserer inneren Sehnsucht nach Integration, nach Heilwerden, der wir jetzt endlich mehr Raum geben möchten.

Von der Menschwerdung im menschlichen Entwicklungsprozess

C.G. Jung beschrieb, dass der Mensch etwa in der Mitte seines Lebens, in seinen Vierzigerjahren, zu gesellschaftlicher Verantwortung erwacht.[24] Borysenko untermauert diese Beobachtung durch bewiesene Veränderungen auf der physischen Ebene: bei der Frau steige die Produktion männlicher Hormone in diesem Lebensalter drastisch an (der Testosteronspiegel steige um das Zwanzigfache beim Herannahen der Menopause, die weiblichen Hormone wie Östrogen und Progesteron verminderten sich dagegen), beim Mann sei es umgekehrt. So kümmerten sich Frauen nach einer Phase, in der sie sich der Familie widmeten, nun darum, die Sphären des Lebendigen, die Verletzlichkeit der Welt zu schützen.[25] Der Mann dagegen werde weicher, entdecke die Anima, seinen weiblichen Aspekt.

Dieser Prozess zur persönlichen Reife im Leben eines Menschen vollzieht sich nach wie vor. Ich beobachte allerdings, dass er früher stattfindet als bisher. Denn im Hintergrund wirkt eine universelle, eine kosmische Energie, die die Entwicklung von uns als Menschheit, als Gesellschaft hin zu einem höheren Bewusstsein, zu einer größeren Achtsamkeit, zu mehr *Sinn* fördert. Wir müssen nicht mehr in die Midlife-Krise geraten, um nach dem Sinn zu fragen – davon bin ich zutiefst überzeugt. In der Gesellschaft vollzieht sich ein Bewusstseinswandel unabhängig von den Lebensphasen der einzelnen Generationen. Gerade die Jungen praktizieren eine Weisheit, die die klassische Evolutionslehre erst für spätere Lebensphasen des Menschen vorsieht.[26]

»Aus einem spirituellen Blickwinkel ist unsere Hauptaufgabe im Leben viel größer als Geld zu verdienen, einen Lebenspartner zu finden, Karriere zu machen, Kinder großzuziehen, schön auszusehen, psychische Gesundheit zu erreichen oder Alter, Krankheit und Tod zu trotzen. Es ist das Erkennen des Kosmischen im täglichen Leben: eine tiefe Dankbarkeit für die Wunder der Welt und das feine Geflecht der Verbundenheit zwischen den Menschen, der Natur und den Dingen, die Einsicht, dass echte Intimität auf der Grundlage gegenseitiger Achtung und Liebe der Maßstab eines gelungenen Lebens ist.«[27]

Raus aus der Bequemlichkeit – hinein in die neue Selbstverantwortung

Unsere herkömmlichen Vorstellungen
von Macht und Ohnmacht
müssen – systemisch gesehen –
revidiert werden.
Fritz B. Simon[28]

Im 21. Jahrhundert werden wir auch die Bedeutung von Macht, Ohnmacht und Verantwortung neu erfahren. Wir haben deren Potenzial bislang stark mit unserer eigenen Bequemlichkeit überdeckt. In unserem spirituellen Bewusstseinswandel werden wir staunend erkennen, wie sehr wir bislang unsere individuelle Macht unterschätzt und unsere Ohnmacht überschätzt hatten. Im Zuge dessen wird uns automatisch klar werden, dass die Verantwortung für unser eigenes Glück und das Wohlergehen der Menschheit unabdingbar miteinander verwoben sind und alleine in unserer persönlichen Hand liegen. Wir werden zu einer neuen Selbst-Verantwortung kommen, die unauflöslich mit der Verantwortung für den Kosmos verbunden ist. Selbstliebe ist Menschen-Liebe. Und: Mit der Selbstliebe fängt alles an. Das bedeutet, Verantwortung für uns selbst und die Menschheit zu übernehmen.

Wenn wir Selbstverantwortung übernehmen, geben wir unsere lieb gewonnene Opferhaltung auf, die ja doch zu nichts anderem als Passivität, Verdruss, Schuldzuweisungen und Aggression führt. Der Mensch »(...) soll zeigen, dass er guten Willens ist, Selbstsucht und Trägheit des Herzens zu überwinden, er darf sich nicht hinter einem unpersönlichen Kollektiv verstecken.«[29]

> Er hält sich fern (...) von Intellektuellen,
> die es besser wissen, ohne sich zu engagieren.
>
> *Richard von Weizsäcker*
> *über Helmut Schmidt zu dessen 85. Geburtstag*

Von manchen, weniger mutigen Menschen höre ich als Reaktion auf mein Buch: »Ja, es ist ein gutes Thema, hat mir gefallen. Mein Eindruck ist allerdings, dass viele Unternehmen im Moment ganz anders drauf sind. Aber wir wollen hoffen, dass sich langfristig doch etwas tut.«

Darauf kann ich nur sagen: Es kommt nicht darauf an, dass die anderen etwas tun. Es kommt darauf an, dass jeder von uns etwas tut. Wir haben die Wahl. In jeder Sekunde unseres Daseins. Das ist unsere Freiheit. Wir haben das Recht, uns zu quälen, so gut wir können. Wir haben aber auch das Recht, uns gut zu tun, so gut wir können. Wir haben die Wahl.

Der Paradigmenwechsel in der Wirtschaft

Der Wandel in unserer Wirtschaftsstruktur

Ich prognostiziere, dass sich die Struktur unserer Wirtschaft ändern wird. Viele Menschen werden ihrer persönlichen *Sinn*-Frage, ihrer persönlichen Lebensaufgabe nachgehen. Diese Individualisten werden sich zunehmend in kleinen Teams mit Gleichgesinnten organisieren. Auf diese Weise wird die Wirtschaftswelt in fünf Jahren von vielen individualistischen, heterogenen Inseln durchzogen sein, die jedoch alle in eine Richtung von mehr Bewusstheit und Nachhaltigkeit arbeiten werden. Diese Inseln werden sich untereinander befruchten und ergänzen. Ihr Wirken wird dazu führen, dass sich ein Netz von mehr Bewusstheit, Liebe, Sinn und Spiritualität über die traditionell geprägten Mittelstands- und Großunternehmen legt und auch diese allmählich von dieser Welle erfasst werden.

Das vielfältige Inselnetzwerk wird die Unternehmenslandschaft beleben. Selbst die heute tankerartig anmutenden Großunternehmen wie die Deutsche Bank, die Deutsche Bahn, Daimler-Chrysler etc. werden sich langsam für den Geist, der von diesen Newcomern ausgeht, öffnen.

Damit einhergehend wird sich auch die Blickrichtung der Wirtschaftsjournalisten und Manager ändern. So wird die Wirtschaftspresse nicht länger vorrangig die großen, globalisierten Unternehmen im Blickfeld haben. Vielmehr werden sie das, was die mutigen Individualisten wagen, das, was die *sinn*-orientierten Kleinunternehmen tun, für berichtenswert halten. Und auch Manager werden nicht länger ehrfürchtig zu den Großen aufblicken und bewundernd staunen, wie viel Umsatz diese nun wieder durch geistlose Mergers & Acquisitions dazugekauft haben. Stattdessen werden sie überrascht sein über das, was an *Sinn*vollem möglich ist, über das, was andere Unternehmen mutig beweisen – eine Erkenntnis, die viele Manager, insbesondere die »hardliner«, nur widerwillig zugeben werden.

Ein neuer Wachstumsbegriff: vom Breiten- zum (Sinn- und) Tiefen-Wachstum

> Alle schauen auf das Bruttoinlandsprodukt.
> Doch Wohlstand hängt von viel mehr ab
> als von dieser Zahl.[30]

Wie gebannt verfolgen wir das Wachstum des Bruttoinlandsprodukts (BIPs), um an ihm die Entwicklung des Wohlstandes abzulesen. Und wenn das BIP in Zeiten der wirtschaftlichen Stagnation partout nicht wachsen will, dann können wir uns unseren Misserfolg, unser Scheitern nicht eingestehen, dann hatten wir eben einfach nur ein »Minus-Wachstum«. Und das hört sich schon gar nicht mehr so schlimm an. Es zeigt allerdings auch, dass wir uns an den bisherigen Wachstumsbegriff geradezu paranoid klammern. Doch wenn das BIP dann endlich wieder auf die ersehnten höheren Werte klettern würde, wären wir dann wirklich zufriedener? Ist das BIP wirklich das Einzige, das wir mit »Wachstum« assoziieren? Was ist mit unserem persönlichen Wachstum? Mit unserem Wachstum der gesamten Menschheit? Was ist mit dem Wachstum des Sinn-Gehalts in der von uns geschaffenen Business- und gesellschaftlichen Welt?

Ein neues Verständnis von »Wachstum« wird sich verbreiten, in dem es nicht länger um »horizontales Wachstum« geht, das heißt mehr Umsatz, mehr Gewinn, mehr Geschäftsstellen, mehr Beteiligungen, mehr Mergers, mehr Acquisitions, einen höheren Aktienkurs etc. Das Wachstum der Zukunft hat eine andere Qualität. Es ist ein vertikales Wachstum in die Tiefe: der Sinn-Gehalt, die Menschen-Orientierung werden deutlich wachsen durch *integratives Management.*

Menschen-Liebe ist ein Garant
für Unternehmenserfolg.

Denn Menschen-Liebe bedeutet Entwicklung, bedeutet Wachstum, ist das Gegenteil von Rezession. Ein solches zukünftiges Sinn- bzw. Tiefen-Wachstum kann in Bezug auf die »klassischen« Wachstumsbegriffe zunächst Veränderungen in jegliche Richtung bedeuten. Es kann mit einem steigenden, gleich bleibenden oder reduzierten Umsatz einhergehen. Mittelfristig bedeutet Tiefenwachstum aber immer auch horizontales Wachstum.

So kann es zum Beispiel sein, dass sich ein Unternehmen von Geschäftsfeldern trennt, die keinen rechten Gewinn mehr abwerfen und die auch nicht sinnvoll spirituell weiterzuentwickeln sind. Also schrumpft das Unternehmen zunächst, um sich auf neue oder veränderte Geschäftsfelder mit hohem Sinn- und Spirit-Anteil zu konzentrieren. Spätestens mittelfristig wird das Unternehmen in diesen Geschäftsfeldern auch horizontal wachsen. Integratives Management bringt die Polaritäten von »Liebe für den Menschen und den Kosmos« *und* »ökonomischen Erfolg« wieder ins Gleichgewicht.

Und auch im gesamtgesellschaftlichen und volkswirtschaftlichen Rahmen werden wir uns zunächst dem Sinn- bzw. Tiefenwachstum zu widmen haben. Was heißt das? Nun, wir werden die schwankenden, vor dem Zusammenbruch stehenden Systeme wie die Sozialversicherung, das politische System mit seinem geringen Grad an Mitbestimmungsmöglichkeiten, das Arbeitsmarktsystem sowie das obsolete Ziel der Vollbeschäftigung revidieren müssen. Wir werden Arbeit und gesellschaftliche wie volkswirtschaftliche Ziele neu zu definieren haben und damit einhergehend die Fragen der Vermögensverteilung sowie brachliegende, gesellschaftlich wichtige Aufgaben und ihre Entlohnung neu gestalten müssen.

Der Zeitgeist in den Kondratieffschen Wirtschaftszyklen

Der russische Wissenschaftler Nikolai Kondratieff erklärte 1926 die wirtschaftliche Entwicklung Westeuropas und der USA mithilfe langer Phasen von Prosperität und Rezession, den später so genannten Kondratieffzyklen. Auslöser dieser Langzyklen sind Basisinnovationen, die über mehrere Jahrzehnte das Wirtschaftswachstum entscheidend bestimmen und nahezu alle Bereiche des gesellschaftlichen Lebens betreffen. Ein Kondratieffzyklus »(...) ist ein Reorganisationsprozess der gesamten Gesellschaft, der mit dem Ziel stattfindet, große Bedarfsfelder mithilfe von Basisinnovationen zu erschließen.«[31]

Dabei entwickeln sich diese Zyklen in logischer Aufeinanderfolge. Ging es uns im Industriezeitalter noch darum, durch die extensive Nutzung von Rohstoffen das Angebot an materiellen Gütern zu steigern, so führten sich die darin enthaltenen Langzyklen selbst zu ihrem Ende: In den 70er-Jahren des vergangenen Jahrhunderts mussten wir die Grenzen des Wachstums auf Basis der Ausbeutung von Rohstoffen erkennen. »Ein begrenztes System wie die Erde verkraftet weder zu rasches noch endloses materiell-energetisches Wachstum (...)«.[32] Wir erinnern uns alle an die ersten schockierenden Publikationen des *Club of Rome*, die autofreien Sonntage der 70er-Jahre, das zunehmende Umweltbewusstsein in den 80ern. So wurde die Phase des Wachstums, das auf der Ausbeutung materieller Rohstoffe beruhte, von dem Informationszeitalter abgelöst. Wirtschaftswachstum basiert seither nicht mehr auf einem gesteigerten Energieverbrauch, sondern auf der extensiven Nutzung der Ressource »Information«.

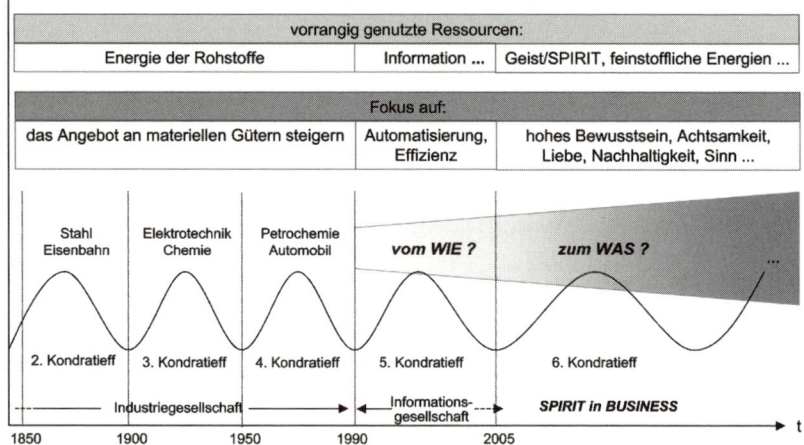

Wirtschaftliche und gesellschaftliche Entwicklung
- unser Weg in den 6. Kondratieff-Zyklus -

vorrangig genutzte Ressourcen:		
Energie der Rohstoffe	Information ...	Geist/SPIRIT, feinstoffliche Energien ...

Fokus auf:		
das Angebot an materiellen Gütern steigern	Automatisierung, Effizienz	hohes Bewusstsein, Achtsamkeit, Liebe, Nachhaltigkeit, Sinn ...

Stahl Eisenbahn · Elektrotechnik Chemie · Petrochemie Automobil · vom WIE ? · zum WAS ?

2. Kondratieff · 3. Kondratieff · 4. Kondratieff · 5. Kondratieff · 6. Kondratieff

Industriegesellschaft · Informations-gesellschaft · SPIRIT in BUSINESS

1850   1900   1950   1990   2005   t

Die Möglichkeiten der Informationstechnologie sind heute noch nicht ausgereizt; Weiterentwicklungen in diesem Bereich werden uns auch noch in Zukunft begleiten. Parallel dazu wird sich jedoch eine viel stärkere Kraft durchsetzen eine – wenn Sie so wollen – Basisinnovation im Kondratieff'schen Sinne: die Wiederentdeckung des Geistigen, des Spirituellen. Zukünftig, im nächsten Langzyklus, werden wir also mit unserer Ressource »*Spirit*« als Quelle menschlicher, wirtschaftlicher und gesellschaftlicher Entwicklung umzugehen haben. Die Innovationen der Zukunft werden auf der Nutzung spiritueller, all-intelligenter und feinstofflicher Energien in der wirtschaftlichen und gesellschaftlichen Welt basieren.

Selbst in der Extrapolation Kondratieff'scher Zyklen in der aktuellen Zukunftsforschung scheint eine kulturelle Überzeugung, eine unumstößliche Annahme, ja ein Gesetz und eine Wahrheit der modernen Marktwirtschaft zugrunde zu liegen: Wachstum sei nur möglich auf Basis einer intensiveren Nutzung von materieller Energie oder Information. Wenn kein Wachstum stattfindet, dann hat dies negative Auswirkungen auf den Wohlstand, da entweder die Inflationsrate oder die Arbeitslosigkeit steigt. Wenn Wachstum nicht im herkömmlichen Sinne stattfindet, haben wir also lediglich die Wahl zwischen dem einen oder dem anderen Übel. Oberflächlich betrachtet müssten wir uns also in einem Dilemma befinden. Aus meiner Sicht haben wir es allerdings – systemisch gesprochen – in der Ökonomie von morgen mit einem Tetralemma zu tun: es geht nicht um Alternative A, nicht um Alternative B, nicht um Alternative C (= weder A noch B), sondern um Alternative D (= und selbst C nicht)![33]

Vom WIE zum WAS?

Im Management der Zukunft treibt uns nicht mehr wie in den 90er-Jahren des letzten Jahrhunderts die Frage nach dem »*Wie*?« um: *Wie* kann die Produktion noch schneller, durch einen höheren IT-basierten Automationsgrad noch effizienter ablaufen? *Wie* können Strukturen, Hierarchien, Abläufe im Sinne von »lean management« verschlankt werden? Die Frage, die uns im Management des 21. Jahrhunderts stattdessen beschäftigen wird, ist die Frage nach dem »*Was*« und nach dem »*Warum*«: *Was* tun wir hier überhaupt? *Warum* tun wir es? Es ist die Frage nach dem *Sinn*: *Was* tut dem Menschen, *was* tut dem Kosmos gut?

> Das Kennzeichen des Paradigmenwechsels
> im Management
> ist die Frage nach dem *Was*?

Der entscheidende Punkt für den Ausstieg aus dem Businesswahnsinn ist dann erreicht, wenn Manager sich die alles entscheidende Frage stellen: *Was* mache ich hier eigentlich? *Was* machen wir hier als Team, als Führungscrew, als Vorstand? Ist es das, *was* ich mir als Mensch wünsche? Würde ich die Maske ablegen und die eingeschliffenen Muster nicht weiter fortsetzen, indem ich einen Schritt aus dem Hamsterrad heraustrete und meine Energie ab sofort darauf verwende, *was* mir das Leben und Arbeiten, das Managen zur reinsten Lust macht, wenn ich also meine Energie und Aufmerksamkeit allein darauf richte, wonach ich mich aus tiefstem Herzen wirklich sehne, darauf, *was* mein Leben mit Sinn erfüllt – dann, ja dann würde ich eine Situation schaffen, die Menschen gerecht wird, die mich, meine Mitarbeiter, meine Kunden auf einer tieferen Ebene befriedigt. Dann würde ich einen kraftvollen, überzeugenden Beitrag zu einer *sinn*volleren Welt leisten. Wie sähe das für Sie aus, *was* würden Sie dann tun?

Mein Wunsch ist, dass wir uns immer öfter die Frage stellen
»Was mache ich hier eigentlich?«.
Mein Wunsch ist, dass die Frage nach dem *Warum*,
nach dem *Sinn*
zu einem selbstverständlichen, meditativen
Alltagsritual wird
– für Sie als Führungskraft, als Mitarbeiter, als Mensch!

Natürlich wird der Beginn des 6. Kondratieff-Zyklus nicht durch einen harten Schnitt gekennzeichnet sein: Wir werden nicht, während wir uns auf einer der nächsten Silvesterpartys zuprosten, einen kleinen erdbebenartigen Ruck verspüren, der uns anzeigen will: Nun haben wir die Schwelle zum 6. Kondratieff-Zyklus übertreten und plötzlich fühlen wir uns alle heiler, runder, integrierter. Der Übergang ist vielmehr fließend. Von daher zeichnen sich heute schon

Veränderungen in unserer Gesellschaft und Wirtschaft ab, die für den nächsten Langzyklus bestimmend sein werden. Gleichzeitig werden wir aber auch aktuelle Geschäftsgebahren noch mit in diesen Übergang hineinnehmen, sodass selbst widersprüchliche Strömungen zunächst noch nebeneinander bestehen werden.

Wohin entwickelt sich die (westliche) Welt im 21. Jahrhundert?
- ein Assoziogramm zu unserem Weg in den 6. Kondratieff-Zyklus -

Gesellschaft, Politik	•Hegemonialansprüche •Terror, Ohnmacht der vermeintlich Mächtigen •Übertragung eigener Psychosen von •narzisstischer Personenkult Staatsmännern der Politiker; Ziel: eigener auf Weltgeschehen Machterhalt • rassistische Ideen •Abbau nicht-tarifärer • Festhalten an brüchigen Handelshemmnisse Sozialsystemen	•Sinn-Bewegung von unten, Wiederentdeckung der Macht des „kleinen Mannes", der Selbstverantwortung •Breite Durchsetzung von Spirit in Business, Spirit in Life •größere Mitbestimmung, „Mehr Demokratie" •Integrative Gestaltung gesellschaftlicher und politischer Aufgaben •Integrative Bildung: Lernen für's Leben •New Society •Massive Verunglimpfung von Management Spirit in Society, Spirit in Life •Verschmelzung von
Wirtschaft, Management	• Reengineering • Rezession •Automatisierung, Miniaturisierung •Globalisierung, Fusionierung •Wachstum um jeden Preis u. ohne Grenzen •Abbau, Insolvenzen •Börsen- Reduzierung von Budgets, hype Umsatz, Kreativität	•Irritation und massive Ablehnung Unternehmens- und gesell- von Spirit in Business durch disintegrierte schaftlicher Entwicklung Altpatriarchen •Integrative Unternehmensführung •Sinn-Innovationen •Universal Citizenship Projekte •Integrative Gestaltung von Arbeit und Produkten •Selbst-Integration von Managern und Menschen
Krankheiten	•Burn-out •Gehirnkrankheiten Alzheimer, BSE, •Herzkrankheiten •Hörsturz •Parkinson •Depression, •Krebs •SARS •Psych. Krankheiten	•allmähliche Gesundung, Heilung durch allintelligente Selbst-Integration ... •zunehmende Selbstverantwortung in der Salutogenese
Bewusstsein SPIRIT	•Selbstvergottung •Druck •Größenwahn •Panik •Egomanie •Angst •Mangel •Selbstliebe	•Anerkennung der verdrängten menschlichen Seiten wie Verletzlichkeit, Scheitern, Selbstliebe, Trauer, Aggression, Wut, Tod, Ehrlichkeit, Demut ... •Verbundenheit •Menschen- •Liebe zum Kosmos Liebe
vorrangig genutzte Intelligenzen, Energien	•Solarplexus •Ratio	•Kreative •Intuition • Kronenchakra Intelligenz Spirituelle Intelligenz •Herzenergie •feinstoffliche Energien

5. Kondratieff   6. Kondratieff

1990   Informations-   2005   Spirituelle / Sinn-Gesellschaft   t
gesellschaft

Das Diagramm soll den Zusammenhang deutlich machen zwischen dem *Spirit*, dem Bewusstsein heutiger Manager und seinen Manifestationen auf der materiellen Ebene, sprich seinen Auswirkungen in Gesellschaft und Politik, in der Wirtschaft und im Management sowie in den physischen und psychischen Krankheiten unserer Gesellschaft.

Vom Boykott des Größenwahns
in der Wirtschaft

Nachdem der Geist des Größenwahns im Business einen Geist der Angst und des Sich-Einschränkens nach sich zog (beides keine Haltungen, die dem Leben gerecht werden), wird sich in Zukunft ein Geist des *Sinns* und damit auch des *sinn*vollen Maßes Bahn brechen. Die lange Zeit vom Größenwahn getriebenen Manager vergaßen die Sensibilität ihrer Kunden, die sich u.a. in der Preiselastizität der Nachfrage ausdrückt und die auf nicht nachvollziehbare Verteuerungen durch den Euro sehr sensibel mit Boykott reagierten. Auch vergaßen die Manager in ihrem globalen Kaufrausch der Fusionswelle, dass Menschen, sprich ihre Mitarbeiter, sensible Wesen sind.

Wie oft habe ich als Antwort auf Designvorschläge für Integrationsprojekte nach Fusionen von den Vorständen gehört: »Was wollen Sie denn mit diesen Maßnahmen zur ›kulturellen Integration‹? Der Laden ist gekauft. Die müssen jetzt einfach zusammenarbeiten! Was sollen wir da noch lange ›rumeiern‹ mit so ›soften‹ Themen?«

Und so kümmerte man sich in den Projekten lediglich um die Harmonisierung von Geschäftsprozessen sowie die technische Integration der von beiden Unternehmen benutzten Hard- und Software-Landschaften – ein Spiegel der einseitig gebrauchten rationalen Intelligenz der Vorstände. Deren persönliche Dis-Integration manifestierte sich auch auf materieller Ebene, denn der Misserfolg der Fusionsprojekte zeigte oft genug, dass Unternehmen und ihre unterschiedlichen Kulturen, also die Menschen sich auf diese (einseitige) Weise eben nicht integrieren lassen.

Als am Scheitern des globalen Kaufrausches und dem Zusammenbruch des Aktienmarktes zu erkennen war, dass ein Geist des Größenwahns, der Selbstvergottung nicht die gewünschten Ergebnisse bringt, erschrak die Businesswelt und es zog ein Geist der Angst, der Panik, des Mangelbewusstseins und des Drucks ein.

»Schon seit Jahren klagen Ärzte und Psychotherapeuten über die alarmierende Zunahme der Zahl von Führungskräften, die unter diffusen Ängsten, unter psychosomatischen Erkrankungen und Depressionen leiden. Viele Führungskräfte fühlen sich überfordert, klagen über mangelnde Konzentrationsfähigkeit, können sich nicht mehr entspannen, ihren Denkapparat nicht mehr ausschalten und klagen über Schlaflosigkeit. Die Weltgesundheitsorganisation (WHO) weist warnend darauf hin, dass in 20 Jahren diese Zusammenhänge die wichtigste Ursache für Arbeitsunfähigkeit sein werden, nach den Herz-Kreislauf-Erkrankungen.«[34] Letztere zeugen von der jahrelangen Vernachlässigung unserer Herzensenergie, unserer Liebe, unserer emotionalen Intelligenz. Alle übrigen psychischen Krankheiten zeugen von unserem kranken Geist, der Vernachlässigung unserer spirituellen Intelligenz und unseren dis-integrierten Intelligenzen insgesamt.

»Krankheit kann als Wachstumsstörung oder Wachstumsstillstand angesehen werden. Eine Zivilisation ist krank, wenn sie (...) die seelischen und spirituellen Bedürfnisse – die allein Wärme, authentische Menschlichkeit und sinnvolle Leistungen hervorbringen – verdrängt.«[35]

Wissenschaftlich ist längst nachgewiesen, dass Krankheit kein rein körperliches Phänomen ist, sondern eng mit psychischen und mentalen Denkmustern in Zusammenhang steht. Ich gehe noch weiter und sage: *Krankheit ist ein spirituelles Phänomen* und kein rein persönliches Phänomen. Sie ist zugleich auch ein gesellschaftliches, ein wirtschaftliches, ein global-systemisches Phänomen, das sich im Mikro- und Makrokosmos zeigt.

Der persönliche Spirit jedes einzelnen Menschen in jeder einzelnen Sekunde ist ein »Wirk« im Kosmos (ein Element im Gesamtsystem Universum, von dem eine Wirkung ausgeht), das mit allen anderen »Wirks« in Beziehung steht und ein Bild auf der materiellen Ebene projiziert. Unser Spirit von gestern manifestiert sich in den

Ergebnissen von morgen – in der Gesellschaft, in der Wirtschaft, in der Politik etc.

Das Problem ist nicht die Welt,
sondern das Problem entsteht in der Beziehung
des Menschen zu seinen Mitmenschen,
und dieses Problem wird in seiner Gesamtheit
zum Problem unserer Welt.

Krishnamurti [36]

Somit können wir die Gesellschaft, die Wirtschaft, die Politik, also all unsere künstlich geschaffenen Subsysteme als eine Person verstehen: unsere Person! Es ist mein Geist, der hier wirkt, mein Bewusstsein, mein Verhalten, meine Taten. Wenn Sie die Gesellschaft, die Businesswelt analysieren wollen, müssen Sie also nur sich selbst analysieren: Denn, es ist *alles eins*!

Eine neu verstandene Religiösität

Nikolai Kondratieff postulierte: »Und die moderne Zivilisation ist krank. Fortschritte im kognitiven Bereich reichen nicht mehr aus, es muss auch zu signifikanten Fortschritten im Seelischen, Sozialen und Spirituellen kommen. Der enge Zusammenhang zwischen Christentum, Ethik, Gesundheit, Wirtschaft und Lebensqualität, der durch eine überzogene und überbewertete Aufklärung aus dem Blickfeld geraten ist, muss wieder entdeckt werden. Religion gehört untrennbar zum gesunden, vollen Menschsein.« [37]

Im 6. Kondratieff müssen wir uns nicht explizit um eine neue Religiösität »bemühen«. Sie wird sich automatisch einstellen, sozusagen als ein Nebenprodukt unserer All-Intelligenz. Denn je mehr wir uns innerlich mit unseren eigenen Quellen verbinden, umso mehr werden wir auch wieder unsere natürliche Verbundenheit mit dem Kosmos spüren.

Religionen, unterschiedliche Überzeugungen spielen dabei keine Rolle. Sie sind lediglich der Zugang des Einzelnen zu der uns alle verbindenden Wahrheit und Wesenheit. Die individuellen Religionen, außerkirchlichen Glaubensrichtungen, heidnischen, ethnischen und schamanischen Kulte sowie persönliche und philosophische Überzeugungen sind eine Tür zu demselben, zu dem, was wir alle suchen: Nennen Sie es Gott, höhere Kraft oder was immer für Sie stimmig ist. In ihrer Mannigfaltigkeit werden sie unserer Individualität als Mensch und ethnisch-kulturelle Gruppen gerecht. Wir können diese Vielfalt getrost nebeneinander bestehen lassen und uns von dem Streit darüber verabschieden, wer nun Recht hat. Stattdessen sollten wir unsere Einsicht in das die Religionen Verbindende schärfen, die sakralen Metastrukturen, die Interreligiosität. Es geht um das, was uns Menschen verbindet, und nicht um das, was uns trennt.

Je all-intelligenter wir werden, wir uns also auch
eine spirituelle Perspektive erschließen,
umso mehr erkennen wir, dass es im Grunde
keine Unterschiede in den Religionen gibt
– diese werden transzendiert.

Wollen wir uns erneut mit Religiosität anfreunden, so kommen wir nicht umhin, sie aus der Abwertung zu rehabilitieren, sie neu zu be-werten. Dazu ist es hilfreich, uns ihre ursprüngliche Be-deutung zu vergegenwärtigen:

Re-ligion geht auf den Wortstamm »ligare (lat.) = verbinden« zurück. Insofern bedeutet Re-ligion die Verbindung wiederherstellen zwischen uns und der spirituellen Ebene.[38]

In unserem modernen Bewusstsein haben wir Religiosität als etwas Obsoletes abgespeichert. Das mag sicherlich zum Teil am Gebaren der Kirchen gelegen haben. Andererseits gibt es sehr lebendige, konstruktive und überhaupt nicht weltfremde Aktivitäten in den Kirchen, die wir würdigen könnten.[39] Tun wir aber nicht. Sie sind nicht im Blickfeld unseres breiten gesellschaftlichen Bewusstseins. Stattdessen werten wir Religiosität ab als eine Angelegenheit von Alten und Armen. Haben wir doch das trostlose, armselige Bild einiger schwarz gekleideter Witwen vor Augen, die einsam und verlassen in den kühlen Kirchen Zuflucht zum stillen Gebet suchen – während draußen das wirkliche Leben pulsiert, die Realität des Lebens und Überlebens, des knackigen Geschäftemachens stattfindet. So assoziieren wir Religion mit Christsein, Frömmigkeit, Hilflosigkeit und Ohnmacht, und Business mit Umsatz, Macht und harten Fakten.

166

Das eine hat mit dem anderen nichts zu tun; Religion und Business existieren in getrennten Welten. Tja, weit gefehlt. Es ist an uns, sie zu ent-trennen.

Joan Borysenko formuliert es so: »Sowohl persönlich als auch kollektiv als Kultur hungern wir nach Geschichten mit spirituellem Sinngehalt, die die unausbleiblichen Freuden, Schmerzen und Frustrationen eines ganzen Lebens in einen sinnvollen Kontext stellen.«[40]

Früher haben das die Kirchen getan, sie tun es heute noch: Sie stellen die Ereignisse des Lebens, die Sakramente von der Geburt, der Taufe, der Adoleszens, der Partnerschaft bis zum Tod in einen sinnvollen Zusammenhang. Wie im Gedicht von Philip Larkin *Church Going* bietet die Kirche einen Ort der Ruhe, fernab von der technisierten, hektischen, kriegerischen Welt, in dem wir über unseren eigenen Sinnzusammenhang reflektieren können.

»(...) ein ernsthaftes Haus auf ernsthafter Erde ist es (...)
und so ganz veraltet kann es niemals sein,
da für alle Zeit irgendeiner
einen Hunger in sich entdecken wird, ernsthafter zu sein,
und damit angezogen wird von diesem Grund,
wo, wie er einmal hörte, es sich geziemte, weise zu werden,
und sei es nur, weil so viel Tote dort liegen.«[41]

Je mehr Unternehmen und Manager die Verantwortung für diesen Sinnzusammenhang übernehmen werden, umso mehr werden Business und Religion einen ähnlichen Auftrag erfüllen. Auch hier gilt wieder: Die Trennung weicht der Integration.

Diese Art von Religiosität, dieser Geist der Verbundenheit mit sich und der Welt meint nichts Hochtrabendes, Vergeistigtes, Pharisäerhaftes, Lebensfernes – nein, sie zeigt sich im Bodenständigen, im Einfachen, im Pragmatischen.

Der Megatrend zur Liebe

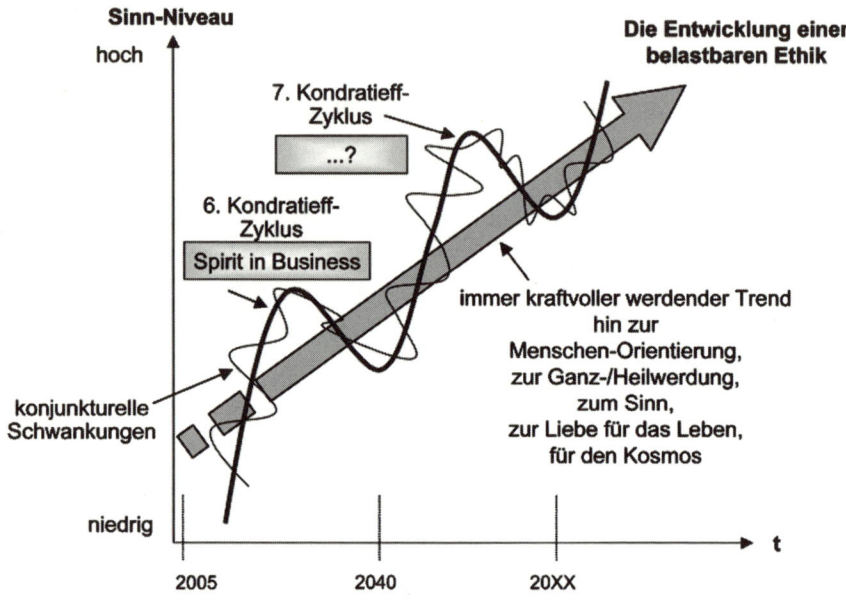

Der Mega-Trend, der über den 6. Kondratieff-Zyklus hinaus wirken wird, ist der Mega-Trend zu einer immer stärker werdenden menschlichen Liebe, einer Liebe für den Kosmos. Er bringt die Entwicklung einer zunehmend belastbaren Ethik, die uns dauerhaft mit der Schöpfung, mit dem, was im Hintergrund da ist, verbunden sein lässt. So wird der 7. Kondratieff auf einem höheren Sinn-Niveau, auf einer neuen, dann bereits selbstverständlich gewordenen Ethik im Business aufsetzen können.

Unsere Bilder, unsere Ahnungen von einer visionären, attraktiven, machbaren Welt werden »wie ein energetischer Strom wirken, der sich ein immer breiteres Flussbett sucht.«[42] Selbst, wenn sich neben den Erfolgen manche Irrungen und Wirrungen sowie manches Scheitern im Sinne der konjunkturellen und Kondratieff'schen Schwankungen zeigen werden, so wird all dies doch Ausdruck eines Ringens um die Menschen-Liebe, um die Liebe zum Kosmos, um die Verbundenheit mit dem Göttlichen sein. Bereits bei Goethe klingt dieses Ringen an:

(...) Weltseele, komm, uns zu durchdringen!
Dann mit dem Weltgeist selbst zu ringen,
Wird unsrer Kräfte Hochberuf.
Teilnehmend führen gute Geister,
Gelinde leitend höchste Meister
Zu dem, der alles schafft und schuf.
(...) Und was nicht war, nun will es werden,
Zu reinen Sonnen, farbigen Erden;
In keinem Falle darf es ruhn.[43]

Vom verzweifelten Gegentrend

Nicht jede Top-Führungskraft, die heute noch den Mangel verwaltet, wird diese innere Veränderung vollziehen können. Viele werden mit dem Paradigmenwechsel nicht zurechtkommen. Sie werden all jene kritisch beäugen und sogar beschimpfen, die den Schritt zu »integrativem Management« mutig Schritt für Schritt vollziehen. Sie müssen das tun, weil es sie überfordert, weil sie Gefahr wittern, überholt zu werden, und sie gleichzeitig spüren, nicht mithalten zu können, weil ihre inneren Barrieren es ihnen (noch) unmöglich machen, auf den Zug aufzuspringen.

So wird es parallel zum Megatrend zur Liebe zu einer massiven Verunglimpfung der spirituellen Strömungen kommen. Die Verunglimpfungen werden vor allen Dingen jene Menschen aussprechen,

169

die mit sich selbst noch nicht versöhnt sind und sich mit den eigenen, verdrängten Themen konfrontiert sehen. Das können Menschen sein, die zu rassistischem, antisemitischem, rechts- oder linksradikalem Gedankengut neigen.

Die Verunglimpfungen werden umso massiver, unsachlicher und abwertender formuliert werden, je stärker die Bewegung zu einem neuen ethischen Bewusstsein wird. Schließlich deckt dieser neue Trend Verdrängungen der Gesellschaft auf – da müssen wir mit massivem Gegenwind rechnen. Genau das Gleiche passiert, wenn ein Mensch eine Psychotherapie beginnt – auch hier gehört zunächst Ablehnung der verdrängten und nun zu integrierenden Themen zum natürlichen Heilungsprozess.

So absurd es klingen mag, der Trend zur *Liebe* wird auch als fremd, als andersartig und damit als bedrohlich erlebt werden. Der Bedrohung wird man verschiedene Namen geben: So wird man vor sektenhaftem Ansinnen warnen, vor einem gefährlichen, destruktiven Geist, ja vielleicht sogar vor faschistoiden Zügen. Keine Abwertung wird absurd genug sein können, um sie nicht für den eigenen Schutz gebrauchen zu können, davor, sich mit den wahren verdrängten Inhalten auseinander setzen zu müssen. Zu massiv würden die persönlichen Fragen und Implikationen für manche, stark dis-integrierte Menschen sein. Die (gesellschaftliche) Bewusstseinsentwicklung muss für den Einzelnen verkraftbar bleiben und jeder Mensch muss selbst entscheiden dürfen, was er sich zumutet und was nicht, wann und ob er sich überhaupt mit bestimmten Themen auseinander setzen will oder nicht.

Und danach? Ich bin nicht so vermessen und proklamiere diesen Paradigmenwechsel als ein immer währendes Allheilmittel. Wie könnte ich? Diese Veränderung steht im Moment nur einfach an. Und auch diese Entwicklung wird wieder nur der Schritt zur nächsten Phase sein, die auf uns wartet. Dann werden weitere Aufgaben im Rahmen unserer Entwicklung zu lösen sein.

Ein neues Bewusstsein
im Management

Die Verbindung von Ich, Unternehmen
und Kosmos

Die drei Kreise – ein neuer Blick für Menschen und Manager

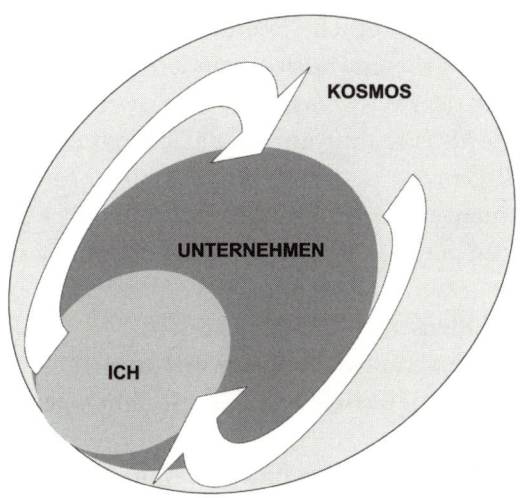

In Zukunft wird es darauf ankommen, dass wir – ob als Manager oder als Mensch – uns selbst und unser Tun in einem größeren Zusammenhang wahrnehmen und sehr viel mehr auf das Gesetz von Aussendung und Anziehung achten. Das heißt, wir müssen uns darüber bewusst sein, welche feinstofflichen Energien wir aussenden, von welchem *Spirit* wir uns leiten lassen und was wir mit ihm in der Außenwelt bewirken.

Nichts ist drinnen, nichts ist draußen,
denn was innen ist auch außen.
J. W. von Goethe

Alles, was wir tun oder nicht tun, hat seine Entsprechung in der Außenwelt. Auch wenn wir vermeintlich nichts tun, uns in einer Sache nicht engagieren, so sind wir doch auch gerade dann verantwortlich für die Ergebnisse – so, wie sie sich in der Gesellschaft, in der Wirtschaft, in der Politik, im Universum zeigen. Selbst unsere Gedanken, die ja feinstoffliche Energien sind, schlagen sich in der Außenwelt nieder, stehen sie doch mit anderen »Wirks« in Beziehung und ermöglichen oder verhindern eine lebenswerte Welt. Diese lange bekannte Erkenntnis mahnt uns erneut (durch die derzeit unbefriedigenden Ergebnisse in der Wirtschaft), für eine bessere Qualität unseres Selbstmanagements zu sorgen und damit über unser persönliches Wachstum eine sinnvollere Lebensgestaltung der Menschheit zu bewirken.

Manager und Menschen sind aufgefordert,
➤ sich ihrer hohen Verantwortung bewusst zu werden, die weit über ihren eigenen Schreibtisch und das von ihnen geleitete Ressort hinausgeht,
➤ ihre gesellschaftliche und kosmische Verantwortung wahrzunehmen,
➤ ihre Selbst-, Unternehmens- und Welterfahrung aus einer holistischen Weltsicht heraus zu machen,
➤ den Zusammenhang zwischen ihrem Geist und den Ergebnissen in der Außenwelt zu erkennen,
➤ spirituelle und energetische Prinzipien in die Selbst- und Unternehmenssteuerung zu integrieren,

172

➤ Beweise zu liefern, dass wir mit Leichtigkeit eine sehr viel *sinn-vollere* (Business-)Welt schaffen können!

Abstrakte Gebilde, wie *die* Unternehmen, *die* Gesellschaft, *die* Politik sind nicht für die Ergebnisse in der Außenwelt verantwortlich, über die wir uns nur allzu gerne beklagen. Der Geist fällt nicht vom Himmel! Und er wird eben nicht von derlei abstrakten Gebilden praktiziert. Es sind die Menschen in den Unternehmen, und hier allen voran die Manager, die Geschäftsführer, die Vorstände, die obersten Führungskräfte, deren *Spirit* entweder sehr oder wenig segensreich wirkt. Mit ihrem Management-*Spirit* determinieren sie, was kulturell, was gesellschaftlich und vor allem auch, was ökonomisch in ihrem Unternehmen möglich ist.

> Das Praktizieren einer menschen- und
> lebenswürdigen *Geisteshaltung*
> in unserer Wirtschaftswelt ist etwas,
> das sich nicht mehr vermeiden lässt!
>
> Tom Nierth[44]

Schaffen wir also eine menschenwürdige Lebens- und Arbeitswelt, in der sich ein Geist der Liebe für die Schöpfung, für den Kosmos spiegelt! Denn dieses Ur-Bedürfnis von uns Menschen, drängt von innen heraus immer stärker an die Oberfläche, will in der Welt sichtbar werden. Folgen wir daher unserer Sehnsucht, unsere (Business-)Welt so zu gestalten, wie wir sie uns eigentlich wünschen und erträumen! Seien Sie als Führungskraft Träumer und setzen Sie mit beherztem Mut, diese Sehnsucht um.

Back Tracing –
Die neue »Rückwärtsgewandheit«

Die neue Rückwärtsgewandheit ist im Grunde eine neue Qualität von »Vorwärtsgewandheit«. Sie löst die dem Hamsterrad immanente Pseudo-Vorwärtsgewandheit ab, die ja doch nur ein »Auf der Stelle treten« ist, ein Stillstand, der in einem linearen Fortsetzen des Vergangenen, des kleinteiligen, operativen Geschehens besteht, das keine Zeit lässt, um den Geist des eigenen Tuns zu reflektieren. Die neue Vorwärtsgewandheit ist eine, die einem hohen Bewusstsein auf der Makroebene und zunächst einem »Rückwärts« entspringt. Sie schaut ganz nach vorne, um dann vom Ende her zu fragen: Was tut dem Menschen, was tut dem Kosmos gut? Diese Rück- bzw. Vorwärtsgewandheit bringt ganz natürlich und ohne Anstrengung eine Priorisierung, eine Relativierung und Auswahl der Themen mit sich, denen wir uns in den Unternehmen, im Leben, in den Schulen, in der Gesellschaft widmen. Durch diesen Blick regelt und beantwortet sich vieles von alleine.

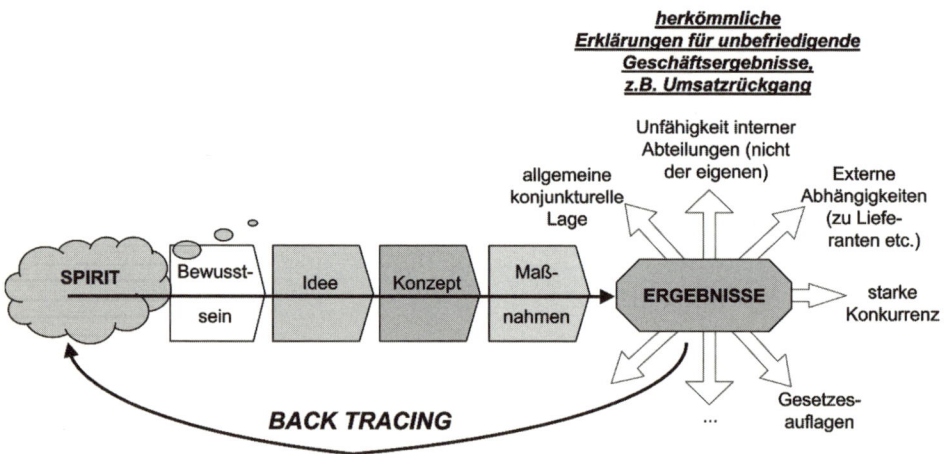

Mein Anliegen im *Backtracing* ist es, Manager dazu aufzufordern, einen Blick für den roten Faden zu entwickeln, der ihren *Spirit* mit ihren Ergebnissen verbindet. Es ist nicht nur wünschenswert, sondern auch notwendig, dass sich Manager hin und wieder die Zeit und Muße gönnen, um in Ruhe die Ergebnisse ihres Teams, ihres Unternehmens zu reflektieren. Dabei sollte es nicht um Schuldzuweisungen im Sinne von Ablenkungsmanövern oder ausschließlich um Erklärungsversuche aufgrund vordergründig sichtbarer materieller Phänomene gehen, sondern um den Geist, den *Spirit*, eben um den roten Faden, den es bis zu dem eigenen persönlichen Bewusstsein, dem des Teams, der Führungsmannschaft und des Unternehmens zurückzuverfolgen gilt!

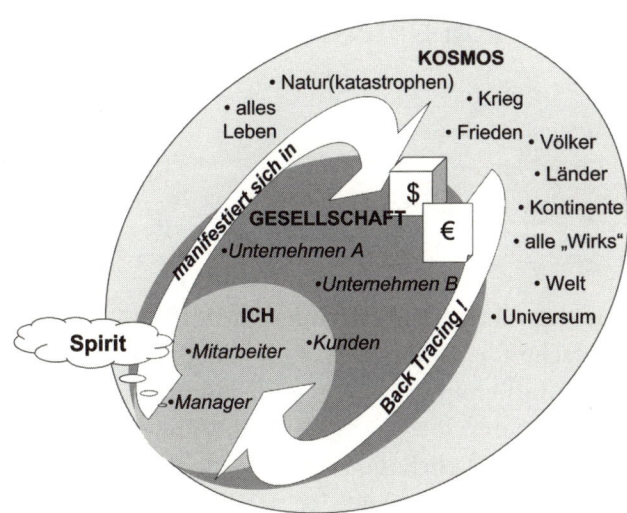

Im *Backtracing* können Sie sich zum Beispiel folgende Fragen stellen:
➤ Von welcher Qualität sind die aktuellen Ergebnisse? Wie zufrieden sind wir mit ihnen?

> Was ist das für ein Geist, der unser Denken, unsere Taten, unsere Ergebnisse durchdringt?
> Von welcher Qualität ist er? Welchen Geist würden wir uns stärker wünschen?
> Welche Qualität vermisse ich in unseren Ergebnissen, in meinem Spirit, in dem unseres Teams etc.?
> Sind wir mutig genug, einen neuen *Spirit* zu praktizieren? Welche Öffnung, welche Veränderung wäre dann möglich? Welche faszinierenden Ergebnisse schaffen wir dann in der Außenwelt?

Der zukünftige Auftrag von Unternehmen

Die Kausalität wird sich ändern:
Indem Unternehmen Sinn stiftend für
Mensch und Gesellschaft wirken,
werden sie zukünftig auch ökonomisch
erfolgreich sein!

Das Motiv, eine attraktive Kapitalrendite mithilfe eines Unternehmens zu erwirtschaften, ist ein basales. Solch ein rein ökonomisch verstandener Unternehmensauftrag wird zukünftig jedoch zum Hygienefaktor mutieren. Er vermag keine besondere Attraktivität auszuüben – er kann lediglich die Unzufriedenheit mildern, ist aber nicht imstande, die Zufriedenheit der Beteiligten zu steigern. Mit ihm lässt sich also kein »Blumentopf« gewinnen, weder bei den Mitarbeitern oder Kunden noch bei den Aktionären. Die ökonomische Zielsetzung steht nicht mehr im Vordergrund – sie ergibt sich automatisch als Folge eines *Sinn* stiftenden Unternehmertums.

Manager der Zukunft haben erkannt: Ihr Auftrag ist es, für die

Transformation eines überholten Wirtschaftssystems zu sorgen; und sich tatsächlich die Freiheit zu nehmen, *sinn*-volle Lebens- und Arbeitswelten zu schaffen, die dem Menschen und dem Kosmos gerecht werden.

Vom Charity Marketing zu *Universal Citizenship*

Aus seiner kosmischen Verantwortung, aus seiner holistischen Weltsicht heraus wird sich die bisherige Nebenaufgabe des Unternehmers, nämlich seine selbst auferlegte Verpflichtung zum »moralischen Spenden«, verändern, indem Charity zukünftig in die unternehmerische Wertschöpfung integriert wird. Der *integrative Unternehmer* versteht es als seine Aufgabe, nicht nur das gesellschaftliche Potenzial zu nutzen, sondern neben *sinn*vollen Arbeitswelten auch *sinn*volle Lebenswelten zu schaffen.

Es wird nicht länger so sein, dass Unternehmen mit ihren Produkten einen bestimmten Umsatz erwirtschaften und am Ende des Geschäftsjahres eine Spende an ein Kinderdorf oder ein ähnliches emotional besetztes Projekt entrichten. Heute verbinden einige Unternehmen ihre Produkte bereits mit ihrem Charity Marketing. So geht zum Beispiel von jeder verkauften Flasche Krombacher Bier ein bestimmter Betrag an ein Projekt zur Erhaltung des Regenwaldes. Wenn ein Konsument sich also für den Regenwald engagieren möchte, trinkt er Krombacher Bier. Oder: Der Autor Stephan Valentin unterstützt mit einem Teilerlös seines Buches *Ameisenfeind* ein Projekt für Kinder von Unicef.

Das so verstandene Charity Marketing, das in der mit dem Produktpreis verbundenen Spende für einen guten Zweck besteht, wird sich in Zukunft noch weiterentwickeln, wenn der gesellschaftliche Integrationsgrad in die Unternehmenssteuerung steigt.

Vom Integrativen Leben
und Arbeiten

Unternehmen werden die Gesellschaft in ihr Management tatsächlich hereinlassen, sie werden sich für die gesellschaftlichen Belange öffnen und sie aktiv mitgestalten, genauso wie sie es der Gesellschaft erlauben werden, ihre Produkte und ihre Produktion weise mitzuentwickeln.

Dabei wird Regionalität eine neue Bedeutung bekommen. Je unmittelbarer unser persönlicher Erfahrungshorizont, desto einfacher können wir Charity und damit gesellschaftliche Integration im Management betreiben. Das heißt nicht, dass wir Menschen ferner Länder nicht integrieren sollten. Es heißt nur, dass wir die Auseinandersetzung mit den elementaren Bedürfnissen der Menschen, die uns umgeben, nicht länger scheuen sollten – das Entwicklungsland ist hier vor Ihrer Haustüre ... und weltweit.

Berührt betrachten wir in den Zeitschriften Bilder von kleinen afrikanischen Kindern mit ihren großen sehnsüchtigen Augen und spenden – aber echte Berührung? Nein, die scheuen wir! Brauchen wir vielleicht das Gefühl des Edelmannes, des gönnerhaften Spenders, der sich aus einem Gefühl der Überlegenheit heraus großzügig gibt – nach dem Motto »Uns geht's doch Gold! Da können sich die kleinen Kinderchen in der Hitze von Afrika einmal ein Eis kaufen – dann können sie vielleicht einen Moment die schlimmen Schmerzen ihrer Beschneidung oder Aids-Erkrankung vergessen.« Sind wir so abgestumpft, dass wir die nicht wirkliche, nur oberflächliche Auseinandersetzung mit dem, was den Menschen ausmacht, echter Berührung vorziehen?

Vom Minderheiten-Bewusstsein
zum Menschen-Bewusstsein

Universal Citizenship-Projekte müssen nicht immer minderheiten-orientiert sein. Oft sind es die ganz einfachen, nahe liegenden regionalen und globalen Dinge, in denen die großen Herausforderungen für gesellschaftliche Integration liegen: Dinge, auf die Sie kommen, wenn Sie in Ihrem persönlichen Unternehmensumfeld einfach nur die Augen öffnen: Wie würde es Ihnen gehen, wenn Sie Bewohner des Altenheimes, Obdachloser im Obdachlosenheim, Asylant im Asylantenheim, Frau im Frauenhaus, Kind im Kindergarten auf dem Grundstück neben Ihrem Unternehmen oder am Rande Ihrer Stadt wären? Wie würde es Ihnen gehen, wenn Sie die Frau Ihres Mitarbeiters wären, die gerade in Trauer um einen nahen Menschen ist? Wie würde es Ihnen gehen, wenn Sie das Kind Ihres chinesischen Zulieferers wären? Wie würde es Ihnen gehen, wenn Sie Ihr eigener Mitarbeiter wären und sich gestern wieder einmal furchtbar über Ihren ignoranten Chef geärgert hätten? Wie können Sie gemeinsam mit diesen Menschen eine Lebens- und Arbeitsqualität schaffen, die begeistert? Wie können Sie die Weisheit dieser Menschen in Ihr Management integrieren und in Ihrer Unternehmensentwicklung nutzen?

V

Paradigmenwechsel
in Business

Der Spirit der Zukunft

Morrie Schwartz, der Held in Mitch Alboms Buch *Dienstags bei Morrie* erkennt sehr gut:

»Wir denken, wir verdienten keine Liebe, wir denken, wenn wir sie reinließen, würden wir allzu weich und rührselig. Aber ein weiser Mann namens Levine hat mal genau das Richtige dazu gesagt. Er sagte: ›Liebe ist der einzig rationale Akt!‹«[1]

In den letzten Jahrzehnten haben wir die Qualität der Herzensgüte in all unseren Lebensbereichen stark vernachlässigt. Jetzt ist es Zeit, sie wieder zu integrieren, sie vor allem im Business-Kontext zu rehabilitieren und ihr darüber hinaus auch in Politik und Gesellschaft den Stellenwert zu verleihen, der ihr gebührt. Die Liebe will von ihrer Verbannung in den Privatbereich erlöst werden! Nur – von wem? Von Ihnen! Niemand anderes ist dafür verantwortlich als Sie selbst!

Natürlich können wir über die Kälte, die Rücksichtslosigkeit, den Werteverfall in unserer Gesellschaft lamentieren. Aber wer ist denn die Gesellschaft, die Businesswelt? In jedem Augenblick, in dem Sie verzichten, den Menschen mit Wärme und Liebe zu begegnen, sei es im beruflichen Kontext oder in einer noch so banalen Situation des Alltags, leisten Sie persönlich einen aktiven Beitrag zu dem bedauernswerten Klima in unserer Welt.

> Heilen können wir unsere Businesswelt
> nur durch die stärkste Energie,
> die Kraft, die die Welt im Innersten
> zusammenhält: die Liebe!

Da wir selbst es also sind, die der Liebe in der Vergangenheit einen so geringen Wert zugewiesen haben, ja uns sogar schämen, wenn wir öffentlich auf Liebe angesprochen werden oder wir dieses Wort in den Mund nehmen sollen, liegt es an uns, den natürlichen Umgang mit der Liebe in allen Bereichen zu üben. Das wird einige Zeit dauern, aber: Verdrängt ist nicht verlernt! Und wir werden schon bald überrascht sein, welche Kraft es hat, wenn wir der Liebe neuen Raum geben. Den Raum, der ihr zusteht, wenn wir sie aus der Verdrängung im Hintergrund in den Vordergrund befreien.

Zentrale Aufgabe des Managers wird es zukünftig also sein, das Tabuisierte wieder in sein Wirkungsfeld zu integrieren, das heißt Liebe wieder business- und gesellschaftsfähig zu machen!

Was ist ein »guter« Spirit?

Gibt es einen »guten«, einen zu bevorzugenden *Spirit*, von dem sich jedes Unternehmen leiten lassen sollte? Hinter der Frage verbirgt sich die Sehnsucht nach dem Patentrezept, aber auch das Misstrauen in die eigene Weisheit. Die Antwort ist eindeutig: Nein und Ja!

Nein, denn: Es gibt eine Vielzahl von »guten« *Spirits*. Ein »guter« *Spirit* zeigt sich in vielen Facetten. Dies entspricht dem Prinzip der Schöpfung, dem Phänomen der Fülle. Nur einen oder wenige *Spirits* für alle Unternehmen, Produkte, Dienstleistungen, für jegliche Management-, Führungs- und Teamarbeit gleichermaßen vorzuschreiben, wäre in mehrfacher Hinsicht absurd:

➤ Es würde die Kreativität, die schöpferische Fähigkeit, das Potenzial, die Weisheit der Menschen in den Unternehmen ignorieren.
➤ Es würde die natürliche Differenzierung, die Einzigartigkeit, die »Persönlichkeit« der Unternehmen einer kommunistisch-sozialis-

tisch anmutenden oder auch sektenhaft dogmatischen Gleichmacherei opfern.

➤ Es würde die Historie und den Reifegrad der Organisation sowie
die blinden Flecken und Bedürfnisse ihrer Menschen, ihrer individuellen Teams, ihres Umfeldes, ihrer Kunden außer Acht lassen
und stattdessen ein Standard-Medikament verabreichen.

> So verschieden die Unternehmen sind,
> so verschieden wird auch ihr *Spirit* sein.
> ... und auch wieder nicht.

Aus welchen Facetten sich der *Spirit* des einzelnen Unternehmens
zusammensetzen wird, ist also individuell verschieden. Verlassen Sie
sich auf Ihre eigene Weisheit, auf die Weisheit der Menschen in
Ihrem Unternehmen. Sie werden es spüren, welcher Geist für Sie der
passende ist, von welchem *Spirit* sich Ihr Unternehmen in Zukunft
leiten lassen will.

Die Antwort auf die Eingangsfrage, ob es denn einen zu bevor-
zugenden Spirit für alle geben kann, heißt aber auch »Ja«, denn:
Letztendlich läuft jeder »sinnvolle« Geist, der sich in unzähligen
Facetten zeigen kann, auf den einen *Spirit* hinaus: die Liebe für den
Menschen, für den Kosmos, für das Leben!

Das Prinzip Menschen-Liebe und andere Assoziationen

So oft habe ich nun das Wort »Liebe« benutzt, wohl wissend, dass jeder vermutlich etwas anderes damit verbindet. Hier nun mein persönliches Assoziogramm zur Menschen-Liebe. Es erhebt keinen Anspruch auf Vollständigkeit und lädt Sie ein, vielleicht auch einmal Ihren eigenen Assoziationen zur Liebe nachzusinnen.

Wenn Unternehmen immer wieder nur für Menschen da sind, egal, was sie in ihrem Business herstellen, ob Investitions- oder Konsumgüter, Dienstleistungen oder landwirtschaftliche Produkte, dann sind

Mein Assoziogramm zur Menschen-Liebe

Menschen doch immer wieder nur für Menschen da. Dann sind Manager und Mitarbeiter nicht vornehmlich dafür gedacht, Zahlen zu kalkulieren, Budgets, Anlagevermögen, Lagerbestände oder Mitarbeiter zu »verwalten«, zu controllen, zu steuern. Wenn Menschen letztendlich immer wieder »nur« für Menschen da sind, dann ist es die ureigenste Aufgabe von Managern und Mitarbeitern, eine Ordnung der Liebe herzustellen. Wenn das unsere Hauptaufgabe ist, die Sehnsucht nach Liebe in reale Ergebnisse zu verwandeln – warum tun wir dann alles andere und vor allen Dingen so, als sei »Liebe« ein Fremdwort? Warum widmen wir uns dann fast ausschließlich den destruktiven Kräften wie Machtkämpfen, Missgunst und Mobbing? Warum tun wir dann so, als bestünde unser wichtigster Seelen- und Lebenszweck in der sinnentleerten Knechtschaft von Soll-Ist-Statistiken über irgendwelche geistlosen Produkte?

Wenn es unsere Hauptaufgabe ist, eine Ordnung der Liebe herzustellen, dann dürfte es doch eigentlich keine Frage mehr sein, von welchem *Spirit*, von welchem Sehnen und Streben unser Bewusstsein und unsere Taten im Business durchdrungen sein sollten. Worum es in den Strategiemeetings, den Jahresplanungen und im operativen Management geht, dürfte dann doch höchstens noch eine rhetorische Frage sein!

Mit der Selbstliebe fängt
alles an!

»In einer Kultur, in der die Eigenschaft der Liebe rar geworden ist, wird die Fähigkeit zu lieben nur selten voll entwickelt. Nicht als ob man meine, die Liebe sei nicht wichtig. Die Menschen hungern geradezu danach; (...) Die meisten Menschen sehen das Problem der Liebe in erster Linie als das Problem, selbst geliebt zu werden, statt zu lieben und lieben zu können. Sie glauben, Liebe komme erst durch ein Objekt zustande und nicht aufgrund einer Fähigkeit. Weil man nicht erkennt, dass die Liebe ein Tätigsein, eine Kraft der Seele ist, meint man, man brauche nur das richtige Objekt dafür zu finden, und alles andere gehe dann von selbst.« Soweit Erich Fromm in *Die Kunst des Liebens*.[2]

Auch die Liebesfähigkeit der Manager beginnt also mit Selbstliebe. In der Selbstliebe liegt die wahre Emanzipation – von Männern und Frauen! Es ist eine Emanzipation, eine Ent-Konditionierung, eine Befreiung aus der Co-Abhängigkeit vom Hamsterrad, vom Chef, von der Öffentlichkeit, vom Partner, von Menschen, die uns endlich und immer wieder sagen sollen: »Du bist ein toller Kerl, du bist eine tolle Frau! Du bist wunderbar, genauso wie du bist!«

Erst, wenn Sie erkennen, dass Sie nicht erst etwas tun, etwas leisten müssen, um Liebe zu verdienen, erst, wenn Sie erkennen, dass Sie heute bereits ein wundervolles Geschöpf sind, dass Ihr Leben ein Ausdruck der göttlichen Schöpfung ist, dass Sie dies in der Vergangenheit immer waren und in Zukunft immer sein werden – ein wunderbarer, vollkommener Mensch –, dann erst können Sie sich lieben für Ihr So-sein. Dann sind Sie frei, andere zu lieben, und Liebe auch im Business zu praktizieren.

Liebe ist Verbundenheit

»Wenn wir die Trennung zwischen dem ›Ich‹ und dem ›Du‹, dem ›Wir‹ und dem ›Andern‹ aufheben, was geschieht dann? Erst dann und nicht vorher können wir das Wort ›Liebe‹ benutzen. Und die Liebe ist die außergewöhnlichste Sache, die es gibt, wenn kein ausschließendes oder trennendes ›Ich‹ mehr existiert.«[3]

Krishnamurti hat diese Verbundenheit eindrucksvoll beschrieben. Sie ist der rote Faden, der sich sowohl durch die Selbstliebe als auch durch die Liebe zum anderen zieht. Wenn Sie Ihre Einzigartigkeit, all Ihre Intelligenzen, Ihren Platz in der Schöpfung spüren, dann verbinden Sie sich quasi zunächst mit sich selbst. Erst aus dem Empfinden der eigenen, einzigartigen Individualität heraus können Sie die Trennung zwischen dem Du und dem Ich aufheben und die Verbundenheit mit und die Liebe zu anderen Menschen empfinden.

Die Liebe zu uns selbst, die immer eine spirituelle Angelegenheit ist, wie auch die Liebe zu den Menschen und dem Kosmos, unsere Verbundenheit mit der Schöpfung, mit dem Göttlichen also, wird unsere mechanistische Weltsicht in eine holistische Weltsicht verwandeln.

Potenzialität und Kreativität: Was hat die Quantenphysik mit Management zu tun?

Allezeit ist möglich,
was unmöglich erscheint.
H.-E. Richter

Materie ist ein Symbol des Getrennten. Materie verleitet uns zum dualistischen Wahrnehmen. Wir sehen um uns herum einzelne, materielle Gegenstände: zum Beispiel einen Tisch oder den Abteilungsleiter Herrn Meier. Er ist da oder er ist nicht da. Und wo Herr Meier ist, kann nicht noch etwas sein, weil da ja schon Herr Meier ist. Neben Herrn Meier nehmen wir vielleicht noch einen Stuhl, einen Schrank, einen anderen Menschen, den Geschäftsführer Herrn Schmidt wahr und dazwischen – so glauben wir – ist Nichts. Diese materiellen Erscheinungen existieren nebeneinander, das heißt getrennt voneinander – ohne Verbindung, das ist unsere Überzeugung.

Wie können wir davon ausgehen, mit unserem »Apfelpflückgehirn« alles be-greifen zu können, fragt Professor Hans-Peter Dürr, Quantenphysiker und ehemaliger Direktor des Max-Planck-Instituts. Ist uns unser Gehirn, das die Mechanik unserer Hand steuert, doch in erster Linie zum Überleben gegeben worden: Ich greife nach dem Apfel und ich habe ihn oder ich habe ihn nicht.

Unser modernes Informationszeitalter mit seiner allgegenwärtigen digitalen Elektronik tut das seinige, um abermals die Rillen unserer binären Wahrnehmung zu vertiefen: ein System ist verfügbar oder nicht, der Computer führt meine Befehle aus oder er ist kaputt, eine Information ist abrufbar oder nicht. Unser gesamtes Geschäftsleben ist von einer materiell-binären Denkweise durchzogen: Herr Meier bekommt einen Firmenwagen oder keinen, wir ergreifen bestimmte Maßnahmen oder tun dies nicht, unser Unternehmen erhält den ersehnten Auftrag des Großkunden oder nicht, wir erreichen den geplanten Deckungsbeitrag oder nicht. Etwas ist also materiell sichtbar vorhanden oder nicht.

> Wir erleben und nehmen mehr wahr,
> als wir begreifen.
> Wir müssen es nur wahr-haben
> wollen!

Tatsächlich haben wir Quellen, die uns mehr erleben lassen, als wir be-greifen können. Selbst die Physiker, wie Professor Dürr, bekennen, dass sie darauf verzichten mussten, dass die Welt wissbar sei, die Natur also nicht allein durch Wissen erfahrbar ist. Bereits Heisenberg kam zu der Erkenntnis: Warum sollen wir der Welt unsere Ratio, unsere Gehirnstruktur aufoktroyieren, wenn wir die Welt mit ihr doch gar nicht erfassen können. Unser digitales Apfelpflückgehirn (»ich hab ihn oder ich hab ihn nicht«) reicht dazu nicht aus – denn die Natur hat eine viel allgemeinere Struktur.

Mehr und mehr erkennen wir, dass wir mit unserer digitalen, fragmentierten, materie-orientierten und rationalen Herangehensweise die Wirklichkeit als Ganzes nicht be-greifen und sie folglich auch nicht im Griff haben können. Diese Erkenntnis lässt uns in Zukunft hoffentlich auch etwas weniger überheblich werden. Wir benötigen also die Summe unserer Sinne, um der Wirklichkeit in Summe gewahr zu werden.

Dann erkennen wir, dass die Welt tatsächlich nicht aus getrennten, materiellen Gegenständen besteht. Vielmehr ist alles miteinander verbunden. Wir können uns die Welt wie einen großen Lichtball vorstellen, am Anfang ist nur Verbundenheit, die Welt ist ein Bündel von Verbindungen – das ist die tatsächliche Situation, in der wir uns befinden.

Und wir Menschen sind einzelne Lichtflecke im Lichtball »Welt« und dazwischen ist nicht Nichts, sondern das, was dazwischen ist, ist nur in seiner Erscheinung heruntergefahren. Das vermeintliche Nichts ist also gerade das Gegenteil von Leere: es ist ein Feld der Potenzialität (wie es die neue Physik nennt), ein Feld echter Kreativität, schöpferischer Kraft also, aus der Neues entstehen kann. Bevor sich eine Energie in Materie manifestiert, ist zunächst nur eine Potenzialität da.

Sobald wir unseren Blick für die Wirklichkeit als Ganzes öffnen, kommen wir auch in Kontakt mit der Potenzialität, die im Hintergrund da ist.[4] Potenzialität hat eine große Analogie zu dem, was wir das *Spirituelle*, das *Geistige* nennen. Beide haben noch keine Materie, sind lediglich eine Form. Durch unsere innere Allverbundenheit erfahren wir auch unsere äußere Allverbundenheit, unser Angebundensein an das, was im Hintergrund in der Wirklichkeit da ist, an die Potenzialität.

Dabei ist dies gar nicht so abstrakt, wie es zunächst klingen mag. Wir gehen ja tagtäglich um mit der Form, die keine Materie hat, lehrt uns Dürr. Nehmen wir zum Beispiel elektromagnetische Felder, die Ihnen das mobile Telefonieren mit Ihrem Geschäftspartner ermöglichen. Wenn Sie Ihren Geschäftspartner anrufen, machen Sie also in das Nichts eine Delle ... und Ihr Partner sagt: »Hier kommt mein Gespräch!« Tatsächlich haben wir aber die Vorstellung, da ginge ein Draht von einem zum anderen. Dabei ist zwischen den beiden Gesprächspartnern nicht Nichts, sondern, das, was da ist, ist lediglich in seiner Erscheinung heruntergefahren.

Was hat aber nun die Potenzialität mit dem Management der Zukunft zu tun?

Echte Kreativität bedeutet, dass aus dem »Nichts« (der Potenzialität) etwas hervorkommen kann, und etwas, das da ist, wieder in das Nichts hineingeht. Die Welt erschafft sich in jedem Augenblick neu (auf dem Hintergrund der Erfahrung, wie sie vorher war). Es ist also permanent eine Potenzialität vorhanden, die ent-deckt und genutzt werden will. Im Management der Zukunft geht es darum, dass wir uns mit dieser Potenzialität verbinden und sie in *sinn*volle Produkte übersetzen.

Das Wesen von Kreativität ist Im-Kontakt-Sein mit der Potenzialität, ist *freier Fluss* der »Wirks«! Ratio, Geist, Intuition, Herz und Bauch sind frei fließend im Austausch miteinander, ich lasse geschehen, ich empfange. Alle meine Sinneskanäle sind offen. Ich bin in Verbindung mit mir – meine Energiezentren sind frei, warm, durchblutet, nicht blockiert und pulsieren im gleichen Rhythmus. Sie schwingen mit der gleichen Frequenz wie die Potenzialität im Außen, kommunizieren mit ihr, sind im Austausch miteinander, konkurrieren nicht. Ich bin integriert. Ich bin *eins* mit mir und dem Kosmos.

Mozart, Einstein und all die anderen Wissenschaftler und Künstler, deren schöpferisches Werk wir als genial bezeichnen, beschreiben den Zustand der Kreativität als einen empfangenden: vom Himmel, vom Kosmos, von Gott.

Wir müssen also unsere Kanäle aufmachen, um in Kontakt mit der universellen Potenzialität zu sein. Gleichzeitig müssen wir unseren bisherigen Irr-Glauben ablegen, der uns sagt: Das, was wir kreativ schaffen wollen, muss schon irgendwie vorher da sein. Diese missverstandene Kreativität lässt Manager und Unternehmen in der Weiterentwicklung von vorhandenen Produkten verhaftet sein, aber tatsächlich nichts Neues erschaffen. Das sind die Einfallslosen, die sich selbst kopieren.

Wollen wir echte Kreativität praktizieren, brauchen wir *Vertrauen*. Vertrauen darin, dass aus dem »Nichts« etwas hervorkommen kann, das uns staunen macht. Vertrauen darin, dass aus dem Dialog zwischen der universellen Potenzialität und unserem eigenen Potenzial, unserer inneren schöpferischen Kraft, etwas Wunderbares entstehen wird, das wir heute noch nicht kennen. Echte Kreativität ist somit Persönlichkeits-, wirtschaftliche und Welt-Entwicklung zugleich.

In der Kreativität der Zukunft geht es
um Selbst-Vertrauen, um das Sich-Einlassen
auf uns selbst und auf das heute
noch nicht Sichtbare.

Wofür muss der Manager der Zukunft demnach sorgen?

➤ Er begleitet und sorgt für den Transformationsprozess in den Unternehmen: weg von der digitalen, einseitig materie-orientierten Denkweise hin zur Nutzung der universellen Potenzialität durch die schöpferische All-Intelligenz der Menschen!

➤ Er bringt individuelles Potenzial und universelle Potenzialität zusammen, bringt sie in Resonanz, sodass echte Kreativität entsteht.

➤ Er sorgt dafür, dass Kreativität als dauerhaftes Lebens- und Arbeitsgefühl in seinem Unternehmen etabliert ist.

In der Krise aus der Fülle schöpfen?

Meine These lautet: Die Integrierten werden die Schrumpfgestalten überholen! Der Manager der Zukunft ist ein Mensch, der mit beiden Beinen fest auf dem Boden steht und gleichzeitig eine gute Verbindung »nach oben« hat. Der also einen klaren Verstand *und* einen klaren Geist hat.

Treiben wir diese wirtschaftliche Misere, die ja eine Management-Misere ist, eine Misere des Geistes, weiterhin munter voran, so müssen wir uns nicht wundern, wenn wir unsere Volkswirtschaft gar in eine Deflation manövrieren. Dann würden sehr ungemütliche

Zeiten anbrechen: Zwischen sinkenden Preisen und steigenden Realzinsen zermalmt zu werden macht keinen Spaß. Nur wenige Unternehmen überleben solche, durch eine starke Gewinnkompression verursachten Krisen. Aber Unternehmen haben die Chance, es anders zu machen. Was jetzt erforderlich ist, ist die Erkenntnis, dass sie selbst für die aktuelle Lage verantwortlich sind.

Sie sind keine Opfer der Situation.
Sie schaffen sie vielmehr.

Der Turn-around ist aber nur dann möglich, wenn Unternehmen ihren *Spirit* der Angst, des Mangels, der Einschränkung verabschieden und sich bewusst für einen *Spirit* der Fülle, Kreativität und des Vertrauens entscheiden. Insbesondere jetzt, in der Krise, sollten wir uns erlauben, aus der Fülle zu schöpfen, das heißt unserer inneren, all-intelligenten Fülle und schöpferischen Kreativität auf der materiellen Ebene Ausdruck verleihen.

Nach den letzten großen Skandalen in der US-Wirtschaft (in Unternehmen wie Enron), müssen seit dem 15.6.2004 die Geschäftsführer US-amerikanischer Unternehmen ihre Bilanzen beeiden. Nach dem »Administration of Ode« sind damit unrichtige Aussagen in Bilanzen unter hohe Strafen gestellt; Geschäftsführer haften persönlich. Wirtschaftsprüfungsgesellschaften sind damit von der Gewähr für die Richtigkeit der angegebenen Ist-Zahlen entbunden. Dieses Gesetz soll eine höhere persönliche Integrität der Manager bewirken, dadurch dass diese nun persönlich haften. Wirtschaftsbetrug und Missmanagement, die bislang von den Managern als Kavaliersdelikte oder als sportlicher Erfolg gesehen wurden, werden nun öffentlich geächtet, die Persönlichkeit des Managers dadurch abgewertet. Wirtschaftsdelikte sind nicht länger etwas, das außerhalb der eigenen Person existiert, wie Schachfiguren, die auf einem Spielfeld taktisch hin und her geschoben werden. Nein, sie haben etwas mit dem eigenen Inneren zu tun, sind Ausdruck eines persönlichen Defizits. Wirtschaftsbetrug und Missmanagement sind nun in der Person des Geschäftsführers verankert. Aus Spaß wird Ernst.

Das Gesetz zeigt, dass wir Menschen eine größere Sehnsucht nach Ehrlichkeit haben. Aus Verzweiflung oder weil wir nichts anderes kennen, greifen wir zu herkömmlichen Mitteln, wie einem solchen Bestrafungsritual. Wir machen Druck, versuchen abzuschrecken und Angst auszulösen. Ich denke allerdings, dass es für die Selbstintegration und Integrität der Manager noch mehr bedarf als eines Gesetzes, das sie quasi aus Angst, erwischt zu werden und dann persönlich haftbar zu sein, dazu zwingt, etwas »ehrlicher« zu agieren. Angst ist kein guter bzw. ausreichender Motivator.

Nur ein tiefer, persönlicher Bewusstseinsprozess wird zu einer tatsächlich authentischen, persönlich gewollten, von innen motivierten Ehrlichkeit führen. Wenn alle Intelligenzen aktiviert sind, sind sie in einer geraden Linie im Körper übereinander angeordnet. Dann können sie frei miteinander kommunizieren. Erst dann kann die spirituelle Intelligenz dem »kriminellen« Spieltrieb ins Gewissen reden und ihr Einhalt gebieten, weil sie ganz andere, befriedigendere Motive für sich persönlich entdeckt hat.

Diese Selbstintegration durch die Aktivierung aller Intelligenzen richtet den Manager auf, bewirkt seine aufrechte Haltung, ist Ausdruck seiner inneren Aufrichtigkeit. Dem integrierten Manager stellt sich nicht mehr die Frage »Versuche ich diesmal zu tricksen oder nicht?« Die Antwort ist klar.

Was durch das oben genannte Gesetz von außen angestoßen wird, muss durch die innere Selbstintegration zusätzlich gefördert werden. Quasi ein Chakrenausgleich[5], eine Gleichberechtigung, Interaktivität, Kommunikation und Kommunion unserer Intelligenzen! Über diese innere Integration können wir die Integrität der Manager als Mensch erreichen.

Beispiele von Unternehmen,
die es anders machen

GLS-Bank

Wie man Umsatz und Gewinn macht, indem man *Sinn*-Dienstleistungen verkauft, beweist die Bochumer GLS Gemeinschaftsbank. Bilanzsumme in 2003: etwa eine halbe Milliarde Euro. Ein Zwerg im Vergleich zu den Großbanken, könnte man meinen, dafür aber umso erfolgreicher. Die Bank, die sich selbst als die »erfahrenste ethisch-ökologische Bank im deutschsprachigen Raum« bezeichnet, finanziert mit dem Geld ihrer Kunden nur das, was aus ihrer Sicht die Welt voranbringt, was von gesellschaftlichem Nutzen ist.

Geld kann nicht arbeiten, aber viel bewegen. Das ist die Philosophie der GLS-Bank. Gewinn machen Banker und Anleger vor allem in Form von Sinn. So vergibt die GLS-Bank häufig Kredite für Vorhaben, bei denen andere (große etablierte) Finanzinstitute längst abgewinkt hätten. Es scheint gerade das Problem der großen Unternehmen zu sein, dass deren Denkweise und Vorstellungskraft im tradierten, engmaschigen Fischernetz gefangen ist: »Ich bin Fischer und was ich mit meinem Netz nicht fangen kann, ist kein Fisch.« Sie können sich nicht vorstellen, dass es da draußen noch etwas anderes geben mag, und beharren von daher auf der Maschengröße ihres Netzes.

Ingeborg Diederich, Mitbegründerin der Bank, die immerhin hundert Mitarbeiter zählt, zum strategischen Management der Bank: »... wir haben immer an der Wahrnehmung der Wirklichkeit gearbeitet. Wir haben uns einfach gefragt: Was will die Wirklichkeit von uns? Die Wirklichkeit verlangte nach einer neuen Bank. Einer Bank, für die Geld keine Ware ist, die man kaufen und verkaufen kann, um noch mehr Geld zu machen. Stattdessen sollte sie mithilfe von Geld, das jemand gerade nicht braucht, Dinge ermöglichen, die die Welt weiterbringen. Der Gewinn: Sinn.«[6]

Natürlich sind die Darlehen nicht kostenlos. Um ein verlässliches Risikomanagement zu gewährleisten, haben die Mitarbeiter der Bank clevere Instrumente, wie die der Bürgschafts-, Leih- und Schenkungsgemeinschaften entwickelt. So können auch Projekte, die zwar viel Sinn, aber anfangs wenig Sicherheiten bieten können, finanziert werden. »Einfach machen« – im doppelten Sinne – scheint die Devise der Mitarbeiter zu sein.

»Bank ist eine Verhaltensweise«, so Albert Fink, Gründungsvorstand und heute Aufsichtsrat der Bank. Merken Sie etwas? Kann sich ein Unternehmen irgendwie verhalten? Nein, nur Lebewesen können sich verhalten. Interessant, wie nah eine geglückte Unternehmensentwicklung mit der (integren und integrierten) Persönlichkeit des Unternehmers verknüpft ist! Unternehmensentwicklung ist Persönlichkeitsentwicklung. Wir kommen nicht darum herum!

Hier nun ein weiteres Beispiel für wirtschaftlichen Erfolg, indem man sowohl im Management als auch in der Führung einen *Spirit* der Liebe zum Menschen und zum Kosmos praktiziert.

Staud-Konfitüren

Viele Manager würden sich vermutlich nicht als »spirituell« bezeichnen, sind es aber in diesem Sinne. Dazu möchte ich Ihnen eine Begegnung mit dem Konfitüren-Hersteller Herrn Staud aus Wien erzählen. Vor Jahren sah ich im Fernsehen einen Bericht über Herrn Staud und sein schon lange im Familienbesitz bestehendes Unternehmen. Seine Person und seine Art der Unternehmens- und Mitarbeiterführung beeindruckten mich – und ich sagte mir: Wenn ich einmal in Wien sein sollte, besuche ich diesen Mann! Jahre später nahm ich am Ersten Systemischen Weltkongress in Wien teil. Geladen waren namhafte Referenten aus aller Welt, allesamt Experten in der systemischen Organisationsberatung, der Systemtheorie und -therapie, Kybernetik und weiterer affiner Wissenschaften. In Vorbereitung auf den Kongress erstellte ich mir also meinen »persönlichen Stundenplan« aus Vorträgen und Workshops, an denen ich teilnehmen wollte. Und ein »Zeitfenster« hielt ich mir wohlweislich für einen besonderen Experten des Systemisch-Integrativen Managements frei, der nicht als »Experte« zum Kongress geladen war, den ich aber für einen Experten aus der Praxis hielt: Herrn Staud!

Von außen völlig unscheinbar, sehr klein und bescheiden wirkend, offenbarte sich mir vor Ort der besondere Geist, der hier im operativen Geschehen wirkt. Herr Staud lernte, schon seitdem er die Firmenleitung übernommen hatte, die Sprache der osteuropäischen Frauen, die er beschäftigte. Wenn das nicht eine Geste, ein Geist des »Auf-den-anderen-Zugehens«, echtes Interesse am anderen ist? Denken Sie nur zurück an den Personaldirektor L., der die »Oldtimer-Sprache« seines Chefs lernen wollte! Merken Sie den Unterschied? Hier geht der *Chef* in einer solch ehrlich interessierten Weise auf seine Mitarbeiterinnen zu! So etwas habe ich in meiner langjährigen Beratungstätigkeit noch in keinem anderen Unternehmen angetroffen.

Und noch ganz andere, pragmatische, scheinbar kleine, aber doch sehr große Gesten in Bezug auf die ihnen innewohnende Qualität von Liebe und Mitgefühl gehören ganz selbstverständlich zum Management-Alltag von Herrn Staud: Als vor Jahren die Arbeit mit weniger ausgefeilten Maschinen noch anstrengender war, kannte er den Monatszyklus von all seinen angestellten Frauen. Das war ihm bei der Aufgabendisposition einfach wichtig, um die Frauen, die ihre Periode hatten, durch die Zuordnung von leichteren Tätigkeiten für diese Tage zu schonen. Derlei Empfehlungen finden Sie in keinem Managementbuch. Es zeigt allerdings, wie einfach es ist, einen *Spirit* der Menschlichkeit zu praktizieren!

Wenn Sie jetzt glauben, dass das Unternehmen Staud ein kleiner Kramerladen sei, in dem es so sehr menschelt, dass für wirtschaftlichen Erfolg kein Platz mehr bleibt, dann haben Sie sich gründlich getäuscht: Herrn Stauds Waren sind als High-end-Produkte positioniert, die sich einer regen internationalen Nachfrage erfreuen.

Herr Staud ist mit ganzem Herzen dabei. Und diese Energie, diesen Geist spürt man – in der Produktion, in der Umwelt- und Ressourcenschonung und vor allen Dingen in der Führung. Diese Herzensenergie, dieser *Spirit* der Achtung und liebevollen Begegnung mit den Menschen und der Schöpfung, ist es, der sich schließlich im wirtschaftlichen Geschäftserfolg manifestiert.

Humane Medizin

Liebevolle Medizin ist keine Utopie!

Dietrich Grönemeyer

Professor Dietrich Grönemeyer, Gründer und Leiter verschiedener Forschungs- und Mikrotherapiezentren sowie Medizintechnikunternehmen, setzt *Spirit in Business* bereits um: Offensichtlich bedient er sich all seiner Intelligenzen und lässt sich von einem *Spirit* der Menschenorientierung, der Herzensenergie leiten.

Seine Vision ist es, eine liebevolle Medizin zu praktizieren, um Körper, Geist und Seele der Menschen zu heilen. Dabei sieht er den Menschen in Verbindung mit dem Kosmos, mit allen Wesen, mit der gesamten Schöpfung. In seiner ärztlichen Praxis lässt er Raum für Qualitäten wie Trost, Nähe, Mitgefühl und Liebe für den Menschen.

Grönemeyer erwähnt in seinem Buch *Mensch bleiben*, wie ein Arzt (in einem Roman von Tolstoi) seinen Patienten küsst, als dieser nach einer Operation wieder aufwacht. Und Sabrina Fox berichtet, dass sie vor einer ihr bevorstehenden Operation den Arzt bat, mit ihr gemeinsam zu beten, um den Segen Gottes und das Gelingen der Operation zu bitten.[7] Grönemeyer selbst nimmt seine Patienten in den Arm, spricht sie mit allen Sinnen an. Diese Beispiele wollen zeigen, wie leicht Ärzte sehr viel mehr Menschlichkeit in ihre herkömmliche Dienstleistung integrieren können.

Grönemeyer bringt in seinem integrativen Management vermeintlich unvereinbare Disziplinen einfach zusammen: Hightechmedizin mit Liebe, Spiritualität bzw. Religiösität mit Arztsein. In seinem Institut rückt er den Menschen und einen Geist der Liebe in den Mittelpunkt. Dazu muss er nicht das Gesundheitssystem um Erlaubnis fragen. Einen Geist der Liebe zu praktizieren ist möglich – obwohl ein völlig absurdes System im Hintergrund existiert. Er lässt die Ausrede der Nicht-Handelnden, das System mache sie handlungsunfähig, nicht gelten.

Spirit in Business ist zunächst eine höchst individuelle Angelegenheit.

Wenn wir eine andere Welt haben wollen, hilft nichts anderes als zu handeln! Nach dem Grund für seine Tatkraft befragt, antwortete Grönemeyer kürzlich in einer Talkshow: Er stamme aus dem Ruhrpott, da packe man einfach an, und im Übrigen würde er es mit Jürgen von Manger alias Tegtmeier halten: »Bleiben Se Mensch!«

So einfach ist *Spirit in Business*: einfach beherzt zupacken!

Die drei Spirit-Dimensionen

Strategische Planung
der Zukunft

Die Strategische Lücke der Zukunft
ist eine spirituelle Lücke!

Wenn sich die Manager eines Unternehmens zukünftig zur Strategieplanung zusammensetzen, dann werden sie ihr Portfolio nach anderen Kriterien als den bisherigen bewerten. Ihr bestehendes bzw. geplantes Leistungsangebot anhand von differenzierten Kriterien der Marktattraktivität sowie der relativen Wettbewerbsvorteile zu beurteilen wird weder von substanzieller Erkenntnis noch von nachhaltigem Erfolg für das Unternehmen gekrönt sein. Die strategische Lücke durch eine rein rationale Analyse ausfindig machen zu wollen wird scheitern, denn: Die strategische Lücke der Zukunft ist eine spirituelle Lücke. Von daher ist es in Zukunft die Aufgabe des strategischen Managements, die spirituelle Lücke ausfindig zu machen. Sie kann in drei *Spirit*-Dimensionen gefunden werden.

Den Unternehmen stehen drei strategische Entwicklungspfade zur Verfügung, um den *Sinn*-Gehalt dessen, was sie unternehmen, zu erhöhen:
➤ der *Spirit*-Anteil im Produkt,
➤ der *Spirit*-Anteil in der Herstellung sowie
➤ der *Spirit*-Anteil im Produkt-Kokon.

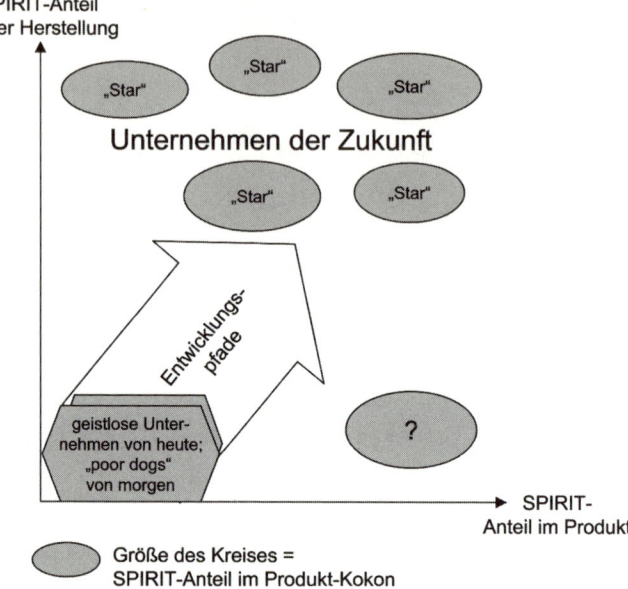

Die drei SPIRIT-Dimensionen im SINN-Portfolio

SPIRIT-Anteil in der Herstellung

„Star"

„Star"

„Star"

Unternehmen der Zukunft

„Star"

„Star"

Entwicklungs-pfade

geistlose Unter-nehmen von heute; „poor dogs" von morgen

?

SPIRIT-Anteil im Produkt

Größe des Kreises = SPIRIT-Anteil im Produkt-Kokon

Diese strategische Drei-Dimensionalität verrät auch: Erfolgreich werden in Zukunft jene Unternehmen sein, die einen *Spirit* prakti-zieren, der

➤ *sowohl* die Kunden,
➤ *als auch* die Mitarbeiter
➤ *und* die Gesellschaft fasziniert.

Das Werkzeug der Strategischen Planung der Zukunft ist also das *Sinn*-Portfolio mit seinen drei *Spirit*-Dimensionen. Was bedeuten diese nun?

Spirit-Anteil im Produkt	produktimmanente Sinn-/Menschenorientierung: ➤ Liebe für den Menschen, für das Leben, für den Kosmos, die sich durch das Produkt ausdrückt.
Spirit-Anteil in der Herstellung	unternehmensinterne Sinn-/Menschenorientierung ➤ Liebe für den Menschen, für den Kosmos, die sich im Management, in der Führung, in der Teamarbeit, im Produktionsprozess ausdrückt sowie ➤ durch Integration der Weisheit der Welt bzw. Integration der Gesellschaft selbst in ihre Produktentwicklung und/oder in ihre Produktion (society management)
Spirit-Anteil im Produkt-Kokon	produkt-ergänzende Sinn- und Menschenorientierung ➤ Liebe für die Gesellschaft und den Kosmos, die sich im Engagement der Manager und Mitarbeiter in gesellschaftlich *sinn*-stiftenden Projekten ausdrückt (universal citizenship)

Der *Spirit*-Anteil im Produkt

Ein hoher *Spirit*-Anteil im Produkt meint, dass das Produkt bzw. die Dienstleistung selbst von hoher Sinn- bzw. Menschenorientierung gekennzeichnet ist. Dies sind zum Beispiel Ärzte, die den ganzen Menschen betrachten (u.a. anthroposophische Ärzte, die das Krankmachende in Körper, Geist und Seele erkennen und Heilung auf allen Ebenen mit dem Patienten erarbeiten). Banken, die gesellschaftlich *Sinn* stiftende Projekte finanzieren, gehören ebenfalls dazu. Weitere Beispiele für Produkte bzw. Dienstleistungen mit hohem *Spirit*-Anteil sind: Baustoffe und Lebensmittel, die der körperlichen Gesunderhaltung des Menschen dienen, Kultur-Dienstleistungen, die den Menschen emotional und geistig nähren, alle Sinne energetisierende Schwimmbäder, Produkte und Dienstleistungen, die die

Selbstintegration des Menschen fördern, Chi-Maschinen, die den Körper mit achtförmigen Schwingungen durchfluten, um alle Energie- und Intelligenzzentren zu aktivieren etc. Aber auch schöne Kleidung, Luxusgegenstände (wie schöne Uhren, Autos etc.) oder Sozialarbeiter, die sich für ihre Klientel engagieren, zählen dazu – sämtliche Produkte also, die per se eine hohe Wertschätzung des Lebens ausdrücken.

Der *Spirit*-Anteil in der Herstellung

Ein hoher *Spirit*-Anteil in der Herstellung bedeutet, dass alles, was im Unternehmen passiert (das Management, die Führung, die Teamarbeit sowie der gesamte Produktionsprozess),von hoher Sinn- und Menschenorientierung geprägt ist. Somit umfasst der *Spirit*-Anteil in der Herstellung sowohl das Unternehmens- als auch das Selbstmanagement. Wann würden wir nun den *Spirit*-Anteil in der Herstellung als hoch bezeichnen? Dann

➤ wenn die Führungskräfte sich und den Mitarbeitern ein für sie stimmiges Repertoire an integrativen Selbstmanagement-Tools zur Verfügung stellen (SAP geht in die Richtung, wenn sie Entspannungsräume mit klassischer Musik und Relaxliegen für ihre Mitarbeiter einrichten),

➤ wenn die Nutzung aller Intelligenzen nicht nur möglich ist, sondern auch gewünscht und aktiv unterstützt wird (das können Sie beispielsweise dadurch tun, dass Sie und Ihre Mitarbeiter lernen, wie Sie den körperlichen Sitz all Ihrer energetischen Intelligenzzentren aktivieren, de-blockieren und in Kommunikation bringen),

➤ wenn für ein hohes energetisches Niveau im Produktionsprozess gesorgt und auch spirituelle und energetische Prinzipien im operativen Geschehen bewusst berücksichtigt werden (wie in der Werbeagentur Rittweger & Team aus Suhl, die das Energieniveau ihres gesamten Unternehmens u.a. durch die Anwendung von Feng-Shui-Kriterien gesteigert und damit die Basisumgebung für ein all-intelligentes, kreatives, inspirierendes und gesundes Arbeiten gelegt haben),

➤ wenn Sie sich und den Mitarbeitern mit Liebe begegnen,

➤ wenn das Management von einer Herzensenergie durchwoben ist (wie das Management von Herrn Staud, dem vorher genannten Hersteller erstklassiger Konfitüren),

➤ wenn der Rahmen und die Abläufe der Arbeit tatsächlich am Menschen (Mitarbeiter) orientiert sind, wenn östliche *und* westliche Weisheit, die Weisheit der Welt in den Arbeitsprozessen und Arbeitsbedingungen zum Tragen kommen,

➤ wenn das Management integrativ ausgerichtet ist, also in der Produktentwicklung, bei Entscheidungsprozessen, in der Unternehmenssteuerung Menschenliebe und Liebe für den Kosmos praktiziert wird,

➤ wenn die Träume der Gesellschaft in die Produktentwicklung einfließen,

➤ wenn Menschen, die am Rande der Gesellschaft stehen, in den Unternehmen herzlich willkommen sind und deren Weisheit und Kompetenz in der Produktion genutzt wird

➤ Dann also, wenn keine eitle Selbstvergottung im Management herrscht, absurder Hamsterrad-Aktionismus keine Chance hat und der homo oeconomicus sich von der Schrumpfgestalt immer mehr zum ganzen Menschen im Unternehmen entwickelt.

Der *Spirit*-Anteil im Produkt-Kokon

Wenn der *Spirit*-Anteil im Produkt gering ist wie bei einer Schraube, (der ein rein funktionaler Sinn innewohnt), dann gibt es neben dem *Spirit* in der Herstellung immer noch vielzählige weitere Möglichkeiten, um mit genau diesem Produkt spirituellen Sinn zu stiften.

207

Mit einem *Spirit*-Kokon, den man quasi um den eigentlichen Produktkern oder auch um das Unternehmen herumspinnt, gibt man dem Begriff »Cocooning«, den die Trendforscherin Faith Popcorn in den 90er-Jahren prägte, eine ganz neue Bedeutung.

Der *Spirit*-Anteil im Produkt-Kokon kann sich auf zweierlei Weise manifestieren:

***Spirit*-Anteil im Produkt-Aside**	➤ Manager und Mitarbeiter engagieren sich in regionalen oder internationalen Universal Citizenship-Projekten und betreiben dafür produktunabhängiges Fund Raising (das Unternehmen legt zum Beispiel einen Fonds auf oder finanziert das Projekt aus eigenen Mitteln, aus Mitteln der Beteiligten bzw. aus Spenden).
Spirit-Anteil im Produkt-Add-on	➤ Ein bestimmter Anteil des erlösten Produktpreises ist für ein gesellschaftliches bzw. universales Engagement reserviert.

Die *Sinn* stiftenden Möglichkeiten im Produkt-Kokon auszuschöpfen ist natürlich nicht nur den »Schraubenherstellern«, also den Unternehmen mit stark funktional ausgerichteten Produkten, vorbehalten – sie stehen vielmehr jedem Unternehmen offen!

Die Firma Krombacher zeigte im Jahr 2003, wie man mit einem Produkt-Add-on Ehrfurcht vor dem Leben ausdrücken kann: Krombacher Bier unterstützte mit einem Teil des pro Flasche Bier erlösten Umsatzes ein Projekt zum Schutz des Regenwaldes. Dadurch konnten 29 Millionen Quadratmeter Regenwald dauerhaft geschützt werden.

Beispiel für regional praktiziertes
Universal Citizenship

Das Projekt »SeitenWechsel – Lernen in anderen Arbeitswelten« ist ein Programm, an dem Führungskräfte der Beiersdorf AG teilnehmen können. Manager verlassen eine Woche lang ihren Arbeitsplatz, zum Beispiel um Drogenabhängige in Entzugskliniken zu betreuen oder Obdachlosen bei der Wohnungssuche zu helfen. Wozu das Ganze? Was will Beiersdorf damit erreichen? Ziel von »SeitenWechsel« ist es, Menschen aus unterschiedlichen Arbeitswelten zusammenzubringen, Raum für Begegnung und Verständigung zu schaffen und zugleich die Auseinandersetzung mit sozialen und gesellschaftlichen Fragen zu fördern. Dabei steht den Teilnehmern ein breites Spektrum an sozialen Institutionen zur Auswahl: u.a. Sucht- und Drogenhilfe, Wohnungslosenhilfe, Behindertenbetreuung, Flüchtlingshilfe, Hospiz, Psychiatrie, Kinder- und Jugendhilfe sowie Strafvollzug.

Wenn man hört, wie die wichtigsten Erfahrungen der Manager lauten, dann entsteht der Eindruck, dass weit mehr als das ursprüngliche Ziel erreicht wurde:

➤ »... dass ich in dem von Effizienzen und Leistungsgedanken geprägten Alltag nicht den Blick für die häufig schweren Einzelschicksale und sozialen Konflikte in unserer Umgebung verlieren darf. Schon wie selbstverständlich empfundene eigene Anspruchshaltungen verschieben sich sehr rasch angesichts der manchmal elenden Lebensumstände dieser Menschen.«

➤ »Ich landete in einer Welt, in der ganz andere Zustände und Rhythmen herrschen. Es kommt zu einer Wiederentdeckung der Langsamkeit, die in der Sozialarbeit angemessen und notwendig ist, um sich den Menschen, die in einer schwierigen Situation sind, anzunähern und gemeinsam Ziele zu finden.«

➤ »Dass zu einem abgerundeten Leben nicht nur ein erfüllter Job und ein ausgeglichenes Privatleben gehören, sondern auch der Dienst an der Gesellschaft, ist mir in der einen Woche wieder bewusst geworden. Und leider kommt Letzteres oft zu kurz.«

➤ »Am meisten beeindruckt hat mich die Offenheit, mit der mir fast alle Betroffenen begegneten.« Und die Erkenntnis, »... dass ein sozialer Abstieg gegebenenfalls bis hin zur Obdachlosigkeit eigentlich jeden treffen kann.« (Wie wichtig es ist), »im privaten und beruflichen Umgang mit anderen Menschen die Sensibilität für persönliche Probleme zu bewahren, um frühzeitig Unterstützung anbieten zu können.«

➤ »... eine in solcher Intensität vorher noch nie gemachte Erfahrung, die zu deutlich veränderten Blickwinkeln sowohl im privaten als auch im beruflichen Alltag führte.«

➤ »Eine unglaubliche persönliche Bereicherung, die ich auf keinen Fall missen möchte.«

Obwohl die Beiersdorf-Manager ihr soziales Engagement quasi in isolierter Form betreiben – sie wechseln für eine Woche die »Seite«, um danach wieder auf ihre angestammte Seite, ihren Arbeitsplatz zurückzukehren –, so legen die gewonnenen Erkenntnisse doch nahe, dass es sich nicht mehr um ausschließlich getrennte Welten handelt.[9] Schließlich nehmen die Manager eine Veränderung in ihr privates und berufliches Leben mit.

Vielleicht sind Projekte wie der »SeitenWechsel« bei Beiersdorf erste Annäherungen an ein Bewusstsein, dass es da draußen noch etwas anderes gibt, dass der »Mensch« eigentlich mit ganz anderen Attributen zu beschreiben ist als mit Effizienz, Produktivität, Fehlzeiten, Überstundenkonto, gemachtem Umsatz, erreichter Deckungsbeitrag. Vielleicht sind solche Projekte erste Annäherungen an Integratives Management – ein Management, in dem sich das Verständnis unseres Unternehmensauftrages grundsätzlich wandeln wird – dahingehend, dass wir unseren unternehmerischen Auftrag ganz selbstverständlich immer mehr als einen gesellschaftlichen Áuftrag verstehen werden. Jedenfalls sollten wir nicht bei diesen ersten Schritten stecken bleiben, um nicht in die Versuchung zu geraten, mit derzeit sozial benachteiligten Menschen ein gönnerhaftes Spiel zu treiben. Also statt Sex-Tourismus nun Sozialtourismus, ohne wirkliches Interesse an den Menschen. Das wäre der Fall, wenn wir Menschen am Rande der Gesellschaft aus rein narzisstischer Eitelkeit dazu benutzten, um unser persönliches ethisches Konto aufzufüllen.

Wir sollten weitergehen und mutig den Integrationsgrad erhöhen, um wirklich die *eine* Welt zu schaffen, in der soziales Elend, so wie wir es heute kennen, gar nicht mehr existiert. Denn wenn wir nur hin und wieder Ausflüge in soziale Brennpunkte machen, würden wir damit die zwei getrennten Welten nur noch mehr manifestieren und wären am Ende vielleicht sogar enttäuscht, wenn es die »andere« Welt, die Welt der sozialen Verlierer, gar nicht mehr gäbe – denn dann könnten wir ja keine Ausflüge mehr machen und uns danach nicht »besser« fühlen.

Ich möchte Ihnen noch ein Beispiel eines hohen Spirit-Anteils in der Herstellung schildern, dessen gesellschaftlicher Integrationsgrad mich sehr beeindruckt. In der Zeitschrift *Chrismon*[10] las ich den Bericht über Linda Biehl, eine amerikanische Frau Anfang sechzig, deren Tochter Amy Biehl in Südafrika Politologie studierte. Die Tochter war ein sehr aufgeschlossener und lebensfroher Mensch. Ihr persönliches Anliegen war es, sich gegen die Rassentrennung in Südafrika zu engagieren. Tragischerweise wurde gerade sie Opfer einer grausamen, rassistischen Gewalttat. Eines Nachmittags wurde sie von einer Horde schwarzer Jugendlicher an einer Kreuzung aus ihrem Auto gescheucht, gesteinigt und erstochen. »Als sie am 23. August 1993 vor einer Tankstelle im Township Guguletu verblutete, war sie 26 Jahre alt, Nelson Mandela war bereits aus seiner Zelle befreit und das System der Rassentrennung am Ende. Theoretisch.« Ihre in Kalifornien lebende Mutter entschied sich nicht dafür, fortan alle Schwarzen oder zumindest die Mörder ihrer Tochter zu hassen. Zusammen mit ihrem Mann gründete sie eine Stiftung für Kinder und arbeitslose Jugendliche in Südafrika. Mit ihren Hilfsprogrammen erreichen sie heute 10 000 junge Menschen täglich, mit Vorlesestunden in den Schulen, Erste-Hilfe-Kursen in den Gefängnissen und Firmen sowie mit einer Bäckerei, die 90 Mitarbeiter beschäftigt und 5000 Laibe »Amy's Brot« pro Tag ausliefert. »Gewalt zu verhindern, Jugendlichen eine Perspektive zu eröffnen ist das Ziel. Das Hilfswerk hat heute 177 Mitarbeiter und viele prominente Fürsprecher.«

Die Krönung der Integration ist jedoch, dass Linda und Peter Biehl die Mörder ihrer Tochter als Angestellte in ihrem Unternehmen einstellten. Die beiden jungen Männer wurden nach dem Lynchmord zu 18 Jahren Haft verurteilt und nach viereinhalb Jahren amnestiert. Mutter und Mörder verbringen täglich Zeit zusammen. »Dass Linda und Peter Biehl den Mördern ihrer Tochter ein Gehalt zahlen – diese Version der Versöhnung lässt selbst absolutionserprobte Südafrikaner nach Worten suchen. ›Das Außergewöhnliche ist, dass sie den Killern ihrer Tochter nicht nur vergeben haben, sondern sie auch rehabilitieren‹, sagt Nobelpreisträger Bischof Tutu.«

Linda Biehl ist überzeugt, dass das, was sie mit den Unternehmen ihrer Stiftung tut, dem offenen, integrativen Geist ihrer Tochter entsprochen hätte. Sie weiß auch, dass es nicht ihre Lernaufgabe sein kann, im Hass stecken zu bleiben, sondern aus dieser zunächst schrecklichen Situation heraus noch eine tatsächlich bessere, *sinnvollere* Welt zu schaffen, in der Qualitäten wie Versöhnung, Verstehen, Integration eine zweite Chance und Gerechtigkeit Platz haben. Und das in Südafrika, dem wohl einzigen Land der Welt, das Versöhnung als Grundsatz in seine Verfassung aufgenommen hat. Bischof Tutu weiß, dass Vergebung nicht nur altruistisch ist, sondern auch im Eigeninteresse liegt. »Durch Vergebung höre das Opfer auf, Opfer zu sein. Weil es sich wieder zum Handelnden macht.«

Dieses Beispiel erinnert an eine ähnlich lautende Forderung von Niklaus Brantschen: Ihr Geist, den Sie in Ihrem Management und Ihren Produkten zum Ausdruck bringen, Ihr *Spirit* in Ihrem Business, muss es mit dem Tod aufnehmen können!

Diskrepanzen in den Spirit-Dimensionen

Was ist mit Unternehmen, die einen hohen *Spirit*-Anteil im Produkt haben, deren *Spirit*-Anteil in der Herstellung jedoch sehr gering ist?[11] Kann es solche Unternehmen überhaupt geben? Ja, meines Erachtens gibt es heute bereits einige solcher Unternehmen. Einer meiner Freunde, dessen Arbeitgeber zehn Jahre lang eine Kirche in Deutschland war, erlebte Hierarchien und Mobbing nirgendwo so stark ausgeprägt wie in dieser Kirche und ihren Unternehmen. Obwohl deren Produkt einen sehr hohen spirituellen Anteil, also eine sehr hohe Sinn- und Menschenorientierung aufwies, ließ diese in der Herstellung, also im Management und der kirchlich-internen Führung stark zu wünschen übrig.

Langfristig wird diese Diskrepanz jedoch nicht von Erfolg gekrönt sein. Jedem Unternehmen, das eine solche Diskrepanz zwischen intern gelebter Spiritualität und produktimmanenter bzw. produktergänzender Spiritualität aufweist, wird dies zukünftig zum Wettbewerbsnachteil gereichen. Wird die intern gelebte Spiritualität vernachlässigt oder ist sie nicht authentisch, sondern lediglich Fassade, weil die kühne Ratio ihren Managern einen schnellen Erfolg durch einen hohen Spirit-Anteil im Produkt verheißt, dann wird diesen Unternehmen langfristig kein Erfolg beschert sein.[12]

Die »stars« und die »poor dogs« von morgen

Die »Stars« von morgen – das sind jene Unternehmen, die sich in zwei bzw. drei *Spirit*-Dimensionen bewusst und mutig weiterentwickeln. Das, was sie unternehmen, hat eine besondere Leuchtkraft, eine besondere Attraktivität für Menschen, ihr Erfolg ist von einer enormen Stärke und Stabilität. Sie sind die »Stars« von morgen.

Die »poor dogs«, die Verlierer von morgen, werden jene Unternehmen sein, die jegliche der drei *Spirit*-Dimensionen ablehnen oder sich nur halbherzig auf sie einlassen. Sie werden das Nachsehen haben an wirtschaftlichem Erfolg und Attraktivität als Arbeitgeber einbüßen, während andere mit unangeahnter Stärke an ihnen vorbeiziehen.

Jetzt werden Sie vielleicht einwenden: »Ja, aber wir werden doch nicht alle bisherigen Produkte einstampfen, um nur noch neue Pro-

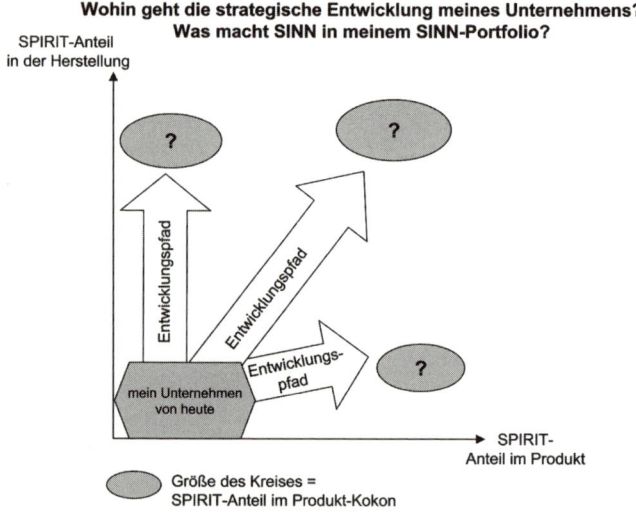

214

dukte mit einem hohen *Spirit*-Anteil zu erfinden. Und wir werden doch nicht alle bestehenden Produkte von nun an mit diesem Raster bewerten können. Was ist denn zum Beispiel mit ganz normalen Herstellern von Babynahrung oder kosmetischen Pflegemitteln? Lassen sich die in dieses Schema pressen? Wenn ja, wo gehören sie hin? Ist Zahnpasta spiritueller als Babybrei? Ist Handcreme sinn- und menschenorientierter als Spinat?«

Natürlich sind all die aufgezählten Konsumgüter sinn- und menschenorientiert, dienen sie doch der Pflege oder der Ernährung und damit in beiden Fällen der Wertschätzung der menschlichen Existenz. Allerdings geht es nicht darum, Äpfel mit Birnen zu vergleichen und über deren exakte Position auf der x-Achse zu streiten. Es geht nicht mehr um die Stelle hinter dem Komma. Vielmehr steht ein Abschied vom Controllingwahn an. Nicht die kleinsten Trennstriche auf einer Portfolio-Skalierung sind in Zukunft von Interesse. Von einem *Spirit* der Angst und des kleingeistigen Vergleichs ließen wir uns lange genug zu einem absurden, detailorientierten Controlling hinreißen. Diesen Geist gilt es zu verabschieden, um Platz zu machen für einen Geist der großen Zusammenhänge. Im strategischen Management stellen wir uns in Zukunft die zentralen Fragen:

➤ Was können wir *noch* tun, um auf diesen Achsen, in den drei Sinn-Dimensionen *zu wachsen*?

➤ Wodurch können wir uns persönlich und unsere Produkte sinn- und menschenorientiert weiterentwickeln?

➤ Woran würde die Gesellschaft, der Kunde, würden wir als Team, würde ich als Führungskraft bzw. Mitarbeiter erkennen, dass unsere *Spirit*-Anteile gewachsen sind?

➤ Welcher Geist würde unseren Produkten, unserer Team- und Führungskultur eine noch größere Ehrfurcht vor dem Leben, noch mehr *Sinn* verleihen?

➤ Welcher *Spirit* würde uns, unsere Kunden und unsere Gesellschaft noch stärker faszinieren?

Ein Spinat-Hersteller könnte sich beispielsweise folgende, konkrete Fragen stellen:

Spirit-Anteil im Produkt (Dimension auf der x-Achse):

➤ Welchen Geist transportieren wir in unserem Produkt? Von welchem Geist ist unser Management durchdrungen? Wie wird er spürbar im Produkt?

➤ Liefere ich ein Produkt aus, das den Menschen den höchstmöglichen Nutzen für seine Ernährung, seine Gesundheit bietet? Wie kann ich die Qualität des Spinats steigern, indem ich naturnaher anbaue, energetische Prinzipien im Anbau berücksichtige ...?

Spirit-Anteil in der Herstellung (y-Achse):

➤ Baue ich den Spinat so an, dass es den Menschen, dass es dem Kosmos gut tut? Wie ressourcenschonend ist meine Produktion? Wie hoch ist das energetische Niveau in unserem Produktionsprozess?

➤ Wie ist es um die Sinn- und Menschenorientierung in der Führung, in den Teams, im Management bestellt? Getrauen wir Manager uns, unsere Intuition in Entscheidungen mit einzubeziehen? Wie ist es um unsere Menschen-Liebe bestellt? Wie äußert sie sich in Bezug auf unsere Kunden? Wie drücken wir sie im Umgang mit unseren Mitarbeitern aus? Wie in unserem Führungszirkel?

➤ Wie schätzen wir unsere Kreativität ein? Wie zufrieden sind wir damit? Setzen wir wirklich Produkte in die Welt, die eine neue Lebensqualität bewirken? Lassen wir uns von der Kreativität des Universums durchströmen? Inwiefern nutzen wir die unendliche Potenzialität des Kosmos? Kennen wir die Sehnsüchte und Träume unserer Kunden? Wann haben wir sie zum letzten Mal danach gefragt?

➤ Inwieweit betrachten wir unsere Intelligenzen als integriert, als aktiv? Wie gut unterstützen wir die Aktivierung der Energiezentren, der Intelligenzen, der Heilung von Managern und Mitarbeitern?

➤ Wie sehr erkennen wir die Polaritäten des menschlichen Lebens an? Wie sehr reflektieren wir über Ohnmacht und Macht, Scheitern und Erfolg ...? Wie sehr erlauben wir uns eine gute Balance von Muße und Aktion, von Sein und Tun ...?

Spirit-Anteil im Produkt-Kokon (Größe der Produkt- bzw. Unternehmens-Kreise):

➤ Von welchem Geist ist unsere Beziehung zu unseren Lieferanten, zu unserem gesellschaftlichen und regionalen Umfeld geprägt? Was gibt es hier zu tun? Was würde unsere Lieferanten, die Gesellschaft, unser Umfeld faszinieren? Woran mangelt es vor unserer Haustüre? Wie können wir in unserem regionalen oder überregionalen Umfeld *Sinn* stiften, einen Beitrag zu einer traumhaften Welt leisten?

➤ Wie stark integrieren wir die Gesellschaft, die Weisheit der Welt in unsere Produktentwicklung, in unsere Produktion?

Sie sehen: Selbst ein wenig komplexes, herkömmliches Produkt birgt mehrdimensionale strategische Entwicklungsmöglichkeiten.
Die genannten Fragen lassen sich natürlich auf jedes andere Produkt bzw. jede andere Dienstleistung übertragen.

Der Sinn-Anteil: Branchen mit und ohne Spirit

Die Entwicklung der drei *Spirit*-Dimensionen
wird zur strategisch wichtigsten
Management-Aufgabe.

Der *Spirit* des Unternehmens wird eine zunehmend bedeutende Rolle in der Kaufentscheidung der Kunden spielen, im gleichen Maße wie die Sehnsucht der Menschen nach *Sinn* immer stärker wird. Die Beachtung und strategische Entwicklung der drei *Spirit*-Dimensionen wird somit zu einer äußerst wichtigen, strategischen Management-Aufgabe.

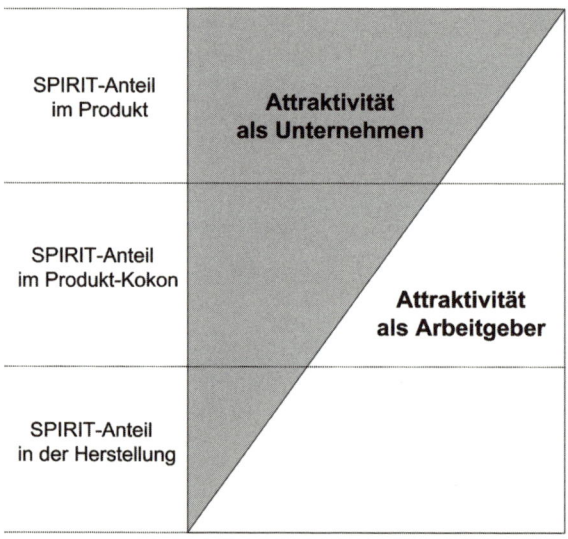

Strategisches SPIRIT- Management

218

Mit dem »strategischen *Spirit*-Management« steuert das Unternehmen nicht nur seine Attraktivität für die Kaufentscheidung durch den potenziellen Kunden, es entwickelt damit gleichzeitig seine Attraktivität als Arbeitgeber. Die Gewinnung bzw. Bindung von Kunden und Mitarbeitern durch einen Sinn, der Menschen fasziniert, wird im strategischen *Spirit*-Management gleichwertig behandelt. Die bislang trennende Denkweise in »Kunde« und »Mitarbeiter« weicht auf und wird abgelöst durch eine Denkweise in »Menschen«.

Der *Sinn* stiftende *Spirit* wird zum Kommunikationsgegenstand des Marketings. Es muss kommuniziert werden, wodurch er das Unternehmen als Produktanbieter und als Arbeitgeber attraktiv macht. Die drei *Spirit*-Dimensionen werden somit zum Marketing-Gegenstand der Zukunft.

	Spirit-Anteil in der Herstellung	*Spirit*-Anteil im Produkt-Kokon	*Spirit*-Anteil im Produkt
Industrie			
➤ Investitionsgüter	X	X	(x)
➤ Gebrauchsgüter	X	X	(x)
➤ Konsumgüter	X	X	X
Dienstleistung	X	X	X
Landwirtschaft	X	X	X

Grundsätzlich stehen allen Wirtschaftssektoren und Branchen alle drei *Spirit*-Dimensionen zur Verfügung. Wenn Ihr Unternehmen Investitionsgüter für die Rüstungsindustrie herstellt, können Sie damit sicher keinen Sinn für den Menschen und den Kosmos stiften. Dann kann es sehr viel weiser sein, diese Sparte zu schließen, um Ihre Energie und die Ihrer Mitarbeiter für die Herstellung *sinn*vollerer Produkte einzusetzen. Vielleicht bieten Sie in Zukunft ja eine Frieden stiftende Dienstleistung wie »Konflikt-Mediation« an. Sie überholen sich quasi selbst, indem Sie sozusagen ein Substitutionsprodukt zu Ihrem ursprünglichen Produkt anbieten.

Selbst der Investitions- und
Gebrauchsgüterindustrie
stehen mindestens zwei *Spirit*-
Dimensionen zur Verfügung.

Wenn die Leitfrage immer wieder ist: »*Was* tut den Menschen, *was* tut der Gesellschaft, *was* tut dem Kosmos gut?«, ergeben sich eine Vielzahl von Möglichkeiten, um das Leben in dieser Welt sinnvoller zu gestalten – auch für einen Schraubenlieferanten, der vielleicht nicht den höchsten Spirit-Anteil in seinem Produkt entdecken wird.

Er kann wie der Sportbekleidungshersteller Trigema eine Stiftung für die eigenen Mitarbeiter gründen, die in Schwierigkeiten sind; er kann Hilfsprojekte in der unmittelbaren Region des Unternehmens, in der Dritten Welt etc. durchführen (beides würde den Spirit-Anteil im Produkt-Kokon des Schraubenherstellers erhöhen). Die Hilfsprojekte könnten von den Mitarbeitern, von Anwohnern aus dem Umfeld, von Rentnern, Arbeitslosen, Berufstätigen, Kindern, Jugendlichen, Künstlern, Politikern ... integrativ bewerkstelligt werden. Er kann durch einen Preisaufschlag, der gegenüber den Kunden entsprechend begründet wird, mit dem Erlös jeder verkauften Schraube die Operation von krebskranken Kindern auf den Philippinen unterstützen und und und ... (wiederum ein erhöhter Spirit-Anteil im Produkt-Kokon). Aus diesen Projekten ergeben sich neue Möglichkeiten, Vernetzungen, Ideen ... Dinge, die man sich anfangs noch nicht vorstellen konnte. Oder er kann integratives Selbstmanagement für die Manager und Mitarbeiter anbieten (Erhöhung des Spirit-Anteils in der Herstellung). Vielleicht wird er mit der dann aktivierten spirituellen und kreativen Intelligenz auch neue Zusatzprodukte, neue Geschäftsfelder eröffnen – die einen weiteren Sinn für die Menschen stiften. Auf jeden Fall gibt es unzählige Möglichkeiten ... Nur Sie und Ihre Mitarbeiter kennen die Möglichkeiten, die für Ihr Unternehmen eine Bedeutung haben und sinnvoll sind!

Wie viel Sinn erträgt Ihr Unternehmen?

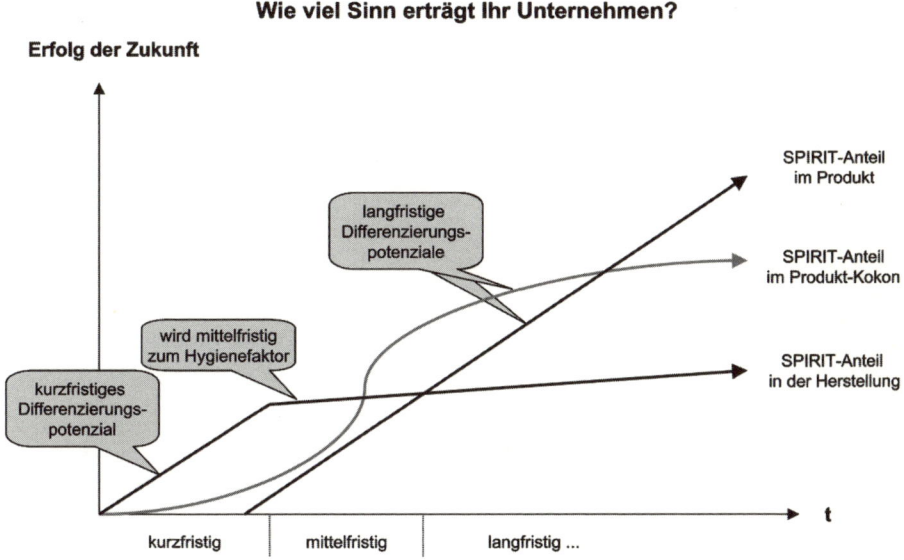

Ein hoher Spirit-Anteil in der Herstellung wird zunehmend zum Hygienefaktor werden. In einer frühen Phase der Zukunft wird er noch die Attraktivität des Arbeitgebers deutlich steigern können. So werden sich Arbeitgeber kurzfristig durch einen hohen Spirit-Anteil in der Herstellung von anderen Arbeitgebern differenzieren können, die sich nicht um einen sinn-vollen, Menschen-orientierten Spirit im Management und in der Führung bemühen oder diesen nicht authentisch praktizieren. Während ein hoher Spirit-Anteil in der Herstellung also kurzfristig noch als Motivator dienen kann – um mit Herzberg zu sprechen –, so wird er mittelfristig zu einem selbstverständlich erwarteten Faktor werden, der die Unzufriedenheit der Mitarbeiter senken, aber deren Motivation und Leistung nicht steigern kann.

Wenn Sie zukünftig den Erfolg Ihres Unternehmens planen, so müssen Sie entscheiden, ob und wie Ihr Unternehmen und Ihre Produkte in welchen der drei Spirit-Dimensionen wachsen sollen. Wie viel Sinn erträgt Ihr Unternehmen?

Sollte es einen Engpass-Faktor für diese Entscheidung geben, dann liegt er nur in Ihnen! Denn: *Alles* fängt bei *Ihnen* selbst an!

VI

Spirit in Business:
Wie geht das?

Dream Management: Vom Klassischen zum Integrativen Management

Merkmale des Klassischen Managements

➤ *Vorrangig genutzte Intelligenz:* Ratio
➤ *Zwei Kerndisziplinen:* Management und Führung; die beiden Disziplinen sind von unterschiedlicher Wichtigkeit und Bedeutung, je nach Hierarchiestufe, und werden als trennbar angesehen und gehandhabt; deshalb Entfremdung insbesondere des obersten Managements vom Menschen
➤ *Bewusstsein:* »Was man nicht sehen, anfassen oder messen kann, gibt es nicht«; materielle Orientierung; Prinzip der Trennung

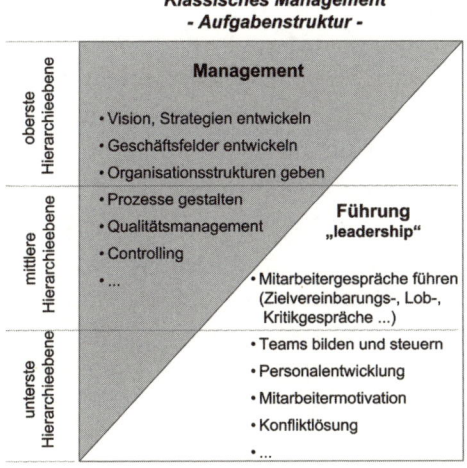

➤ *Neigung:* Entwicklung detaillierter, ausgeklügelter Kennzahlen; Bestreben, alles messen zu wollen, engmaschiges Controlling
➤ *Effekt:* Dis-Integration von Managern und Mitarbeitern, Intelligenz-Schrumpfung, Manifestation in unstetem Unternehmenserfolg und vielerlei Krankheiten (besonders Herz- und Seelenkrankheiten); leidende Helden der Arbeit
➤ *Unternehmensauftrag:* Umsatz- und Profitmaximierung
➤ *Vorrangig praktizierter Spirit:* Zwischen Größenwahn und Angst

Merkmale des Integrativen Managements

➤ *Vorrangig genutzte Intelligenz:* Alle: kreative, emotionale, intuitive, rationale, spirituelle Intelligenz
➤ *Drei Kerndisziplinen:* Selbstführung, Mitarbeiter-/Team- und Unternehmensführung; alle Disziplinen sind nicht trennbar und von gleich hoher Wichtigkeit in allen Hierarchiestufen; deshalb keine Entfremdung der Manager vom Menschen
➤ *Bewusstsein:* »Wir nehmen mehr wahr als wir be-greifen«; Manager und Mitarbeiter achten auf den Geist, den sie praktizieren, und wissen um die Verbundenheit von Geist und Materie
➤ *Neigung:* Reduzierte Kennzahlen; Bestreben, mit allen Energiezentren »wach« zu sein, Situationen zu erfassen, ausgewogene Entscheidungen zu treffen, Controlling findet somit durch alle Intelligenzen statt, spirituelle Inspiration
➤ *Effekt:* Integration und Integrität von Managern und Mitarbeitern, Heilung vom Helden der Arbeit zum Helden des Mensch-seins, solide Unternehmensergebnisse, die aus einer tieferen, verlässlichen Quelle entspringen, einer allintelligenten Weisheit
➤ *Unternehmensauftrag:* In Resonanz mit den Kräften und der Fülle des Universums Sinn stiften für das Leben
➤ *Vorrangig praktizierter Spirit:* Liebe zum Menschen, zum Kosmos

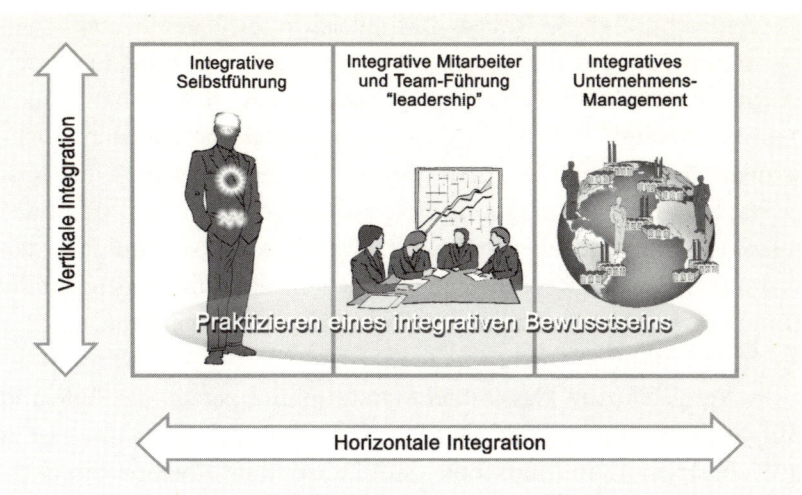

An den nüchternen, einseitig-ratiolastigen Zielen und Aufgaben des klassischen Managements wird deutlich, welcher Geist durch die Business-Welt der letzten Dekaden wehte. Sie muten so an, als hätten wir es mit der Verwaltung und Steuerung unbeseelter, lebloser Materialien zu tun gehabt.

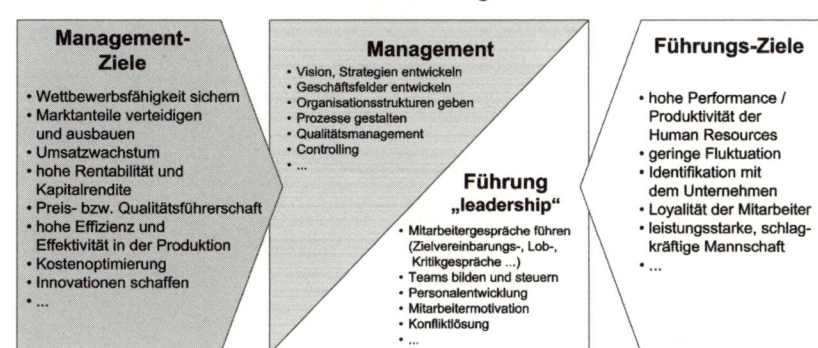

In meinen Studien der Volkswirtschaftslehre sowie der Strategischen Unternehmensführung hörte ich keine einzige Vorlesung, in der ich etwas über den Menschen in der Volkswirtschaft erfahren hätte. Auch heute noch sind die Lehrpläne der öffentlichen und privaten Hochschulen überwiegend von dem nüchternen, ingenieurmäßigen Geist geprägt, der mit Zange und Schraubenzieher an die »Humanressource« heranzugehen scheint. Lediglich in der Werbung werden mehrere Sinne des Menschen angesprochen; allerdings versuchen die Unternehmen hier meist ihren Kunden etwas zu suggerieren, was mit ihrem Produkt doch nicht zu kaufen ist.

Im Vergleich zum klassischen Management besitzen die Ziele und Aufgaben des Integrativen Managements eine andere Qualität, ist es doch bestrebt, dem Menschen, dem Leben, dem Kosmos gerechter zu werden.

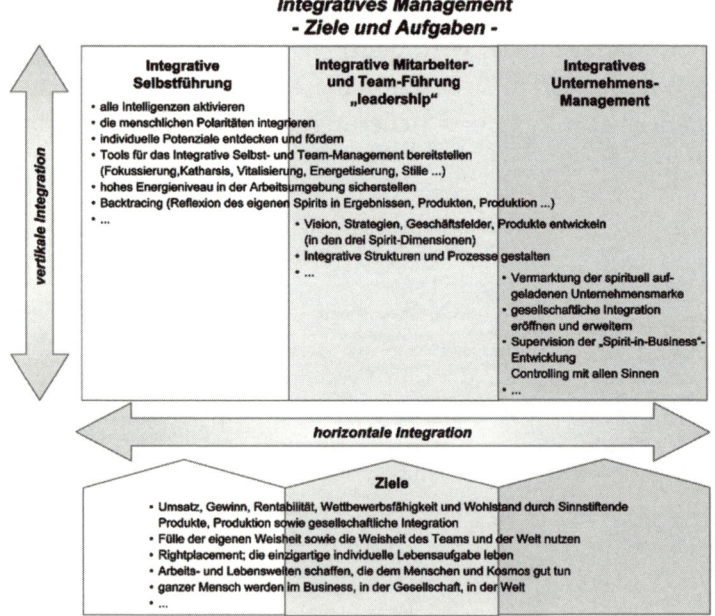

Die Metastruktur des Integrativen Managements

Es gibt nur eines, das schöner ist als
schöne Träume – und das ist eine
schöne Wirklichkeit.

Britta Steilmann

Unternehmen werden in Zukunft zum Ort persönlicher, wirtschaftlicher und gesellschaftlicher Entwicklung. Ohne Persönlichkeitsentwicklung und ohne gesellschaftliche Entwicklung keine Unternehmensentwicklung! Das ist die Maßgabe des Integrativen Managements und der Schlüsselfaktor für den Erfolg der Unternehmen von morgen. Im Folgenden werden wir sehen, wie diese Maßgabe die Metastruktur des Integrativen Managements prägt.

Sie ist durch zwei wesentliche Dimensionen gekennzeichnet: die vertikale und die horizontale Dimension. Was bedeuten diese beiden Dimensionen nun?

Die vertikale Dimension

Die vertikale Integration umfasst den Bereich der Selbstintegration von Managern und Mitarbeitern. Der Begriff »vertikal« leitet sich aus der Anordnung der menschlichen Intelligenzen im menschlichen Körper ab: Wie Perlen auf einer Schnur sind die Intelligenzzentren vertikal übereinander aufgereiht. Wesentlicher Gegenstand der vertikalen Integration ist die Aktivierung aller Intelligenzen des einzelnen

Managers und Mitarbeiters. In der vertikalen Integration geht es also um Basisarbeit für die Heilung des einzelnen Menschen, um die Entwicklung von der Schrumpfgestalt zum ganzen Menschen.

Die Anordnung der Intelligenzzentren des Menschen in einer vertikalen Achse hängt vermutlich mit seiner einzigartigen menschlichen Spezifikation zusammen: der Fähigkeit zum aufrechten Gang. Wobei dieser nicht nur eine rein körperliche Bedingung ist: Die Schöpfung hat uns sicher nicht aufrecht gestaltet, weil sie mal Lust auf ein anderes Design bei den Lebewesen hatte. Unser physisches Aufgerichtetsein ist ja eng verknüpft mit der wiederum einzigartigen Qualität unseres menschlichen Bewusstseins: dem geistigen Aufrecht-sein – Aufrichtig-sein.

Es fängt alles bei mir selbst an!
Das Phänomen von Integrität und Integration.

Menschliche Evolution .... Manager im 21. Jh....

Vertikale Integration

t

230

Wenn wir also in unserer vertikalen Achse die Perlen unserer Intelligenzen aktivieren, ist dies ein Weg, wieder »aufrecht« zu werden. Über das »Integriertsein« erlangen wir unsere Integrität wieder.

So ist der Weg zur Allintelligenz immer auch ein persönlicher Entwicklungsprozess, den es gezielt und fundiert zu unterstützen gilt. Persönliche und kulturelle Blockaden gilt es abzubauen, die Gitterstäbe, durch die wir die Welt wahrnehmen, auseinander zu biegen, uns zu erlauben, den Fensterrahmen, durch den wir auf die Welt, auf das Business, auf unser Leben blicken, zu vergrößern. Ziel dabei ist es, die Lähmung in den Energiezentren der Intelligenzen aufzuheben und die Energie zwischen allen Intelligenzzentren wieder frei fließen zu lassen, sodass wieder ein Austausch, eine Kommunikation, eine Kommunion der Intelligenzen stattfinden kann und wir mit allen Intelligenzen vernünftig sein können!

Im Mittelpunkt der vertikalen Integration steht also der persönliche Entwicklungs- und Bewusstseinsprozess der einzelnen Person.

Die horizontale Dimension

In der horizontalen Integration geht es nicht mehr um die Ich-orientierte Selbststeuerung, sondern die integrative Steuerung von Teams und des ganzen Unternehmens. »Horizontal« deshalb, weil sich der einzelne Manager und Mitarbeiter nun in die Breite bewegt, anderen Mitarbeitern und Kollegen in der Team- und Führungsarbeit begegnet sowie allen Menschen, die an der Gestaltung des operativen und strategischen Geschäftes beteiligt sind. In der horizontalen Achse wird also Persönlichkeits- mit Team- und Unternehmensentwicklung verbunden.

In der horizontalen Dimension gilt es, die bekannten Managementaufgaben zu lösen, wie die Planung und Steuerung von

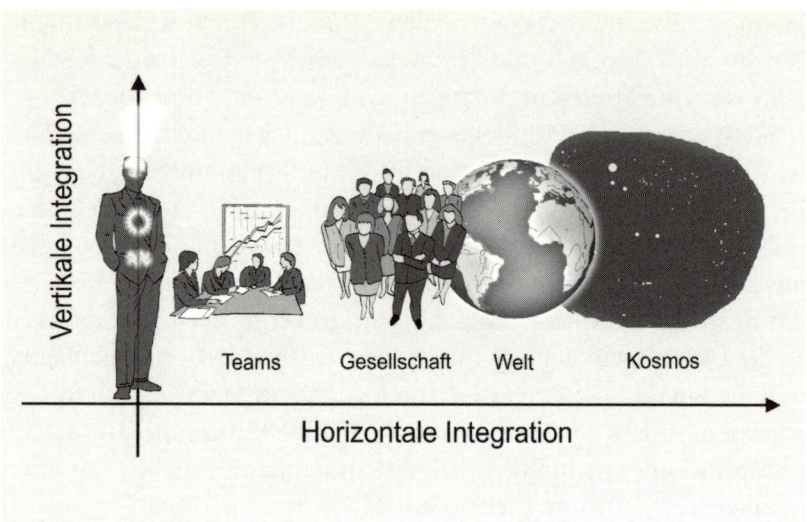

Geschäftsfeldern, die Produktentwicklung etc. – nun allerdings unter Nutzung der allintelligenten Weisheit aller am Produktionsprozess Beteiligten. Die Managementaufgaben bekommen eine neue Qualität, da sie mit der Weisheit aller Sinne und Intelligenzen erledigt werden. Die Nutzung vier weiterer Intelligenzen führt sowohl in der Produktion als auch im Produkt zu enormen Qualitätssteigerungen. Neu in der horizontalen Integration ist auch, dass das Unternehmen über seinen bisherigen »Horizont« hinaus denkt und aktiv ist, indem es die Sehnsucht und Weisheit der Gesellschaft in die Produktion integriert, östliche und westliche Weisheit nutzt und sehr viel stärker als bisher in der regionalen und globalen Gesellschaft Sinn stiftend wirkt, sowohl durch die Produkte selbst als auch durch produktunabhängiges Engagement. Schließlich sieht ein integratives Unternehmen seinen Daseinszweck darin, die Weisheit der Welt zu nutzen und Sinn stiftend für das Leben im Kosmos zu wirken.

232

Was haben vertikale und horizontale Integration gemeinsam? Das Wissen um spirituelle und energetische Prinzipien und deren Anwendung.

Die drei Disziplinen im Integrativen Management

Merkmal des Integrativen Managements ist der fließende Übergang zwischen den drei Management-Säulen. Eine scharfe Trennung, wie wir sie von den beiden Disziplinen »Management« und »Führung« aus dem klassischen Management her kennen, ist hier nicht mehr gegeben.

Was alle drei Disziplinen des Integrativen Managements verbindet, ist die Anwendung integrativer Methoden für die Selbst-, Team- und Unternehmenssteuerung. Integrative Instrumente, Methoden, Rituale und Prozesse kommen überall zum Einsatz, wodurch sich die Qualität der Führungs- und Managementarbeit erheblich verändert. Dabei ist der Übergang zwischen den drei Management-Säulen fließend. Es findet ein breiterer Kontakt zwischen den Menschen und eine größere Verbundenheit innerhalb der Aufgaben statt.

Integrierte Manager und Menschen haben eine höhere Durchlässigkeit in sich selbst und stehen somit natürlich auch in größerer, freierer, mehrkanaliger Resonanz zur Außenwelt. Ihr Zugang zu fein- bis feststofflichen Energien ist frei und kann in seiner ganzen Breite genutzt werden. Und die Aufhebung persönlicher Blockaden sowie der blockierten Intelligenzen löst natürlich auch die Blockaden im Miteinander und den Aufgaben des Unternehmens auf.

Die Wirkung der Selbstintegration – das Erleben einer neuen Qualität des eigenen Lebens – setzt sich nun fort in einer neuen

Qualität der Führungs- und Teamarbeit, der strategischen und operativen Unternehmensführung sowie einer neuen Qualität der Unternehmensergebnisse.

Projektdesign des Integrativen Managements

Erst wenn die Mutigen klug und die Klugen
mutig geworden sind, wird das zu spüren sein,
was irrtümlicherweise schon oft festgestellt
wurde: ein Fortschritt der Menschheit.
Erich Kästner[1]

Im integrativen Management gibt es kein Standardvorgehen, das für alle Unternehmen richtig wäre. Vielmehr muss das Design des Integrativen Managements zu dem jeweiligen Unternehmen passend gewählt werden: Dabei muss auf die Unternehmensgröße, die Historie, das aktuelle Bewusstsein sowie die Geisteshaltung des obersten Managements, das aktuelle Anliegen von Mitarbeitern und Führungskräften etc. eingegangen werden.

Von daher werden im Folgenden zwei Metastrukturen vorgestellt, deren wesentliche Strukturmerkmale allgemein gültigen Charakter haben. Die beiden Design-Beispiele sind für Unternehmen mit einem unterschiedlichen Reifegrad konzipiert.

Design 1: Der Weg in kleinen Schritten

Design 1 ist ein guter Weg für Unternehmen, deren Führung in der Vergangenheit stark im Controlling verhaftet war, und sich grundsätzlich eher für die Ratio und ein vorsichtiges Vorgehen begeistert.

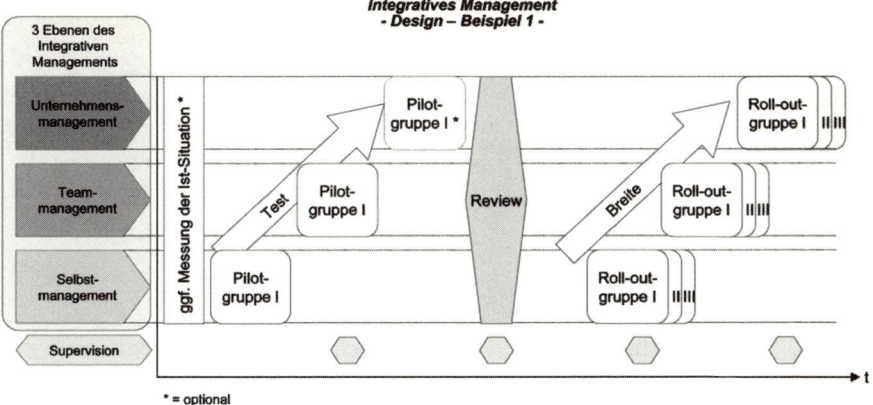

In diesem Falle ist es sinnvoll, mit einem Pilotprojekt zu starten, sich quasi in homöopathischen Dosen für integratives Management zu erwärmen und sich durch Ergebnisse überzeugen zu lassen. Wichtig dabei ist auch, dass das Ausmaß der Konsequenzen, sprich die Intensität der Veränderungen, überschaubar bleibt. Schließlich liegt es in der Entscheidungshoheit des Unternehmens, wie es nach der Pilotphase weitergehen soll: In einem Review können nicht nur die Ergebnisse festgestellt und gewürdigt werden, sondern auch sinnvolle Veränderungen im Vorgehen für den Roll-out, also für die Etablierung des Integrativen Managements in der Breite konzipiert werden. Und natürlich ist es auch das gute Recht des Unternehmens, an dieser Stelle »Stopp« zu sagen, das heißt das Projekt nach der Pilotphase zu beenden.

Auf diese Weise verfügt das Unternehmen über ein großes Maß an Steuerungsmöglichkeiten. So bleiben die Risiken, Investitionen und Veränderungen überschaubar (– natürlich auch die Chancen). Das gibt Sicherheit. Design 1 ist ein Vorgehen in kleinen Schritten, das gut verdaubar ist.

Der »integrative« Charakter des integrativen Managements lässt in der Regel einen Sog entstehen, nach der Pilotphase auch in die Breite zu gehen, da die Teilnehmer der Pilotphase neue Methoden erproben und durch die zunehmende Allintelligenz neue Prozesse entstehen, die sich aufgrund ihrer systemischen Vernetzung in das restliche Unternehmen hinein fortsetzen wollen.

Design 2: Der große Wurf

Design 2 stellt ein geeignetes Vorgehen für Unternehmen dar,

➤ in denen ein starkes Bestreben der Mitarbeiterschaft und ggf. der unteren, mittleren oder obersten Führungsebene besteht, hin zu mehr Sinn, zur Integration verdrängter Polaritäten etc.;

➤ deren oberstes Management keine Scheu davor hat, Dinge entstehen zu lassen, die sich an der Oberfläche zeigen wollen; deren Management großes Vertrauen in sich und die Weisheit ihrer Mitarbeiter hat;

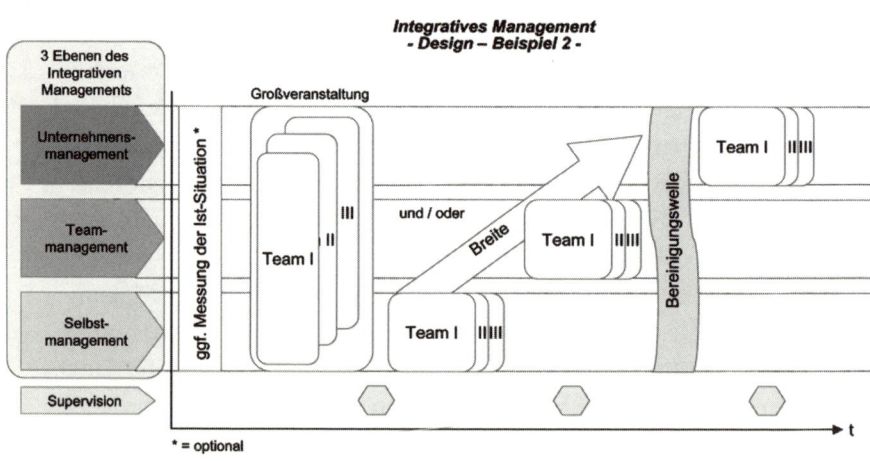

236

➤ deren Management große strategische Entscheidungen bzw. die Weiterentwicklung des Unternehmens bewusst mit seinen Mitarbeitern gemeinsam gestalten und vollziehen will; deren Management sich also einen hohen Beteiligungsgrad wünscht.

Kennzeichnend für Design 2 ist, dass integratives Management von Anfang an in die Breite des Unternehmens geht: Alle Bereiche beginnen zeitgleich damit, die neue, integrative Form des Managements zu erlernen und anzuwenden.

Dazu kann zum Beispiel mit einer Großveranstaltung gestartet werden, an der alle Teams des Unternehmens teilnehmen. Alle arbeiten auf allen Ebenen zugleich, das heißt, sie verbinden integratives Selbst-, Team- und Unternehmensmanagement, um an ihrem konkreten Anliegen zu arbeiten.

Natürlich kann integratives Management auch so eingeführt werden, indem die einzelnen Ebenen vom Selbst-, über das Team- und das Unternehmensmanagement sukzessive von allen Teams durchlaufen werden.

Unabhängig vom Design ist im integrativen Management früher oder später mit einer Bereinigungswelle zu rechnen: Mitarbeiter, die mit der neuen Art des Managements nicht einverstanden sind, werden vermutlich das Unternehmen verlassen. Mehr dazu im Kapitel »Von der Bereinigungswelle«.

Gemeinsame Strukturmerkmale
in Design 1 und 2

Wenn Sie sich und Ihr Unternehmen integrativ führen wollen, bedarf es eines integrierten Entwicklungsprogramms. Einzelne Inselmaßnahmen haben keinen Sinn. Nomen est omen: Sie brauchen einen roten Faden des »Integrativen«, der die drei Ebenen Selbst, Team und Unternehmen sowohl vertikal als auch horizontal sinnvoll miteinander verbindet. Ein systematisches, integriertes Konzept zur Einführung von Integrativem Management hilft Ihnen, sich das volle Potenzial dieser Ebenen zu erschließen.

In jedem Fall wäre eine Supervision hilfreich. So wie wir die Gesellschaft und den einzelnen Menschen als »Patienten« betrachten können, die an den Symptomen ihrer selbst geschaffenen Krankheiten leiden, so können wir auch Unternehmen verstehen. Auch für den »Patient Unternehmen« geht es darum, sich mehr und mehr von seinem im Grunde selbst geschaffenen Leid zu heilen. Das ist Selbstverantwortung. Das ist Unternehmensentwicklung durch persönliche Entwicklung von Managern und Mitarbeitern. In diesem Prozess gilt es, Unternehmen, Manager und Menschen längerfristig zu begleiten, ihre Selbstreflexion zu unterstützen, ihre Fort- und Rückschritte zu würdigen, ihre inneren Blockaden allmählich zu lösen, ihre Grenzen anzuerkennen, auch einmal stehen zu lassen, sie in ihrem Bedürfnis, hin und wieder zu pausieren, zu unterstützen, genauso wie sie ein anderes Mal zu ermutigen, beherzt den nächsten Schritt zu gehen. So erhält Beratung mittelfristig den Charakter einer »Supervision« für die Persönlichkeitsentwicklung von Unternehmen.

Unabhängig davon, welches Vorgehen Sie wählen, ob Pilot- oder Breitenprojekt (Design 1 oder 2), ist es immer wichtig darauf zu achten, dass sowohl Führungskräfte als auch Mitarbeiter in allen Teams vertreten sind, das heißt alle teilnehmenden Gruppen hierarchisch integriert sind.

Do's and Dont's im Integrativen Management –
oder: Wie Sie Schiffe versenken

➤ Integratives Management wird nicht gelingen, wenn Sie es als
»Management-Trick« verstehen nach dem Motto »Jetzt zücke ich
mal ein Instrument, was mir zwar etwas suspekt, aber gerade en
vogue ist. Alle reden davon – die Beraterbranche und selbst große
DAX-Unternehmen machen da schon was. Also die Belegschaft
soll das mal anwenden, und dann wird es hoffentlich endlich besser werden!« Integratives Management ist kein Instrument – es ist
ein Lebensweg.

Wenn Sie selbst, als Vorstand, als Manager, nur halbherzig dabei
sind und sich im Grunde mit Ihrer eigenen Selbstintegration nicht
auseinander setzen wollen, dann wird es nicht gelingen. Alles fängt
bei Ihnen selbst an. Wenn Sie, die Geschäftsführung, die obersten
Führungskräfte nicht zur persönlichen Veränderung bereit sind,
dann können Sie Geld zwar in Pseudo-Projekte des Integrativen
Managements investieren, Sie können es aber genauso gut ander-
weitig versenken.

➤ Integratives Management lässt sich nur durch die individuelle
Weisheit der Menschen erfahren. Jeder Dogmatismus ist hier fehl
am Platz, denn dann würden Mitarbeiter und Manager ihre
Selbstverantwortung aufgeben, würden blind irgendein Dogma
nachbeten. Es würde die Tiefe ihrer Seele, ihre eigene Wahrheit
nicht berühren. Und die gilt es herauszufinden. Welcher Zugang
dazu von den Individuen in den verschiedenen Unternehmen gewählt wird, ist völlig unwichtig. Vorgehen, Struktur und Methoden müssen zu den Menschen und dem Unternehmen passen, zu
ihrer Historie, ihrem Geist, ihrem aktuellen Entwicklungsstand,
ihrem inneren Befinden, ihren Sehnsüchten sowie ihren individuellen Anliegen für die Zukunft. Schließlich finden wir in den
Unternehmen eine Bandbreite von Neigungen, von unterschied-

lich ausgeprägter Kopflastigkeit, von verschiedener emotionaler Verhärtung, von unterschiedlicher Erfahrung mit seelischen und spirituellen Prozessen etc.

In der Lassalle-Studie heißt es dazu: »Die (...) Entdeckung der Ethik stellt aber nicht nur einen positiven Imagefaktor dar, sondern birgt gleichzeitig auch eine gewisse Gefahr in sich. Denn ethische Grundsätze dürfen nicht bloß stromlinienförmig und im Stile von so genannten Early Adaptors Trend-konform integriert werden, sondern müssen zwingend maßgerecht geschnitten und vor allem *gelebt* werden.«[2]

➤ Integratives Management lässt sich nicht verordnen – weder allen Unternehmen noch den einzelnen Managern und Mitarbeitern. Ich glaube jedenfalls, dass es nicht sinnvoll wäre, jedem Unternehmen in Deutschland nach dem Gießkannenprinzip die »Spirit-in-Business-Pille« zu verabreichen. Es ist ja gerade ein Weg, der sich nur in der Freiheit des Individuums erfahren lässt, der auf natürliche Weise aus dem Innersten des Menschen heraus entstehen will. Und wenn dort nicht genug Energie dafür da ist, wenn dieser Weg nicht reizvoll, nicht attraktiv erscheint, dann ist das in Ordnung. Dann gehen diese Menschen, diese Unternehmen einen anderen Weg. Das ist ihr gutes Recht und richtig.

➤ Nicht jeder Manager, nicht jeder Mensch muss eine Beratung in Anspruch nehmen, um sich die Möglichkeiten des Integrativen Managements zu erschließen. Manche haben's einfach im Blut – aufgrund einer segensreichen Erziehung oder qua Weisheit ihrer alten Seele oder einfach, weil sie sehr ehrlich über sich selbst reflektieren und schon immer auf der Suche nach dem Sinn ihres Daseins sind. Es ist ja gerade ein individueller Weg und viele praktizieren diese Art des Managements, ohne dass sie es als »integrativ« bezeichnen würden. Es ist ja nur ein Begriff, ein Schlagwort für hohes Bewusstsein, für Sinn stiftendes Handeln, für einen weisen Umgang mit sich selbst, den Menschen und Mitarbeitern, dem

Unternehmen, dem Kosmos, ein Synonym für (Menschen-)Liebe – das Kind hat viele Namen.

➤ Integratives Management ist ein Prozess der kleinen Schritte, ein lebenslanger Prozess, ja sogar ein lebensübergreifender Prozess. Geduld mit sich und anderen zu haben ist dabei ein wesentlicher Erfolgsfaktor. Es funktioniert nicht nach dem Prinzip »Jetzt hole ich mir mal einen Berater zu diesem Thema rein, der soll uns in drei Wochenendworkshops spirituell flott machen. Dann ist auch dieses Thema abgehakt. Und dann können wir uns endlich dem nächsten Projekt zuwenden ...«

➤ Was die Methoden des Integrativen Selbst- und Unternehmensmanagements auszeichnen sollte, ist Einfachheit. Sie sollten sehr einfach zu erlernen und anzuwenden sein. Das ist der entscheidende Punkt, gerade wenn es darum geht, sie in die tägliche Managementpraxis zu integrieren. Welches Unternehmen kann es sich schon leisten, mit hohen Investitionen für die mehrjährige Ausbildung in komplizierten Methoden in Vorleistung zu gehen? Welches Unternehmen würde seine Mitarbeiter für drei Jahre in ein Zen-Kloster nach Japan schicken, um dann wieder die Produktion aufzunehmen?

➤ Egal, was ich unternehme, mein Unternehmen birgt immer die Chance des Erfolgs und des Misserfolgs. Unternehmerisches Handeln bedeutet also immer auch die Bereitschaft, Risiken zu übernehmen. Manager haben häufig Angst, Risiken zu übernehmen. Sie misstrauen ihren eigenen Entscheidungen. Sie misstrauen ihrer eigenen Weisheit. Nicht umsonst sichern sie sich durch hohe Abfindungssummen im Falle ihres Scheiterns ab. Im operativen Geschäft laden sie ihre Verantwortung auf den Schultern ihrer Untergebenen ab, die sie mit unsäglichen Leistungsvorgaben knebeln und unter absurden Erfolgsdruck setzen. In strategischen Entscheidungen schleichen sie sich aus der Verantwortung, indem sie Berater befragen, was sie tun sollen. Wenn deren Empfehlung aufgeht, verbuchen es die Manager als ihren eigenen Erfolg; geht es schief, waren natürlich die Berater schuld.

Risiken lassen sich nicht dadurch minimieren, dass ich die Verantwortung meiner Entscheidungen möglichst auf andere abwälze. Risiken lassen sich nur dadurch minimieren, indem ich all meine Intelligenzen nutze.

Integratives Management ist genau wie das Leben selbst ein Abenteuer. Es besteht aus Hochs und Tiefs und ist dabei durch den roten Faden »Sinn« verbunden, der sich in einer stetigen Entwicklung vermehrt.

Vom Boom zur Inflation: Wird der Kunde von *Spirit in Business* überfordert?

Wenn wir uns vorstellen, dass Unternehmen sich in Zukunft in den drei Spirit-Dimensionen weiterentwickeln, wird dann der Kunde von einer Sinn-, von einer Spirit-Welle überrollt werden? Wird er noch unterscheiden können, welches Produkt ihm besser zusagt? Wird nicht jedes Unternehmen irgendwie versuchen, auf der Spirit-Welle mitzuschwimmen? Wird es also eine Sinn-Inflation geben? Ähnlich wie die Bio- oder Wellness-Welle? Beinahe jedes Hotel bezeichnet sich heute als Wellness-Hotel – auch wenn es direkt an der Autobahn liegt, aber immerhin eine Drei-Quadratmeter-Sauna aufzuweisen hat!

Kann unsere Wirtschaft durch eine Überdosis an Spirit auch Schiffbruch erleiden?

Auch immer mehr Lebensmittelhersteller versuchen, ihren Produkten den Touch von »Bio«, von »gesund« zu verleihen. Ein Frischkäse, der suggeriert Körper, Geist und Seele in »Balance« zu bringen, eine Spur von Aloe Vera im Joghurt »unterstützt die Darmflora« –

mit geschickter Wortwahl versuchen Anbieter, Wellness und Gesundheit zu verkaufen. Um mitzunehmen, was gerade geht, passen Unternehmen ihre Standardprodukte gerne an das an, was gerade »in« ist und einen zusätzlichen Euro bringt. Die damit verbundenen, zusätzlichen sprungfixen Kosten[3] sind gering, die Grenzerlöse steigen. Warum also nicht? Der schnelle Euro wird gern gemacht!

Nicht überall, wo »Spirit« draufsteht,
ist auch Spirit drin!

Und so gilt es, nicht alles, was uns von der kommenden Spirit-Welle angeboten werden wird, kommentarlos zu schlucken, sondern sehr wohl differenziert zu betrachten!

Stellen wir uns vor: Sie als Kunde stehen im nächsten Jahr bei Ihrem Getränkehändler vor dem Regal mit Bier. Sie bevorzugen ein helles Bier mit herbem Geschmack. Unschlüssig betrachten Sie drei Marken verschiedener Hersteller. Eigentlich würden Sie alle gerne unterstützen. Peggs-Bier kämpft gegen die Beschneidung junger Mädchen in Afrika, mit jeder Flasche Wichner-Bier, die Sie trinken, unterstützen Sie ein Urwald-Projekt, und Hewer-Bier sorgt für die Wiederherstellung der Menschenrechte im Irak.

Zwei Unsicherheiten beschleichen Sie: Trinken Sie jetzt lieber für den Urwald, für den Schutz der Frau oder für die Menschenrechte? Und: Was tun die Brauereien tatsächlich mit den Euros für die ethisch motivierten Projekte? Was ist wirklich die Situation vor Ort? Was wird in dem Projekt wirklich getan? Wer tut es? Mit wem?

Ertrinken wir in der Sinn-Flut?

Wenn wir mit spirituell aufgeladenen Produkten so überflutet werden, dass wir nicht mehr entscheidungsfähig sind, kann der Spirit-Enthusiasmus auch umschlagen: dann können wir das edle

Engagement der Firmen nicht mehr hören, es überfordert uns in unseren Produktvergleichen und schließlich stumpfen wir ab – es langweilt uns am Ende.

Werden wir langfristig zu ernüchterten, Spirit-resistenten Käufern? Verweigern wir sogar irgendwann den Kauf spirituell aufgeladener Produkte – weil wir einfach nur unsere Ruhe haben wollen? Weil wir einfach nur ein Steak kaufen und es mit Muße grillen wollen, ohne gleichzeitig durch ein Produkt-Add-on ständig an unser Gewissen erinnert zu werden?

Mag sein, dass die aktuelle wirtschaftliche Flaute, Kriege und Aggressionen, in denen die bislang mächtig und ohnmächtig Geglaubten erschreckenderweise die Rollen tauschen, zwar unsere Angst vor Kontrollverlust und damit unsere Sehnsucht nach Ordnung, nach strukturierenden Mythen schüren und möglicherweise auch mancherlei obskure esoterische Blüten im Produktangebot der Zukunft hervorbringen werden.

Dennoch glaube ich nicht, dass »Mikroreligionen, hausgemachte Spiritualismen, City-Kulte, schräge Kombinationen aus Pseudowissenschaften und Beschwörungsritualen«[4] die Oberhand gewinnen werden. Natürlich schlägt das Pendel in die »andere Richtung« sehr stark aus, wenn es zu lange auf einer Seite verharrte. Aber nur, um sich letztendlich in einer guten Mitte einzupendeln. Wenn Sie lange Zeit ein Bedürfnis verdrängten, wie Urlaub, Durst, etc., dann genehmigen Sie sich später ein Mehr davon, zum Beispiel vier Wochen Urlaub, oder Sie trinken auf einmal einen Liter Wasser, um schließlich regelmäßig kleinere Mengen in Ihr Leben zu integrieren. So wird es anfangs möglicherweise auch mit einer quantitativen Überdosis bzw. qualitativen Unterdosis »Spiritualität« sein. Dann bleibt zu hoffen, dass diejenigen, die aus Verzweiflung an Scharlatane geraten, bald zum Vertrauen in ihre eigene innere Weisheit zurückfinden.

Dream Leadership: Integrative Führung

Führungskräfte der Zukunft – Leader im Dienst von Mensch und Welt

> Wir sehen ein wachsendes Bedürfnis der
> Führungskräfte danach,
> die spirituelle Dimension ihres Lebens
> in Einklang zu bringen mit ihrer Arbeitswelt.
>
> *Prof. William Mc Lennon, Harvard Business School*

Manager von morgen sind »Leader im Dienst von Mensch und Welt«.[5] Das ist der Auftrag, den sich die Führungskräfte der Zukunft selbst erteilen. Wenn der Manager der Zukunft morgens in den Spiegel schaut und sich diesen Selbstauftrag »Ich diene den Menschen und dem Kosmos« bewusst macht, sich dabei innerlich verneigt und sich auch später im Büro vor seinem Team, seinen Managerkollegen und vor seinen Kunden verneigen kann, dann hat er einen wesentlichen Prozess in seiner Persönlichkeitsentwicklung vollzogen. Und erst dann kann echte Unternehmensentwicklung stattfinden.[6]

Aus diesem Selbstverständnis heraus, Leader im Dienst von Mensch und Welt zu sein, entsteht automatisch eine neue Haltung des Managers, die eine religiöse, spirituelle Dimension umfasst, und vor allen Dingen auch Mut. Sein Leben, sein Management bekommen alleine dadurch etwas von einer »religiösen« Qualität, indem er eine tiefe Achtung vor dem Menschen, vor dem Leben, der Schöpfung, dem Kosmos praktiziert. Einige Manager tun das bereits, darunter viele, die keiner Religionsgemeinschaft angehören. Das ist auch nicht notwendig. Religiösität existiert auch unabhängig von bekannten Religionen.

Hans-Peter Dürr, ehemaliger Direktor des Max-Planck-Institutes für Physik, Träger des Alternativen Nobelpreises sowie Politikberater und Friedensaktivist, beschreibt die spirituelle, religiöse Haltung des Managers in seinen Worten: »Ein Leader der Zukunft wird deshalb nicht nur durch Tatkraft ausgezeichnet sein, sondern vor allem durch die spirituelle Fähigkeit, die für den Entwicklungsstand der Welt im Allgemeinen und des Biosystems und der menschlichen Zivilisation im Besonderen die wesentlichen tieferen Verbindungen zwischen den Menschen und zwischen Mensch und seiner Mitwelt besser intuitiv zu erahnen und dadurch seinen Mitmenschen bessere Orientierung geben zu können.«[7]

Beherzter Mut ist eine entscheidende Qualität des Integrativen Managers. Sein Selbstauftrag legt ihm zwei Dinge nahe:

Die Dinge EINFACH machen. Und:
Die Dinge einfach MACHEN!

Es gibt so vieles, was Sie in Ihrem Arbeitsumfeld tun können, um die Welt lebens- und menschengerechter zu gestalten. »Das entscheidende Stichwort heißt also Zivilcourage. (...) Es gehört Mut dazu, eben Zivilcourage«[8], ein Management der Menschen-Liebe zu praktizieren, sich in den Dienst von Mensch und Kosmos zu stellen. Selbst die einfachsten Dinge erfordern offensichtlich Mut, vielleicht sogar den größten Mut. Wenn Ihr Bedürfnis, Ihrer Sehnsucht nach Sinn zu folgen, größer ist als Ihre Angst vor den irritierten Blicken Ihrer Chefs und Kollegen, dann werden Sie in Zukunft ein erfolgreicher Leader sein. Alles beginnt mit dem ersten, beherzten Schritt ...

Eine Marketingmanagerin in hoher Position beklagte sich unlängst bei mir: »Es ist alles so komplex geworden!« Die Welt ist nicht mehr einfach. Alleine der hybride Verbraucher von heute, dessen Konsumverhalten nicht mehr so leicht kalkulierbar ist. Menschen mit hohem Einkommen kaufen eben nicht mehr wie früher ausschließlich in hochpreisigen Geschäften ein, nein, sie kaufen heute sowohl im Feinkostladen als auch bei Aldi.

Ja, die Welt ist komplex *und* sie ist ganz einfach! Selbst und gerade den hybriden Verbraucher machen Dinge an, die *ganz einfach* sind, er lässt sich von ganz elementaren Themen des Menschen berühren, von seiner eigenen Sehnsucht nach Sinn. Wie jeder Mensch.

Als Führungskraft habe ich die Erfahrung gemacht, je integrierter ich bin, umso einfacher ist es, Managementententscheidungen in scheinbar komplexen Problemstellungen zu treffen. Je mehr man alle Intelligenzen zur Verfügung hat, umso leichter erkennt man das Einfache im Komplexen, und die zentrale Frage nach dem *Was* (*Was* tut dem Menschen, tut dem Kosmos gut?) findet fast wie von alleine ihre Antwort.

Hebammen gesucht! Oder: Die neue Rolle des Integrativen Managers

> Behandle die Menschen, als wären sie,
> was sie sein sollten,
> und du hilfst ihnen zu werden,
> was sie sein könnten.
>
> *J.W. von Goethe*

Ihre Rolle als Führungskraft wird sich dahingehend verändern, dass Sie wie ein Katalysator wirken, indem Sie helfen, das Beste in den Menschen zum Vorschein zu bringen. Wenn Sie damit beginnen, die Selbstliebe und Selbstintegration Ihrer Mitarbeiter zu fördern, wird es so sein, dass Sie oft mehr in Ihren Mitarbeitern sehen werden, als diese anfangs imstande sind, wahrzunehmen. Unterstützen Sie die Menschen darin, ihrem Selbst auf bestmögliche Weise Ausdruck zu verleihen! Die Menschen werden überrascht sein über die Fülle und Möglichkeiten ihres eigenen Seins. Ihre Funktion als Führungskraft wird somit der eines Geburtshelfers nahe kommen.

Können Sie sich das vorstellen – als Hebamme tätig zu sein? Ist das ein attraktiver Job für Sie? Wie ist das eigentlich mit den Hebammen? Wer steht bei einer Geburt im Mittelpunkt der Aufmerksamkeit? Ist es die Hebamme oder die neue Seele, der Mensch, dem gerade auf die Welt geholfen wird?

In seiner neuen Rolle als Hebamme hilft der Manager unerschrocken, Neues zu gebären, neues Leben in die Welt zu bringen und die einzigartigen kreativen Potenziale der Mitarbeiter ans Tageslicht zu fördern. Der Integrative Manager ist somit einer, der sich, seinen Mitarbeitern und seinem Unternehmen erlaubt, tatsächlich aus der Fülle zu schöpfen, und dafür den Raum und die Methoden zur Verfügung stellt.

Hier wird klar, welch enormer innerer Wandel für Manager zunächst erforderlich ist, bevor in einem zweiten Schritt integrative Strukturen und Prozesse im Unternehmen zu verankern sind.

Die Rolle des Managers wird in Zukunft also in jedem Falle eine andere sein als die, in der er sich heute gefällt. Sie ist nicht mehr von narzisstischen, persönlichen Eitelkeiten geprägt. Die beste Hebamme würde nichts nützen, wenn sie sich selbst beweihräuchernd und Beifall heischend auf einem Podest stünde, während das, was auf die Welt kommen will, im Geburtskanal stecken bliebe. Der Manager von morgen muss also von seinem Podest herunter und beherzt zupacken.

»Führend« wird die Führungskraft dabei in einem ganz neuen Sinne sein: Indem sie Mut macht, neue Wege zu gehen, das Vertrauen der Mitarbeiter in ihre eigene Weisheit stärkt, während der Einzelne zu Beginn vielleicht selbst noch daran zweifelt. »Führen« heißt in

Zukunft auch, die Menschen, Mitarbeiter oder Kunden mit dem in Kontakt zu bringen, was im Hintergrund da ist: mit der Potenzialität, die in jedem Augenblick verfügbar ist. Anders ausgedrückt: Menschen in Resonanz zu bringen mit ihrem einzigartigen Potenzial und der universellen Potenzialität.

Wodurch werden die Mitarbeiter das Vertrauen gewinnen, sich auf diese Art von Führung einzulassen? Nun, die Führungskraft der Zukunft muss sehr viel stärker durch ihr So-sein wirken, welches seine Strahlkraft und Authentizität durch die Selbstliebe und das Integrative Selbstmanagement der Führungskraft erhält. Führen heißt damit auch »Vormachen«. Einmal mehr wird an dieser Stelle klar, »wie viel« Persönlichkeitsentwicklung *Integratives Management* dem einzelnen Manager abverlangt.

> Führen heißt auch, voranzugehen
> mit einer starken Vision.

»Wenn unsere gesellschaftliche Welt tatsächlich nicht zerbrechen soll, muss die Industrie Philosophen und Philosophien hervorbringen, Denker und nicht nur Strategen anziehen und ausbilden. Sie muss Meinungsführerschaft bekommen, wo sie bislang im Verborgenen blieb und sich aus Angst vor Kritik zurückzog.«[9] Soweit der Zukunftsforscher Matthias Horx. Bekommen Sie also ruhig einmal einen Mutanfall! Nach dem ersten geht's immer besser! Aber dazu brauchen Sie zunächst natürlich eine Vision.

Der Manager der Zukunft muss visionärer sein denn je. Das klingt sehr unspektakulär, ist es doch nichts Neues. Und doch ist es neu insofern, weil er neue Lebenswelten, ja gar neue Weltmodelle entwerfen muss, in denen wirtschaftliche, individuelle und gesellschaftliche Interessen und Bedürfnisse auf universaler, globaler und lokaler Ebene Sinn stiftend vereinigt werden. Er ist Fachkraft für Friedensstiftung, für Verständnis, für Liebe, für einen weisen Umgang mit Konflikten, für das Mensch-sein und -bleiben ...

Jedes integrativ geführte Unternehmen wird eine individuelle, einzigartige Vision verfolgen. Allen gemeinsam wird jedoch sein, dass es sich um eine Vision eines neuen, integrativen Humanismus handeln wird, eine Vision der Liebe.

Für Chefs bedeutet das, zunächst bei sich selbst zu beginnen:

➤ Menschlichkeit mit sich selbst zu praktizieren, sich selbst human zu behandeln
➤ über die Selbstliebe Zugang zur eigenen inneren Fülle, zu allen Intelligenzen zu finden
➤ zur Ehrfurcht vor dem eigenen Leben und dem anderer zu kommen
➤ um dann schließlich ein echtes Interesse am Menschen in den Produkten und Dienstleistungen zu praktizieren.

Wenn der »gemeine« Manager von heute auf seinem Sterbebett gefragt wird: »Was hat Ihr Leben zu einem erfüllten Leben gemacht?«, kommt er möglicherweise in die Verlegenheit, erst dann zu merken: »Ich habe viel Geld aus der Firma gezogen, clevere Aktiengeschäfte getätigt, teure Urlaube gemacht und mir immer das neueste Modell des Luxuswagens XY gekauft – alles zwar sehr angenehme Dinge, aber mein Leben wurde dadurch nicht nachhaltig mit Sinn erfüllt.«

Wie anders klänge es, wenn er sagen könnte: »Ich sterbe zufrieden, weil ich einen Beitrag zu mehr Liebe in der Welt leisten konnte!« Daran gilt es zu arbeiten.

Das integrative Hologramm der Polaritäten
für Führungskräfte

Wer den Sternenhimmel betrachtet,

erlangt Bewusstsein von der

wahren Größe der Wesen und Dinge.

Jean Gastaldi[10]

In der Menschheitsgeschichte, ja in der Evolution des Lebendigen ist die Differenzierung ein durchgängiges Prinzip. Differenzierung ist per se nichts Schlimmes (liegt in ihr doch die Anerkennung der Einzigartigkeit der Dinge); schlimm wird es nur, wenn sich unsere Vorliebe der Bewertung zu ihr gesellt. Und beiden haben wir uns voller Inbrunst hingegeben und tun es noch: wir, die wir uns selbst von unseren wesentlichen menschlichen Energie- und Intelligenzquellen abspalten und unser Heil alleine im Ratio-basierten, Technik-getriebenen Fortschritt zu finden glauben. Alles andere ist Weichmacherei, verdient ein müdes Lächeln, ist bestenfalls nice-to-have, aber nicht wirklich von Bedeutung. Vor lauter Differenzierung haben wir in den vergangenen Jahrhunderten den Blick für das Ganze, für den ganzen Menschen verloren. Das Management der Zukunft steht im Zeichen der »kooperativen Integration«, das bedeutet, Widersprüche zu integrieren, sodass man auf einer höheren Ebene zu einer neuen Einheit kommt.[11] Erst dann – wenn wir das Ganze vor Augen haben – kann Orientierung erfolgen.

Erst dann, wenn wir das Ganze vor Augen haben, erkennen wir, dass die Widersprüche sich nicht bekämpfen müssen nach dem Motto »Wer hat Recht?«und »Für welchen (einen) Aspekt entscheide ich mich nun?«. Der Blick auf alles ermöglicht es uns zu erkennen, dass gegensätzliche Polaritäten zusammengehören und wir umso mehr ganzer Mensch werden, unser Leben und Arbeiten umso voll-

251

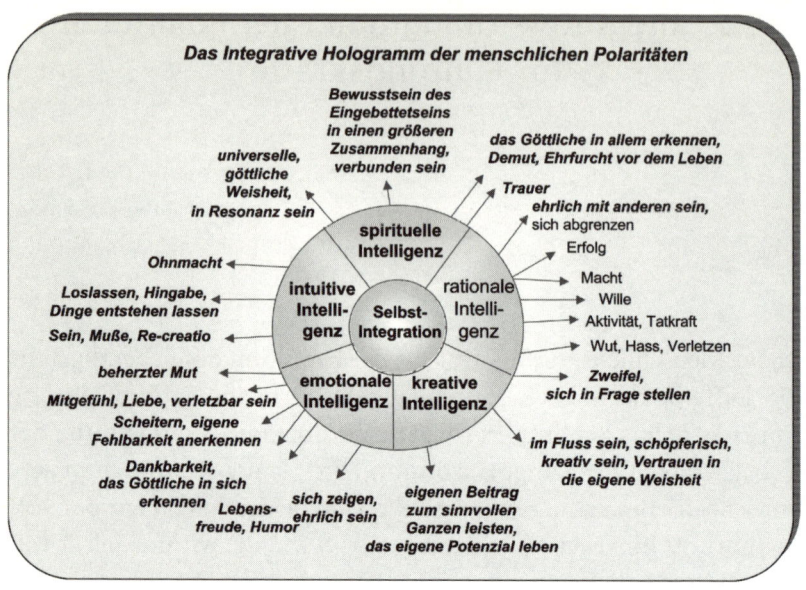

ständiger wird, je mehr es uns gelingt, sie zu integrieren. Dabei steht integratives Management in keinster Weise in Konkurrenz zu den etablierten, in Fakultäten fragmentierten Wissenschaften, denn schließlich ist jede Wissenschaft nur ein Gleichnis, ein Erklärungsversuch, auf der Suche nach dem, was die Welt im Innersten zusammenhält. Wir müssen sie nur in sinnvollen Kooperationen zusammenführen, das Verbindende erkennen, um mehr von der Wirklichkeit wahrzunehmen, um uns selbst wahrhaftiger in die Wirklichkeit zu integrieren, um uns als Mensch vollständiger und lebendiger zu erfahren.

Von der schrumpfgestaltigen Humanressource
zum ganzen Menschen!

Im Hologramm sind einige Polaritäten und Intelligenzen unseres Menschseins optisch hervorgehoben. Es sind diejenigen, die wir im Management der letzten Dekaden meines Erachtens sträflichst vernachlässigt haben. Erschreckend, wie viele Pole, Ressourcen und Qualitäten ihrer Existenz heutige Manager brachliegen lassen. Die Grafik macht die Vielzahl der ungenutzten menschlichen Ressourcen deutlich und lässt erahnen, wie anders unsere Businesswelt aussähe, würden wir uns dieser kraftvollen Qualitäten bedienen.

Wir müssen daher lernen, »alle Energien des Lebens gleichermaßen wertzuschätzen. Wir müssen begreifen, dass es zu jeder Wahrheit ein gleichwertiges Gegenstück gibt. Wenn wir mit einem solchen Gegensatzpaar konfrontiert sind – beispielsweise (rationaler) Intellekt und Intuition –, müssen wir den Wert beider Pole anerkennen und die Fähigkeit entwickeln, beides in unser Leben zu integrieren. Wenn es uns gelingt, mit allen Aspekten unseres Wesens Freundschaft zu schließen, steht uns die volle Bandbreite unserer Energien zur Verfügung. Dann sind wir nicht in einem starren Rollenverhalten gefangen und können weitaus kreativer und angemessener auf die Anforderungen des Lebens reagieren.«[12]

Es geht also nicht darum, die Ratio zu verdammen, im Gegenteil, es ist eine sehr kluge Sache, dem zu folgen, was uns unsere rationale Intelligenz eingibt. Nur ist es eben unklug, ihr alleine und ausschließlich zu folgen. Es geht vielmehr darum, zu einem funktionsfähigen Gleichgewicht zwischen unseren inneren Energien zu gelangen, um uns selbst zu be-frieden (denn alles, was wir zu verdrängen suchen, fordert umso gewaltiger seinen Tribut) und damit unseren Frieden mit anderen und der Welt zu schließen.

»Das Leben konfrontiert uns immer wieder mit unseren Einseitigkeiten und Vorurteilen und drängt uns – manchmal sanft, manchmal aber auch mit einem kräftigen Stoß – in Richtung größerer Ausgewogenheit.«[13]

Vielleicht brauchten wir die Härte der Rezession, die Gewalt und Sinnlosigkeit der letzten Kriege, die Krankheiten unserer Gesellschaft, den Zusammenbruch unserer sozialen Sicherungssysteme als »anfassbare« Beweise, als materiellen Ausdruck unseres einseitigen, und oft destruktiven Geistes, um endlich bereit zu sein, uns um die blinden Flecken unseres Seins, um unsere verdrängten, kraftvollen Potenziale zu kümmern. Vielleicht sind wir erst durch diese materielle Erfahrung des Scheiterns bereit, unser Repertoire des wirklichen Menschseins zu erweitern.

Lassen Sie uns die volle Bandbreite unserer Energien, unseres Seins im Business nutzen!

Lassen Sie mich einen Aspekt der Selbstintegration herausgreifen, der mir besonders wichtig erscheint und der leider oft missverstanden wird: Es ist unsere weit verbreitete Trennung in weibliche und männliche Polaritäten. Letztlich gelten in unserer gesellschaftlichen Kultur einige Qualitäten als »weiblich« (also genau jene Polaritäten, die wir im Business gründlich verdrängen) und andere als »männlich« (die hauptsächlich unserer rationalen Intelligenz entspringen).

Eines wird bereits hier deutlich: Frauen neigen offensichtlich dazu, mehrere Intelligenzen zu integrieren, während Männer häufig eine schrumpfgestaltigere Herangehensweise an die Dinge wählen. Es ist längst Zeit, die betonte Trennung in männliche und weibliche Qualitäten aufzugeben, damit Männer und Frauen gleichermaßen ihre Aufmerksamkeit darauf richten können, *ganzer* Mensch zu werden. Wie sehr diese irrtümliche Trennung noch immer anzutreffen ist, wird an folgendem Beispiel klar.

Bevor die Entscheidung, den Angriffskrieg auf den Irak zu beginnen, von amerikanischer Seite offiziell verkündet wurde, traf der US-amerikanische Außenminister Colin Powell den französischen Außenminister Villepin, um diesen von der Notwendigkeit des Krieges zu überzeugen. Villepin äußerte in diesem Treffen, dass weder er noch sein Land diesen Krieg wollten. Powells sämtliche Überzeugungsversuche nutzten nichts. Als dieser am Ende des Meetings entnervt den Raum verließ, sagte er den Reportern (sinngemäß): »Was ist dieser Villepin doch für ein weibischer und weichlicher Mensch!«

Warum führe ich dieses Beispiel aus der Politik an? Nun, in der Politik wie im Business versuchen wir uns in der Kunst der »Führung«. Hier wie dort geht es um das Ablegen pseudo männlicher Gebärden unserer heutigen Führungskräfte, die mit geschwellter Brust die Waffen schwingen und dynamischen Schrittes auf die Herausforderungen zugehen, wobei sie sich in vermeintlichen Allmachtsphantasien ergehen. Sie erinnern dabei eher an pubertierende Jungen, die ihre Identität und Heldenhaftigkeit aus den Wettbewerbsspielen ihrer Muskelkraft beziehen und sich zu sinnlosen, gefährlichen und letztlich zerstörerischen Mutproben hinreißen lassen – wie sie James Dean mit seinen Kumpanen ausführt im Film *Denn sie wissen nicht, was sie tun.*

Auf diesem Niveau von Pubertätswirrungen diskutieren unsere Volksvertreter auf höchster politischer Ebene, nicht ob, sondern *dass* ein Angriffskrieg in jedem Falle notwendig ist, und überhebliche Top-Manager brüsten sich mit ihren Mergers & Acquisitions-Eroberungen im wirtschaftlichen Globalisierungskrieg. Es ist Zeit, uns von der Pubertät zu verabschieden und uns zu reifen Managern und Menschen, zu einer weisen Menschheit weiterzuentwickeln.

Woher kommt diese falsch verstandene Männlichkeit? Lassen Sie uns dazu einen Schritt zurückgehen. Im Altertum erlebte sich der Mensch noch stärker als eins, als Einheit mit dem Kosmos. Doch das Bewusstsein des Gehaltenwerdens in dieser Welt, des Getragenseins von Gott, der Verbundenheit mit der göttlichen Schöpfung ging spätestens am Ende des Mittelalters verloren. So wurden Eigenschaften wie Güte, Herzenswärme, Gnade und Barmherzigkeit im 17. Jahrhundert den Frauen zugeordnet, während Qualitäten wie Willensstärke, Tatkraft und Machtstreben der männlichen Spezies zugeschrieben wurden. Und noch zu Beginn des 20. Jahrhunderts manifestiert Freud diese Zuordnung, indem er die Gefühlsseite vom Mann abspaltet und beschreibt, dass es das zentrale Anliegen der Frau ist, sich dieser Gefühlsseite hinzugeben, sie auszuleben. Es ist wiederum Freud, der es nicht bei der (an sich schon fatalen) Abspaltung belässt, sondern noch eine Bewertung hinzufügt: Während die Hingabe an die Gefühlswelt als minderwertig konnotiert wird, erfährt der dem Mann zugeordnete eigene Bemächtigungsdrang, der eigene Wille, eine Verherrlichung (Horst-Eberhard Richter sprach sogar von einer Vergöttlichung).

> Nur die Integration der Polaritäten
> lässt uns zu einem weisen Manager,
> einem vollkommenen Menschen, werden.

Für eine gelungene Integration müssen wir zunächst die uns als »weiblich« oder »männlich« bekannten Qualitäten neutralisieren: die einen sind weder minder- noch höherwertiger als die anderen. Beide Qualitäten existieren. Punkt. Sie bestehen nebeneinander in jeder Frau, in jedem Mann. Für ein volles, gesundes Leben sind beide Qualitäten für Frauen und Männer gleichermaßen bedeutend. Wir können darauf vertrauen, dass uns beide nicht deshalb gegeben wurden, weil wir eine der beiden Qualitäten überhaupt nicht gebrauchen oder unterdrücken sollten. Die Schöpfung hat sich sicher ihren Teil dabei »gedacht«. Mir liegt es fern, den androgynen Menschen zu proklamieren. Ich bin nur zutiefst davon überzeugt, dass Gott nicht an alle Polaritäten der kreativen, emotionalen, intuitiven und spirituellen Intelligenz ein Schild »ausschließlich reserviert für Frauen« gehängt hat und an die Polaritäten der rationalen Intelligenz keine Reservierung für Männer angebracht hat.

Will unsere Wirtschaft und Gesellschaft zukunftsfähig sein, ist es unerlässlich, die lange vernachlässigten Qualitäten und Intelligenzen zu integrieren. Die Entscheidung, ob wir als strahlendkraftvolle Geschöpfe eine Zukunft schaffen wollen, in der es eine Lust ist zu leben und zu arbeiten, in der ungeahnt wertvolle Qualitäten blühen, in der Erfolg und Muße, Machen und Sein eine wohltuende Symbiose eingehen, oder ob wir als immer stärker kränkelnde Schrumpfgestalten eine pathologische, verdrängungsorientierte und stark therapiewürdige Gesellschaft sein wollen, hängt von uns ab.

Integrieren Sie den Tod: Der Tod und seine Bedeutung für Führung und Management

> Herr, lehre uns bedenken,
> dass wir sterben müssen,
> auf dass wir klug werden.
> *Psalm 90,12*

Integrieren Sie die Qualität des Todes in das tägliche Management! Eine Voraussetzung dafür ist, ihn zunächst von der Bewertung zu befreien, die wir bislang mit ihm verbinden. Der heutige Manager mit seiner Ersatzreligion, seinem unbeirrbaren Technik- und Fortschrittsglauben, der ihm eine gottgleiche Allmacht verleihen soll, mit der er »alles unter Kontrolle« bekommen will, assoziiert mit dem Tod in der Regel sein persönliches Scheitern. Denn im Moment des Sterbens hätte er eben nicht mehr »alles im Griff« und müsste folglich im Tod seine eigene Ohnmacht erleben. Diese Vorstellung ist für ihn so bedrohlich, dass er sie gar nicht zulassen kann und sie konsequent aus seinem Bewusstsein verdrängt. Der Tod ist tabu.

Obwohl uns unsere Gesellschaft vor dem Tod abschottet,
sollten wir die Rolle anerkennen, die er spielt,
und auch seine Schönheit, um von ihm zu lernen
und um die richtigen Entscheidungen zu treffen.
Joan Borysenko[14]

Unabhängig davon, ob Sie an ein Leben nach dem Tod glauben oder nicht, möchte ich Sie einladen, den Tod in seiner tatsächlichen, wertvollen Qualität zu entdecken. Ob Sie ihn als Meilenstein oder Schlussstein Ihrer persönlichen Entwicklung betrachten, er fragt Sie nach dem Sinn Ihres Tuns. Wann würden Sie Ihr Leben als erfüllt und die von Ihnen geschaffene Businesswelt im Rückblick als attraktiv, faszinierend, wohltuend, segensreich bezeichnen? Die Aufforderung »Integrieren Sie den Tod!« meint nicht nur, dass wir am Ende unseres Managerlebens Bilanz ziehen sollten, sie verlangt vielmehr, das Bewusstsein um den Tod in das strategische und operative Managementrepertoire aufzunehmen.

Das Bewusstsein des Todes ist ein Freund der Frage: *Was* machen wir hier überhaupt? – eine der zentralen Fragen im integrativen Management.

Was letztlich sinngebend ist,
muss es mit dem Tod aufnehmen können.
Niklaus Brantschen[15]

Was passiert, wenn wir unseren sicheren Tod in unser Businessleben integrieren? Unsere Managemententscheidungen, unser Verhalten, unser Erleben und unsere Taten, unsere Prioritäten werden sich wie von selbst verändern. Wir werden intensiver erleben, werden die

Spreu vom Weizen trennen, es wird uns automatisch zu den sinnvolleren Projekten und Vorhaben hinziehen, zu einer größeren Klarheit, zu einer größeren Vereinfachung. Wir werden eine größere Hinwendung an Menschen, Mitgefühl und Verbundenheit empfinden und unserer eigenen Verletzlichkeit und der von anderen liebevoller begegnen. Das Klima in Besprechungen wird ein anderes sein. Wir werden den Mut haben, viele zweifelhafte Vorhaben und Projekte ersatzlos zu streichen und uns vielleicht auf lediglich zwei bis drei wesentliche interne Projekte im Jahr zu konzentrieren, weil wir erkennen, dass alle übrigen vom »sicherheits-orientierten Macherwahn« getrieben waren und es mit dem Tod nicht so gut hätten aufnehmen können.

Der Tod ist ein Symbol für das Loslassen schlechthin. So wird das verstärkte Bewusstsein um ihn letztendlich unsere Fähigkeit des Loslassens stärken – ein im Management lange vernachlässigter Pol. Unser Leben beginnt mit dem Loslassen (indem die gebärende Mutter sich von dem Kind ent-bindet) und endet mit dem Loslassen (im Moment des Sterbens, in dem wir uns von der irdischen Welt entbinden). Wenn unser Leben durch diese beiden Pole des Loslassens markiert ist, warum tun wir dann in der Zwischenzeit, in der Zeit unseres Lebens, so, als dürften wir niemals loslassen, als müssten wir uns permanent an unzähligen Maßnahmen und unwichtigen Pseudoaktivitäten festklammern, mit denen wir uns überfordern und gnadenlos ans Hamsterrad ketten? Was wir im Business tun, muss durch ein hohes Sinn-Niveau den Tod überdauern. Diese Forderung gilt sowohl für das langfristig strategische als auch das kurzfristig operative Geschäft.

Right Placement – eine zentrale Führungsaufgabe und ihre Konsequenzen

Ein Führer ist einer, der die anderen
unendlich nötig hat.

Antoine de Saint-Exupéry

Es geht nicht mehr um Macht – jedenfalls nicht im herkömmlichen Sinne. Sie werden als Manager Coach sein, der seine Mitarbeiter darin unterstützt, herauszufinden, wo deren *right place* ist, und wenn dieser Platz dann im eigenen Unternehmen ist, die Mitarbeiter darin fördert, ihr Potenzial vollkommen zu leben. Dabei muss der Manager erkennen, dass die Macht nicht vorrangig bei ihm liegt, sondern in jedem Menschen selbst! Die Botschaft an den einzelnen Mitarbeiter lautet also, wenn man eine spirituelle Sprache verwendet: Machen Sie Ihr höheres Selbst, Ihre innere Stimme, Ihre individuelle Weisheit, Ihren *Spirit* zu Ihrer Führungskraft!

Im Coaching selbst benötigt der Manager ein sicheres Gespür für das angebrachte Maß der Unterstützung. Er coacht nicht aus der Haltung heraus: »Ich weiß es besser, ich weiß, was gut für dich ist, lieber Mitarbeiter.« Nein, der Manager der Zukunft befindet sich auf gleicher Augenhöhe mit dem Mitarbeiter, ist er doch längst von seinem Podest heruntergeklettert. Die Macht im herkömmlichen Sinne loszulassen heißt auch, nicht nur das machtvolle Potenzial des Mitarbeiters zu erkennen, sondern auch, dass er es ist, der über das Tempo seiner Entwicklung entscheidet. Also wiederum loslassen und eine neue Qualität üben: Geduld, Dinge entstehen lassen ...

Wohin führt Right Placement? Was sind die Konsequenzen, wenn Sie Ihre Mitarbeiter zur Selbstliebe, zur Selbstintegration ermutigen, und dazu, ihre Lebensaufgabe zu leben?

Von der Bereinigungswelle und weiteren Herausforderungen für Führungskräfte

Wenn Sie durch das Right Placement ein Klima für persönliches und gesellschaftliches Sinn-Wachstum schaffen, werden Sie als Unternehmen eine solche Anziehungskraft auf Kunden und Mitarbeiter ausüben, dass Sie sich um eine schädliche, verlustreiche Abwanderung von Mitarbeitern keine Sorgen machen müssen. Die Mitarbeiter, deren Potenzial mit der speziellen Art von Sinnstiftung Ihres Unternehmens nichts anfangen können, oder die einfach kein Interesse an Ihrer neuen Art der Unternehmensführung haben, können Sie guten Herzens gehen lassen. Denn all jene, die dann abwandern, könnten Sie ohnehin nicht bei Ihrer Unternehmensaufgabe unterstützen. Deren richtiger Platz ist woanders.

Genauso kann der Platz des heutigen Managers morgen ein anderer sein. Der Manager der Zukunft wird zum Coach für integrative Persönlichkeits-, Unternehmens- und Gesellschaftsentwicklung. Beantworten Sie für sich, ob das eine attraktive Aufgabe für Sie ist. Wenn nicht, lassen Sie es. Dann ist Ihr Platz, an dem Sie Ihrem Potenzial in die Freiheit verhelfen können, ein anderer. Versuchen Sie nicht, sich halbherzig auf den Führungsjob von morgen einzulassen – den können Sie nur aus ganzem Herzen tun oder gar nicht.

Durch Right Placement findet in Ihrem Unternehmen also höchstens eine wohltuende Bereinigung statt. Denn Sie werden ja zeitgleich neue Mitarbeiter anziehen, die sich von dem Geist, dem *Spirit*, den Sie aussenden, angezogen fühlen – und letztlich vollziehen Sie dadurch ein »Right Placement«. Sie verhelfen den Menschen dazu, einen Platz zu finden, an dem sie die volle Kraft ihres Potenzials im Einklang mit ihrer Sehnsucht und dem *Spirit* des Unternehmens leben können. Ist das nicht wunderbar? Wer würde sich davon nicht angezogen fühlen?

Welche Fähigkeiten muss der Integrative Manager zukünftig mitbringen?

Die klassischen Anforderungen an einen Manager wurden in der Vergangenheit häufig in Form eines T-Profils ausgedrückt: er sollte über ein breites, allgemeines Management- und Führungs-Know-how verfügen und gleichzeitig ein fundiertes Tiefenwissen besitzen, um die Fachlichkeit seines Geschäftsfeldes in seiner jeweiligen Branche sicher zu beherrschen.[16]

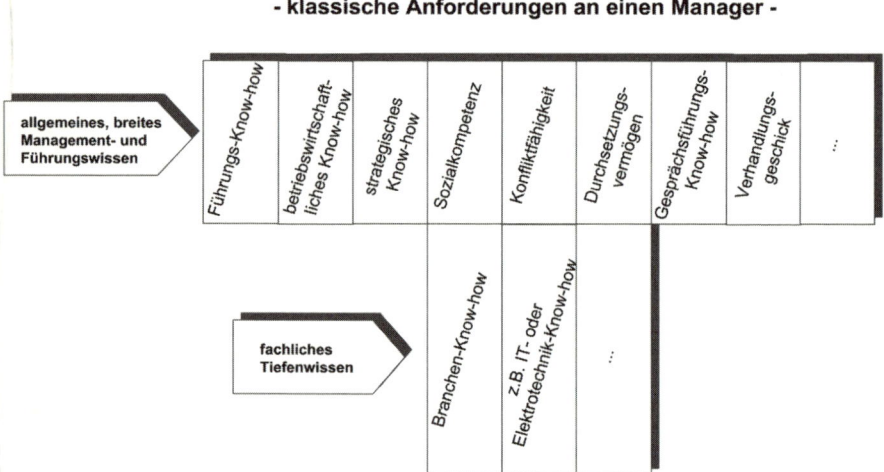

Die Anforderungen an einen integrativen Manager der Zukunft sehen dagegen anders aus. Die Bedeutung seines Fachwissens, aus dem er bislang seine Selbstsicherheit und Funktion bezog, wird stark relativiert, da nun weitere Fähigkeiten an Bedeutung gewinnen.

Hinzu kommt, dass der *integrative Manager* Fähigkeiten und Eigenschaften mitbringen muss, die nicht nur seinem wissenschaftlich erworbenen »Wissen und Können« entstammen, sondern gleichermaßen auf einer bestimmten Qualität seines »Seins« beruhen. Eine Übersicht, was der Manager der Zukunft können muss und wie er sein sollte, ist in der folgenden Abbildung dargestellt.

Anforderungen an den Integrativen Manager
- Eigenschaften und Fähigkeiten im Fluss -

Integratives Selbstmanagement	Integrative Mitarbeiter- und Team-Führung „leadership"	Integratives Unternehmens-Management
•hohe Selbstliebe	•neidlos, das einzigartige Potenzial der Mitarbeiter und deren Selbstintegration fördern	•Fach-Know-how, z.B. IT- oder Elektrotechnik-Know-how
•Selbstintegration und Integrität (allintelligent und aufrichtig)	•Coaching- und Supervisions-Fähigkeit	•Branchen-Know-how
•die eigene Lebensaufgabe leben	•Führungs-Know-how	•betriebswirtschaftliches Know-how
•nicht co-abhängig sein	•spirituelle Inspirations-Fähigkeit	•Know-how, Produktion und Produkte mit hohem Spirit-Anteil zu entwickeln
•hohes (Selbst-)Reflexionsvermögen	•Fähigkeit, zu hören	
•Fähigkeit zur Stille	•für hohe Arbeits- und Lebensenergien sorgen	•Fähigkeit, gesellschaftliche Integration voranzutreiben
•Fähigkeit, sich zurückzunehmen, vom Podest zu klettern	•Vertrauen (in die eigene Weisheit, die der Mitarbeiter und die zu integrierende Gesellschaft)	•Spirit-Marketing
•kindlicher Humor	•Erfahrung in der Nutzung aller Intelligenzen	•starke visionäre Kraft
•mutige und beherzte Tatkraft		
•hohe Menschen-Liebe, neugierig auf den Menschen sein, echtes Interesse am ganzen Mensch		
•energetische Zusammenhänge erkennen, transparent machen, nutzen		
•fortwährende Persönlichkeitsentwicklung	•hohes Abstraktionsvermögen (Metaebene, „reduce to the max", Backtracing, den Spirit erkennen, der „dahinter" steht; die Sehnsüchte kennen, die uns treiben ...)	
•Demut		
•hohe Achtung vor dem Leben, der Schöpfung, dem Kosmos		
•weiser Umgang mit den Polaritäten des Lebens; Fähigkeit, sie ausgewogen zu integrieren		

sein   können

Die neuen, integrativen Anforderungen lassen sich nicht mehr in das hierarchische Schema des T-Profils pressen. Sie weisen eine freiere, fließendere Struktur auf, die dem Charakter des integrativen Managements sehr viel mehr entspricht.

Auch das Prinzip der Gleichrangigkeit und Ausgewogenheit spielt hier, in den Anforderungen, eine Rolle, wobei der Fähigkeit zur Selbstliebe und Selbstintegration eine zentrale Bedeutung zukommt, denn: Mit ihr fängt alles an. Sie ist der Schlüssel für die Entwicklung der weiteren Fähigkeiten.

Der integrative Manager versucht also, »ganzer Mensch« zu sein; er versteht sich schließlich als ein ewig Lernender, als ein kosmischer Azubi. Seine eigene Persönlichkeitsentwicklung genauso wie die Team- und Unternehmensentwicklung hören nie auf.

Der zunehmend spirituelle, psycho-logische Charakter der Führungsarbeit lässt sich nicht leugnen – dennoch werden Sie kein Psychologe im herkömmlichen Sinne sein müssen, um eine Führungskraft der Zukunft sein zu können. Sie müssen lediglich all-intelligent sein.

Integrative Führung – eine bierernste Angelegenheit?

Ich bin immer wieder irritiert, wenn irgendwelche Gurus oder Trainer verkünden, wie gut doch das Lachen für den Menschen sei – und die getreue Anhängerschaft sich erst dann erlaubt, die Zähne zu einem zaghaften Lachen auseinander zu kriegen. Sind wir bereits so dis-integriert, dass man uns an die elementarsten Dinge im Leben erinnern muss? Warten wir nicht, bis uns jemand auffordert zu lachen! Tun wir's einfach! Humor ist ein großartiges Lebenselixier!

In der Führung von morgen geht es allerdings um eine neue Qualität von Humor. Was Führungskräfte heute für Humor halten, ist häufig nichts weiter als ein wenig witziges Machtgebahren, ein zynisch-sarkastischer, ehrgeizgetriebener Sandkastenhumor. »Dem hab ich aber ganz schön ans Bein gepinkelt« (sprich »allen Teilneh-

mern im Meeting klar gemacht, wer hier die Schuld an der Projekt-
verzögerung trägt«), »Der hab ich vielleicht ein Bein gestellt« (sprich
»die Kollegin in der Strategiesitzung ganz schön auflaufen lassen«),
»Den hab ich ganz schön ausgebremst« (sprich »dem Kollegen drei
Förmchen (= Abteilungen) hinterrücks einfach weggenommen«!) –
hähähä!

Das ist menschenverachtende Häme. Diese Art von »Humor«
passt natürlich hervorragend in das heute leider weit verbreitete
Klima der Angst und bedingt diese gleichzeitig.

Integratives Management ist keine bierernste Angelegenheit, keine
sakrale Sache, die ernste Leichenmienen von Managern und Mitarbeitern verlangt. Im Gegenteil, ich kenne kein anderes Management,
bei dem so viel aus vollem Herzen und von jedermann gelacht
würde. Allerdings ist der Humor, zu dem Manager und Menschen in
den Unternehmen dabei zurückfinden, von einer anderen Qualität:
Es ist ein befreiter, ehrlicher Humor. Manager lachen dann vor allem
über sich und das Leben, über Fehlschläge, ihre eigenen Irrungen
und Wirrungen und natürlich über ihre Erfolge! Sie haben es nicht
nötig, über andere zu lachen!

Von der Personal- zur Persönlichkeits-
entwicklung

Die Formel für den zukünftigen Erfolg von Unternehmen, die Formel des Aufschwungs lautet: Unternehmensentwicklung der Zukunft
ist Persönlichkeitsentwicklung und gleichzeitig gesellschaftliche Entwicklung. Dies bedeutet drastische Veränderungen für die Personalentwicklung, die es in Zukunft nicht mehr geben wird. Jedenfalls
nicht im herkömmlichen Sinne. Wenn ein Unternehmen sich den
»Luxus« einer Personalentwicklung heute überhaupt noch leistet,

dann besteht ihre Aufgabe zumeist darin, Mitarbeitern hin und wieder gönnerhaft die Teilnahme an einem fachlichen Seminar zu genehmigen. Häufig passen Bedarf des Teilnehmers und »verordnetes« Seminar nicht genau zusammen. Aber das Thema, das der Teilnehmer sucht und das ihm tatsächlich weiterhelfen würde, ist nicht im Standard-Weiterbildungsprogramm des Unternehmens enthalten. Sonderwünsche (das heißt die Teilnahme an einem externen, tatsächlich passenden Seminar) können aus Kostengründen nicht erfüllt werden. Immerhin gilt die Genehmigung eines Inhouse-Standardseminares ja bereits als Incentive für den Mitarbeiter, er möge also dankbar sein! Nicht selten fressen Mitarbeiter diesen absurden Brei aus der Hand der Personalentwickler. »Hauptsache, man ist mal rausgekommen aus dem Alltagstrott«, ist der Seufzer von resignierten Seminarteilnehmern, die eigentlich schon mit allem abgeschlossen haben und den immer absurderen Wahnsinn im Unternehmen längst als »normal« akzeptiert haben.

Wenn in Zukunft gilt: Personalentwicklung ist Persönlichkeitsentwicklung ist Unternehmensentwicklung, dann wird klar, dass Personalentwicklung zukünftig nur vertikal und horizontal integriert stattfinden kann, initiiert sie doch einen Entwicklungsprozess für Menschen, Unternehmen und Gesellschaft. Seminare zu Einzelthemen sind out, sie verursachen lediglich Sunk Costs. Stattdessen gilt es, einen Integrationsprozess zu initiieren, der sich in einem »Lebenskonzept des Unternehmens« abbildet. Der Prozess beginnt mit dem Design des Rahmenkonzeptes, mit einer fundierten Beratung zur Erschließung der vertikalen und horizontalen Integration, sodass Manager und Mitarbeiter in die Lage versetzt werden, ihr Unternehmen selbstständig integrativ zu führen. Langfristig mündet die externe Begleitung in eine (sehr viel weniger aufwändige) beratende Supervision des lebenslangen Entwicklungsprozesses von Managern, Mitarbeitern, Produkten, Strukturen und Prozessen sowie der Gesellschaft.

VII

Zukunftsszenarien im Business

Tauchen Sie ein in Management-Szenarien des 21. Jahrhunderts!

In übersättigten Märkten werden Werte
immer wertvoller!
(...) Und der Leitwert Lebensqualität
wird das Wertschöpfungsprinzip
der Zukunft sein!

Dr. Andreas Giger,
Zukunftsinstitut GmbH

In der Business-Vernissage finden Sie eine Mischung aus wahren und fiktiven Zukunftsbildern. Die folgenden Szenen – mitten aus dem Unternehmensalltag gegriffen – sollen Ihnen Anregung und Inspiration sein, wie Business in Zukunft integrativer gestaltet werden und dadurch erfolgreicher *und* befriedigender sein kann – in terms of money *and* of sense. Vor allen Dingen sollen die Bilder aber Ihre eigene Phantasie anregen, Sie zum Träumen einladen ... denn: »mit Träumen beginnt die Realität!«[1]

Manche von Ihnen wird es vielleicht verlocken herauszufinden, welche Elemente der Wirklichkeit und welche der Phantasie entspringen. Dabei wünsche ich Ihnen viel Vergnügen.

Ungeahnte Power in der Energie AG:
Mit hohem Bewusstsein zu einer neuen
Qualität des Managements

Frau zur Wieden, Leiterin der Personalentwicklung in der Energie AG, berichtet von ihrem im vergangenen Jahr gestarteten Power-Projekt: »Anliegen unserer obersten Führungskräfte war das Empowerment der Mitarbeiter. Alle Praxisbeispiele, die wir uns in anderen Unternehmen anschauten, hatten nur zum Teil die gesteckten Ziele erreicht. Nicht selten waren sie an formellen Strukturen und Machterhaltungsstrategien der Linienorganisation gescheitert. Schließlich wurde dem obersten Leitungskreis bewusst: Wenn wir ›Empowerment‹ nach unseren Vorstellungen gestalten wollen, müssen wir ihm ein eigenes Gesicht geben.«

So kristallisierten sich zwei Elemente heraus: Kreativität und Energetisierung.

Um die Nutzung der kreativen Intelligenz unserer Mitarbeiter anzuregen, haben wir zwei Kreativitätsräume eingerichtet. Wichtig war uns dabei, die kreative Energie des Menschen so selbstverständlich wie möglich in den Arbeitsalltag zu integrieren und ihr genügend Raum zu geben, damit sie jederzeit genutzt werden kann. Schließlich lässt sich Kreativität in keine festen Strukturen zwängen. Sie gehorcht ihren eigenen Gesetzen, muss frei fließen und sich ausdehnen können – wie es ihr beliebt. Kreativität als fortwährendes Arbeitsprinzip zu verstehen und zu fördern – das ist unser zentrales Motiv.

Die Kreativitätsräume können sowohl von Teams als auch von einzelnen Mitarbeitern genutzt werden. In den Räumen steht ein großes Angebot von Mitteln bereit, die geeignet sind, der eigenen Kreativität Ausdruck zu verleihen: ein elektronisches Silent-Piano, Trommeln, ein Marimbaphon, Farben, Leinwände, Papier und Stifte, um zu malen oder zu schreiben, Ton, um zu kneten, Noten, um zu singen, etc. Das Besondere daran ist, dass der Raum sowohl »zwecklos« als auch im beruflichen Kontext genutzt werden kann. So kann zum Beispiel ein Mitarbeiter den Raum während seiner Arbeitszeit belegen, um dort eine Dreiviertelstunde Klavier zu spielen oder zu malen – um danach wieder mit neuen Ideen oder einer neuen Perspektive an die Arbeit zu gehen. Genauso können Teams den Raum nutzen, um kreative Lösungen für fachliche Probleme zu finden oder um Produkte und Serviceangebote weiterzuentwickeln. Wir sind davon überzeugt, dass sowohl künstlerische als auch problemlösende Kreativität *einer* kreativen Quelle im Menschen entspringen. Von daher erlauben wir es uns, aus dieser einen Quellen zu schöpfen und beide Zweige zu leben, da sie sich gegenseitig befruchten.

Zum Projekt gehörte es auch, unter Anleitung eines Externen zu lernen, wie Mitarbeiter und Führungskräfte sich ihren persönlichen Zugang zur kreativen Intelligenz erschließen, wie sie das Energiezentrum der kreativen Intelligenz in ihrem Körper aktivieren, wie Kreativität gelingen kann und welche Kreativitätskiller man vermeiden sollte.

Dass unser Konzept aufgeht, zeigen die Ergebnisse. So berichtete mir kürzlich ein Bereichsleiter, wie begeistert er von den Lösungsideen sei, die sein Team für ein seit langem bestehendes Problem entwickelt habe. Und auch andere Führungskräfte berichten, dass es wirklich erstaunlich sei, welche Energien und Ideen mit innovativen Kreativitätsmethoden freigesetzt würden. Im Vorfeld standen einige Führungskräfte und Mitarbeiter dem ganzen Vorhaben sehr skeptisch gegenüber. Was jedoch überzeugt, sind die Ergebnisse. Unser Ziel ist es, in den nächsten Jahren eine ergonomische Kreativitätsarchitektur auch in die Büros der Mitarbeiter hinein fortzusetzen.

Das zweite Modul unseres Power-Projektes widmet sich der »Energetisierung«. Dazu haben wir einen Energieraum nach der holistischen Farbenlehre eingerichtet und mit besonderem Licht, klassischer Musik, Entspannungsliegen, Meditationskissen und Chi-

Maschinen ausgestattet, die zum einen den Körper entspannen und zum anderen in energiesteigernde Schwingungen versetzen. Wichtig ist auch hier, dass der Raum von Einzelpersonen für sich alleine gebucht und somit ungestört genutzt werden kann. Der Schutz des Individuums muss unserer Erfahrung nach gewährleistet sein, um die volle Wirkung erzielen zu können. Ansonsten schielt man nach dem Kollegen, was der wohl gerade treibt, oder man fühlt sich selbst beobachtet und damit blockiert. Wichtig ist auch, dass jeder selbst entscheidet, ob, wann und wie lange er das Angebot nutzen möchte.

Wichtig bei dem Energetisierungsraum ist uns, ein breites Angebot für die Vitalisierung, die Regeneration (Recreatio) zur Verfügung zu stellen, sodass jeder das für sich Passende finden kann. Dafür hat unsere Belegschaft verschiedenste Methoden des Selbstmanagements kennen gelernt. Hier sind Kenntnisse aus der Quantenfeldtheorie, dem Zen, der Psychosynthese, der Chinesischen Medizin, dem Qi Gong, dem Yoga, der klassischen Musik, der westlichen Medizin, aus östlichen und westlichen Meditationstechniken und vielen anderen Disziplinen zusammengeflossen.

Insbesondere die sehr analytisch vorgehenden, eher skeptischen Mitarbeiter konnten wir durch den wissenschaftlichen Nachweis der Wirksamkeit der Methoden überzeugen. Schließlich wurde bereits 1975 von dem Harvard-Mediziner Herbert Benson nachgewiesen, dass regelmäßige Meditation Angst und Depressionen verringert, Freude und Vitalität steigert und stressbedingte Krankheiten mindert.

Das Besondere in diesem Raum ist das Repertoire an klassischer Musik, das hier bereitsteht. Jedermann und jede Frau findet hier die passende Unterstützung für die jeweilige Gemütslage. Jedes Musikstück ist mit seiner entsprechenden Wirkung gekennzeichnet und danach sortiert. Hier haben wir das Wissen der Medizin und Musikwissenschaft genutzt. So gibt es Musik, die hilft, Stress abzubauen, Musik, die besänftigt, Mut macht, regeneriert oder die den gesamten

Organismus stimuliert etc. Aus medizinischen Studien wissen wir, dass klassische Musik entkrampfend wirkt, die Wände von Gefäßen im Körper entspannt, den Blutdruck und die Pulsfrequenz senkt, die Hirnrinde aktiviert, das vegetative Nervensystem positiv beeinflusst, Endorphine (das Glückshormon) freisetzt etc. Nicht nur bei Stress, Abgespanntheit, Wut oder Unentschlossenheit lohnt sich eine Auszeit mit klassischer Musik. Auch bei jedem anderen Gemütszustand findet man die für sich persönlich passende Unterstützung – zum Beispiel auch bei Trauer. Ein Abteilungsleiter, dessen 8-jährige Tochter kürzlich verstarb, weiß die Wirkung ausgewählter klassischer Stücke besonders zu schätzen – sie hilft ihm über die schlimmsten Phasen am Tag hinweg.

Gerade in der grauen Jahreszeit wird die klassische Musik von allen Mitarbeitern häufiger frequentiert. Sie weckt die Lebensgeister und aktiviert die Schaffensfreude. »Mit Mozart gut drauf« könnte man also sagen.

In die »Disziplin des Hörens« haben wir die Mitarbeiter und Führungskräfte mithilfe eines musikwissenschaftlich und -therapeutisch arbeitenden Beraters eingeführt. Das war uns besonders wichtig, ist doch das Hören eine Fähigkeit, die im Joballtag recht wenige beherrschen. Wir Personalentwickler beobachten immer wieder, dass die Menschen in unserem Unternehmen dazu neigen, selektiv wahrzunehmen, also nur das hören, was ihre vorgefertigte Meinung bestätigt. Während der Gesprächspartner noch redet, formuliert man im Geiste bereits die eigenen Argumente. Und so wird vieles von dem, was gesagt wird, überhaupt nicht aufgenommen, verstanden und verwertet. Man redet aneinander vorbei und wundert sich über nur mäßige Ergebnisse. Die Unfähigkeit zu hören zählt unserer Erfahrung nach zu den größten Produktivitätsfressern.

So war auch die Lernerfahrung in dem Einführungsworkshop nicht überraschend. Sie kann mit dem Zitat eines Bereichsleiters stellvertretend für viele Stimmen zusammengefasst werden: »Ich wusste gar nicht, wie viel *mehr* man gewahr wird, wenn man *tatsächlich hört*. Wie viele wertvolle Botschaften einem entgehen, wenn man diese Disziplin nicht 100-prozentig beherrscht. Erstaunt hat mich zudem, dass meine Kollegen ganz andere Dinge als ich hörten. Und ich musste erkennen: Auch sie hatten Recht. All das war in dieser Musik enthalten. Das hat meine Toleranz und meine Bereitschaft, tatsächlich aufnehmen zu wollen, gefördert.«

»So gesehen«, berichtet Frau zur Wieden, »haben wir zwei Fliegen mit einer Klappe geschlagen: Vitalisierung der Lebenskraft und eine verbesserte Kommunikation im Unternehmen.«

Rückmeldungen aus dem Betrieb sagen Folgendes: Mitarbeiter und Führungskräfte haben den Eindruck, die Steuerung des operativen Geschäftes sei irgendwie »runder«, ausgewogener, harmonischer, leichter und humorvoller geworden. Die Entscheidungen würden umsichtiger, ja klüger getroffen. Das zahle sich in den konkreten Ergebnissen aus.

Dabei fiel es anfangs noch manchem schwer, Kollegen nicht zu verurteilen, die man aus dem Energetisierungsraum kommen sah –, nach dem Motto: »Typisch Meier! Der hat wohl nichts Besseres zu tun!« Ziel unserer Personalentwicklung ist es, dass sich das Bewusstsein allmählich ändert, hin zu einem »Toll, der Meier sorgt gut für sein Selbstmanagement und damit auch für gute Ergebnisse des Unternehmens!«.

Inzwischen werden die Räume häufig frequentiert. Wir überlegen derzeit weitere einzurichten. Der Erfolg gibt uns Recht.

Schließlich lebt unser Unternehmen von »Energie«. Zugegeben, von Energie, die wir produzieren. Aber um glaubwürdig am Markt aufzutreten, können wir uns nicht den Energiequellen verschließen, die wir in uns tragen, die quasi wie ein freies Gut in uns selbst verfügbar sind. Derzeit laden wir unsere Unternehmensmarke mit dem Sinn-Gehalt des internen Power-Projektes auf. Ob intern oder extern, wir erschließen auf menschengerechte Weise Energie von

Menschen für Menschen, die diese wiederum sinnvoll nutzen können. So verbinden wir »Innen« mit »Außen« bzw. »weiche« mit »harten« Faktoren. Die für die Aufladung der Unternehmensmarke entwickelte Marketingkampagne hat das Ziel, auf Basis einer neuen Qualität in der Produktion Kunden zu binden und den Umsatz zu steigern.

Der Segen des »Silent Friday« in der »Röhren AG«

Peter Hansker, Produktmanager in der Röhren AG, war ursprünglich sehr skeptisch gegenüber dem Silent Friday. Die Idee mutete für ihn etwas sektenhaft an, erinnerte ihn an Exerzitien, wie sie in Klöstern üblich sind. Er hat es trotzdem mitgemacht. Inzwischen möchte er diese stillen Freitage nicht mehr missen. An diesen Tagen kehrt eine ganz besondere Ruhe im Unternehmen ein. Und so funktioniert es: Die Sekretärin und ein fachlicher Spezialist übernehmen den Telefondienst, halten den Kontakt zum Kunden aufrecht. Dabei wechseln sie sich mit ihren Kollegen im Rotationsverfahren ab. Alle übrigen Mitarbeiter schweigen freitags.

Dabei sind sie vom Ergebnis her sehr viel effektiver, als an »lauten« Tagen. Die Angespanntheit und Hektik wird der Arbeit genommen. »Diese Gelassenheit klingt nach bis in mein Wochenende«, berichtet Herr Hansker. Früher bin ich freitags oft erst spät abends aus dem Büro gegangen. Und dann auch noch mit schlechtem Gewissen, denn ich hatte so viel unerledigt gelassen. Spätestens am Sonntag Nachmittag holte mich der Gedanke an die Arbeit wieder ein. Ich sortierte, wie ich die sich auftürmende Arbeit in der kommenden Woche angehen wollte, bereitete mich innerlich auf schwierige Meetings vor. Für meine Anspannung und geistige Abwesenheit musste

275

ich mir dann auch noch Vorwürfe meiner Frau und Kinder anhören. Das ist jetzt vorbei. Mittlerweile habe ich aufgrund des ruhigen Freitags nicht nur eine größere Gelassenheit entwickelt, ich kann auch besser die Spreu vom Weizen trennen, das heißt Wichtiges von Unwichtigem unterscheiden. Das Schweigen gibt den Dingen wieder das richtige Tempo. Und man hört vor allem Dinge, die sonst von der lärmenden, hektischen Geschäftigkeit übertönt werden: Dinge, die auf der feinstofflichen Ebene quer liegen, gären, sich mitteilen wollen, die aber noch nicht reif sind oder geklärt werden wollen. Dafür habe ich sein sehr viel besseres Gespür entwickelt.

So macht es gar keinen Sinn, bei den Kollegen irgendeinen fachlichen Projektfortschritt zwanghaft einzuklagen, wenn erst ganz andere hemmende Faktoren geklärt werden wollen, die meist die Befindlichkeiten der Menschen betreffen. So gesehen profitieren nicht nur ich und meine Kollegen, unser ganzes Arbeitsklima, von dem Silent Friday, sondern auch meine Frau und meine Familie.«
»Ich habe insgeheim schon einmal überlegt«, fügt Herr Hansker zögernd an, »meiner Frau und meinen Kindern vorzuschlagen, an einem Abend in der Woche zu Hause ein paar Stunden zu schweigen. Ich denke, dass würde uns allen gut tun. Es würde uns allen die nötige Ruhe und Zentrierung geben. Vielleicht macht es auch Sinn, morgens beim Frühstück bzw. bis wir das Haus verlassen zu schweigen. Möglicherweise probieren wir beides einmal aus, um festzustellen, was uns besser bekommt. Ich glaube, ich werde den Vorschlag einmal wagen.«

Herr Müller, ein Kollege von Herrn Hansker, schätzt insbesondere die folgende positive Veränderung. Die schweigenden Mitarbeiter tauschen nicht all das, was sie an einem normalen Arbeitstag mündlich besprechen würden, an einem Silent Friday schriftlich im Ersatzmedium Intranet aus. Herr Müller: »Das ganze überflüssige Geschwafel fällt einfach weg. Und macht dem Wesentlichen Platz. Der Silent Friday sorgt quasi für eine Entrümpelung im Alltag.«

Herr Müller war es auch, der den Anstoß dafür gab, gerade diesen Nutzen in die täglichen Abläufe »hinüberzuretten«, genauer: in die regelmäßigen Jour fixe-Runden von Produktmanagement, Vertrieb und Geschäftsführung. Er schlug vor, diese Jour Fixe-Runden mit einem 15-minütigen Schweigen zu beginnen. Waren anfangs noch zwei Kollegen aus dem Vertrieb sehr skeptisch aus Sorge, man könne doch die Zeit nicht einfach so verplempern, so haben sie inzwischen erkannt:

»Im Nichtstun bleibt nichts ungemacht.«[2]

Der Ablauf des Meetings ist nun folgender: Abwechselnd stimmt einer der Teilnehmer durch einen kurzen Text oder auch ein Gedicht auf die Stille ein.

Stille ist elementar dafür, dass unsere Seele überlebt, und nicht nur ein roboterhaft funktionierender Teil von uns, sondern wir als ganzer Mensch mit all unseren Bedürfnissen.

Sie erschließt uns den Zugang zu all unseren Intelligenzen, zu unserer Weisheit, zu unserer inneren Stimme, die uns sagt, was wir wirklich wollen, was uns wirklich wichtig ist.

Vor und nach dem 15-minütigen Schweigen wird ein Gong geschlagen und dann nimmt das Meeting seinen ganz normalen Verlauf. Mit einem Unterschied: »Es herrscht ein ruhigeres, besonneneres Klima, unterschiedliche Standpunkte werden leichter integriert. Früher ging es oft hoch her in diesem Jour fixe – kein Wunder bei den unterschiedlichen Charakteren und Interessenslagen aus Vertrieb und Produktmanagement. Ich habe den Eindruck, dass wir achtsamer, umsichtiger und fundierter in unseren Entscheidungen geworden sind. Wir verschwenden vor allem nicht mehr so viel Energie für Nebenkriegsschauplätze oder das persönliche Sich-Aufplustern. Dauerten die Jour-fixe-Runden früher mindestens bis 11.30 Uhr, so sind wir jetzt meist schon um 10.30 Uhr fertig. Insgesamt gesehen ist das Schweigen ein Gewinn für alle – die Produktivität im

Unternehmen, die Ergebnisse und die einzelnen Personen«, schließt Herr Müller.

Alt und abgeschoben – oder: Weise und willkommen?

Der Gedanke an das Altern beschäftigte ihn schon lange. Schließlich hatte er selbst schon ein gewisses Alter erreicht. 54 Jahre – das war kein Pappenstiel. Er blickte auf 30 geballte Jahre an Berufserfahrung zurück. Anfangs sein Studium – damals noch mithilfe eines Stipendiums finanziert. Glück gehabt. Na ja, auch fleißig gewesen – oder besser: ehrgeizig. Schließlich wusste er schon damals, was er wollte: vorankommen. Erfolgreich sein. Am besten sein eigener Herr sein, ein Unternehmen gründen. Und auch bald eine Familie.

All das war ihm gelungen. Dabei war er nicht nur in der Firma durch Höhen und Tiefen gegangen, auch in der Ehe. Und dennoch: Wie ein roter Faden, wie eine unterschwellige Strömung zog sich kraftvoll und stetig eine sichere Stabilität durch sein Leben, die tiefer lag und die ihn – allen stürmischen Bewegungen an der manchmal rauen, manchmal sanften, Oberfläche des Lebens-Meeres zum Trotz – sicher durch alle konjunkturellen Aufs und Abs und familiären Schwankungen getragen hatte.

Nein, er mochte seine Erfahrungen nicht missen. So viel Essenz, so viel Weisheit, die er im Laufe der Jahre angesammelt hatte – wahre Schätze in seinem Kopf und seinem Herzen. Er teilte sie gerne mit seiner Frau, wenn beide an lauen Sommerabenden auf der Terrasse ihres Hauses gemeinsam einen guten Tropfen Rotwein genossen.

Und dennoch. Man konnte nicht alle gemachten Erfahrungen, sämtliche persönlichen Erkenntnisse, die im Laufe eines Lebens entstanden waren und zu einer gehaltvollen Essenz an menschlicher

Weisheit verschmolzen waren, mit anderen Menschen teilen. Dieser Gedanke beunruhigte ihn seit einiger Zeit. Immer wieder schlich sich die Frage in sein Bewusstsein, auf die er allerdings noch keine befriedigende Antwort gefunden hatte: Was, wenn sich niemand – außer seiner Ehefrau – für diese leuchtenden Schätze an Erfahrungen und Erkenntnissen, die er in seiner inneren Schatzkiste gesammelt hatte, interessieren würde? Man muss doch Wertvolles weitergeben. Dieses Anliegen drängte ihn, je älter er wurde. Sieht nicht auch die natürliche Ordnung vor, dass der Mensch in seinen späten Jahren Erfahrenes lehren und weitergeben soll?

Was passiert mit seinen persönlichen Erfahrungsschätzen, wenn er sich in drei bis vier Jahren aus der Firma zurückziehen wird? Wird er sie, wie in einem unsichtbaren Rucksack, mit sich herumtragen, von dessen Inhalt niemand weiß? Wird sein Rucksack ungeöffnet bleiben und trotz wertvoller Waren allmählich zur Bürde werden, weil sie keiner haben will? Oder werden sie irgendwo willkommen sein?

»Traurig, wie wir mit den Alten in unserer Gesellschaft umgehen!« – dieser Satz hatte sich ihm eingeprägt. Sein Freund Helmut hatte ihn neulich seufzend geäußert, als er und seine Frau Helga bei ihnen zu Besuch waren. Er selbst war gerade damit beschäftigt gewesen, den Espresso zuzubereiten, und hatte das Gespräch bei Tisch nur aus der Ferne wahrgenommen. Doch dieser Satz erreichte ihn wie ein Blitz – und haftete seitdem in seinem Gedächtnis.

Es war dieser Satz, der sich fortan immer wieder mit einem Bild mischte, das ihn ebenfalls seit Längerem begleitete. Wenn er abends, nach getaner Arbeit, mit dem Wagen aus der Tiefgarage seiner Firma fuhr, sah er häufig einen älteren Herrn – er mochte vielleicht so um die 64 sein –, der seinen abendlichen Spaziergang mit seinem Hund machte. Er wirkte gepflegt und strahlte diese Milde und Güte des Alters aus, die er schon als Kind von seinem Opa her kannte – eine Qualität des Menschseins, die ihn in letzter Zeit immer stärker berührte, wenn er älteren Menschen begegnete. Hin und wieder glaubte er in den Augen der Alten eine jugendliche Frische, eine Art alterslose Wachheit aufblitzen zu sehen – und zwar immer dann, wenn man mit ihnen über elementare Themen des Menschseins sprach: Über die Begeisterung für persönliche Leidenschaften; über die mit einer Mischung aus Angst und Neugier gemeisterten Herausforderungen des eigenen Lebens – in jene Melange mischte sich in den meisten Fällen schließlich Stolz über das »Es-gewagt-Haben« und den persönlichen Erfolg; über Mitgefühl für nahe stehende Menschen, Familienmitglieder und Kollegen; über Liebe, Kränkungen, Misserfolge und Verletzlichkeiten ... Ja und auch dann, wenn die Alten darüber sprachen, wie Menschen in Unternehmen »funktionieren« und auch nicht »funktionieren«.

In der Ausstrahlung des älteren Herrn glaubte er, auch eine Spur Einsamkeit und Frustration wahrzunehmen, vielleicht darüber, dass seine persönlichen Schätze seinen Mitmenschen zu einem Gutteil verborgen bleiben würden. Vielleicht kämen sie nie mehr ans Tageslicht? Vielleicht würde er sie mit ins Grab nehmen, wo sie sich mit ihm zu Erde zurückverwandeln würden? Oder würden sie selbst unausgesprochen als Energien, als geistiges Erbe für die noch Lebenden zurückbleiben?

Würde er in fünf Jahren diesem spazieren gehenden Herren gleichen? Er wollte es jedenfalls nicht darauf ankommen lassen.

Heute erinnert er sich schmunzelnd an seine Gedanken vor drei Monaten zurück. Wie sie sich scheinbar systematisch entwickelten, aufeinander aufbauten, zu einem damals noch ungeahnten Ergebnis reiften. Was große Konzerne als »Generation-Programme« an die große Glocke hängen, war für ihn stets Ehrensache gewesen: ältere Mitarbeiter nicht mit Ende fünfzig staatlich bezuschusst zu entlassen, sondern sie im Unternehmen zu halten. Das gebot seiner Ansicht nach der ganz normale Anstand. Da musste man keine große Sache daraus machen.

Nein, was ihn umtrieb, war die Frage, was passiert im Pensionsalter mit all dem Wissen und der Weisheit, die, basierend auf Milde und Güte, zu einer ganz neuen und wirklich nur im Alter vorhandenen Qualität gereift sind? Diese könnten doch so segensreich in Unternehmen, in öffentlichen Betrieben etc. wirken! Stattdessen entsorgen wir sie in Seniorenheimen, lassen die alten Menschen aufgabenlos degenerieren, in einer energie- und nutzlosen letzten Phase ihres Lebens. Staatlich gefördert. Kein würdiger Abschied vom Leben. Ein Dahinvegetieren, das man keinem Menschen und sich selbst am allerwenigsten wünscht. Und irgendwie zeugte dieser Umgang mit den Alten in seinen Augen auch von einer grundsätzlichen Respektlosigkeit vor dem Leben. Nein, davor wollte er sich und andere retten. Es musste doch noch andere Wege geben!

Und so wie er seinen eigenen Weg schon immer gesucht hatte, wollte er auch hier keine Bücher lesen oder sich beraten lassen. Er wollte etwas tun, sich von seinen eigenen Ideen leiten lassen. Deshalb hatte er vor nun sechs Wochen den älteren Herren, Herrn Gustav Heidenkamp, einfach angesprochen – eines Abends, als er wieder einmal aus der Tiefgarage kommend seinen Heimweg antrat. Er fragte ihn, ob er nicht Lust und Interesse hätte, sein Wissen und seine Erfahrung seinen Mitarbeitern zur Verfügung zu stellen. Herr Heidenkamp war zunächst recht verdutzt und wollte mehr erfahren. Und so verabredeten sie sich für den nächsten Tag zum Mittagessen. Dabei entstand die Idee, die sie inzwischen in die Tat umgesetzt haben:

Der damals für ihn noch namenlose ältere, spazieren gehende Herr Heidenkamp »arbeitet« heute für ihn. Zwei Tage pro Woche. Er supervidiert Teamsitzungen, Projektsitzungen, Meetings jedweder Art. Als stiller Teilnehmer notiert er seine Beobachtungen – all, das, was nicht ausgesprochen wird, aber doch vorhanden ist und den Verlauf des Meetings manchmal stärker bestimmt als die geäußerten Sachargumente. Atmosphäre, feinstoffliche Energien, »was in der

Luft liegt«, Körpersprache – schlichtweg alles, was ihm in seiner luxuriösen Position des unbeteiligten Beobachters auffällt. Und all dies gibt er anschließend zum Besten – wertfrei. Kommentare, Rechtfertigungen von Seiten der Angestellten sind nicht erlaubt. Inzwischen wurde auf Wunsch der Mitarbeiter folgendes Ritual für eine bewusstere, disziplinnierte Teamkultur ergänzt: Wünsche an den Meetingverlauf und das, worauf der Einzelne bezüglich seines eigenen Kommunikationsverhaltens achten möchte, werden von jedem Meetingteilnehmer zu Beginn kurz benannt – es ist beinahe so, als ob die Mitarbeiter um den Segen für ein erfolgreiches Meeting bitten würden. Aufgrund seiner ausgleichenden Art wird Herr Heidenkamp inzwischen recht häufig auch als Moderator für Meetings mit Kunden angefragt.

Ursprünglich hatte er Herrn Heidenkamp ein Entgelt angeboten, was dieser jedoch partout ablehnte. Würdigung und Wertschätzung seiner Arbeit erfährt Herr Heidenkamp damit also auf nicht monetäre Weise: durch die Feedbacks der Teilnehmer an den Meetings und reziproke Leistungen, die von diesen bei Bedarf erbracht werden, wie zum Beispiel Herrn Heidenkamp beim Tapezieren seiner Küche oder beim Fällen eines Baumes in dessen Garten zu helfen.

Der größere Zusammenhang seiner Idee wurde ihm erst gestern bewusst: Herr Heidenkamp klagt nicht mehr über Schwindelgefühle wie zu Beginn ihrer Bekanntschaft. Er wirkt irgendwie wacher, lebendiger. Würden dies alle Unternehmen machen, ließen sich dadurch enorme Kosten für das Gesundheitswesen einsparen. Sie würden erst gar nicht entstehen. Zumindest nicht in dem aktuellen Ausmaß. Alleine durch eine sinnvolle Aufgabe für die Alten, der Nutzung und Würdigung dessen, was da in einem Leben gesammelt wurde. Das wurde ihm heute klar. Er will auf jeden Fall diesen integrativen Weg weitergehen. Sein unternehmerischer Gewinn liegt dabei in einer gesteigerten Effizienz im operativen Geschäft. Daneben verspürt er jedoch noch einen persönlichen Gewinn: Er empfindet eine stärkere regionale Verbundenheit mit den Menschen seiner Umgebung. Seine Firma hört nicht mehr mit den Mauern seines Büro- und Produktionsgebäudes auf. Und darum scheint es wohl auch im Alter zu gehen: sich mit den Mitmenschen zu verbinden, über die Grenzen des eigenen Egos hinaus, ja und sogar mit dem Überirdischen. Schließlich geht die Reise mit dem eigenen Tod ja ohnehin dorthin. Über diese seine Gedanken staunte seine Frau gestern Abend nicht schlecht – bei einem guten Glas Rotwein auf der Terrasse.

Natürlich, so gesteht er sich ein, sei sein Projekt mit Herrn Heidenkamp auch ein »Am-anderen-Üben«, um sich selbst auf sein eigenes Leben im Alter vorzubereiten. Das gibt er gerne zu. Aber warum soll man Eigennutz nicht mit dem Nutzen anderer verbinden? Schließlich sucht er doch nur nach einem Weg, der Alte weniger verkümmern lässt – weder körperlich noch geistig oder psychisch.

Und nach dem Staat zu rufen – dazu hat er keine Lust. Da nimmt er doch lieber selbst das Heft in die Hand. Und beweist sich, dass auch noch andere Wege möglich sind. Das beruhigt ihn – angesichts seines eigenen, unausweichlichen Schicksals des Alterns.

Die nächste Idee zu einer größer angelegten Integration der Alten schwirrt bereits in seinem Kopf herum und nimmt immer konkretere Formen an. Eine Kinderbetreuungsstätte in seinem Unternehmen, verbunden mit dem Seniorenheim der Stadt – das müsste doch funktionieren. Die Kinder kämen nach der Schule ins Unternehmen, könnten in der Kantine mitessen und würden dann anschließend von den Alten bei den Hausaufgaben betreut. Dabei müssten die Alten nicht unbedingt etwas von dem Lehrstoff verstehen – sondern einfach nur da sein und überwachen, dass die Hausaufgaben ordentlich gemacht werden. Ansprechpartner sein für das, was die Kinder bewegt, etwas spielen, etwas unternehmen ... je nachdem, wie fit der Einzelne noch ist.

Wenn hinter den Falten der Alten noch so viel Lebendigkeit vorhanden ist, genauso wie ihr Wissen um das, was Substanz hat, oder die Fähigkeit, Elementares von Unwichtigem zu unterscheiden, getragen von Qualitäten wie Nachsicht, Milde, Mitgefühl, Vergebung etc., dann müssten dies doch wertvolle Geschenke für Kinder und Jugendliche sein. Welcher Heranwachsende hat heute noch Gelegenheit, regelmäßig Zeit mit Alten zu verbringen, geschweige denn mit seinen Großeltern aufzuwachsen?

Auf diese Weise würden sein Unternehmen und seine Angestellten profitieren. Schließlich belegen Studien, dass berufstätige Mütter sehr viel entspannter und damit produktiver arbeiten können, wenn die Frage der Kinderbetreuung sicher gelöst ist. Und die Alten profitierten von dem Gefühl, gebraucht zu werden und einen sinnvollen Beitrag zu leisten. Zugleich würden die öffentlichen Kassen entlastet.

Man müsste herausfinden, wie viel Verantwortung die Alten übernehmen können und wollen. Ihnen würde er gerne ein Entgelt zahlen. Einen Teil könnte er aus dem Unternehmensgewinn beisteuern und vielleicht übernähmen die Eltern der Sprösslinge ebenfalls einen Anteil.

Wieder einmal packt ihn die Lust, Neues auszuprobieren. Machen und dann optimieren. Das ist sein Weg.

Mit Hightech *und* Seele sinnvolle Innovationen gestalten

Interview mit dem Chefarzt Professor Dr. Brockmöller, Herzchirurg an der Bronnwald-Klinik.

Herr Professor Brockmöller, Sie haben im letzten Jahr Ihre Klinik produktseitig ganz neu aufgestellt. Wie kam es dazu?

Es waren zwei parallele Entwicklungen, die zur Neuausrichtung unserer Klinik führten. Zum einen wurde der Kostendruck in den

letzten Jahren immer stärker. Sie kennen das: hohe Verwaltungs-
kosten, Kosteneinsparungen im Gesundheitswesen, ausufernde In-
standhaltungskosten nicht nur für die Immobilien, sondern auch
notwendige Re-Investitionen in medizintechnische Geräte führten
dazu, dass die Schere zwischen Kosten und Erträgen immer stärker
auseinander klaffte ... und das alles bei steigender Patientenzahl, die
zudem eine höhere Versorgungsintensität verlangt. Keine besonders
komfortable Situation für das Klinikmanagement.

Gleichzeitig hatten ich und unsere leitenden Ärzte uns in der Vergangenheit kontinuierlich weitergebildet. Die gesammelten Erkenntnisse haben wir in unsere Neuausrichtung einfließen lassen.

Welche Erkenntnisse waren das genau?

Zum Beispiel die Ergebnisse von Professor Popp, Wissenschaftler am
Institut für Biophysik in Neuss. Er bewies in seiner Forschungsarbeit,
dass jede Körperzelle eine Lichtkraft besitzt. Diese Lichtstrahlen werden mit der Biophotonen-Methode gemessen. Jede Zelle leuchtet.
Auch die von Pflanzen und Tieren.

Das, was die Esoteriker bislang »Aura« nennen, ist nun also medizinisch-
wissenschaftlich nachgewiesen?

Ja. Jeder Mensch besitzt einen Lichtkörper. Wir vermuten, dass diese
Lichtkraft, diese Photonenenergie eine heilende Qualität besitzt. Zu-
mindest konnte gemessen werden, dass die Photonenenergie von
Heilern, wie die von Christos Drossinakis, Frankfurts bekanntestem
Heiler, besonders hoch ist.

Aber was bedeutet dies nun für Ihr Leistungsportfolio?

Nun, wir bieten quasi eine Symbiose aus Schul- und Alternativmedi-
zin an. Das heißt, wir arbeiten seit einem Jahr mit Heilern und Reiki-
Meistern zusammen, die über ihre Hände Energie übertragen und
damit die Selbstheilung der Patienten aktivieren.

Wie muss man sich das vorstellen?

Nach den Operationen binden wir diese Energiearbeit in den Therapieplan mit ein. Wenn die Patienten dafür offen sind, übertragen die Heiler diese intensive Lichtenergie mit ihren Händen auf die Wunde bzw. das zu heilende Organ des Patienten.

Wie sind Ihre Erfolge?

Sehr gut. Wir können Patienten in der Regel vier bis fünf Tage früher als in der Vergangenheit entlassen.

Das klingt sehr ungewöhnlich ...

Ist es aber im Grunde nicht. Schließlich liegt – unserer Meinung nach – die Zukunft der Medizin darin, Zellen nicht nur stofflich zu beeinflussen, sondern eben auch durch Licht, durch die Psyche, die Kraft der Gedanken, feinstoffliche Energien etc.

Nicht nur in der Therapie, auch in der Forschung arbeiten Naturheilkundler heute schon sehr viel stärker mit Schulmedizinern zusammen als noch vor wenigen Jahren. Professor Popp oder auch Dr. Schlebusch vom Zentrum für Dokumentation von Naturheilverfahren leisten hier große Dienste. Sie fördern die gegenseitige Verständigung und Akzeptanz. Das ist auch das Anliegen des interdisziplinären Ansatzes unserer Klinik. Auch wenn dies heute noch von industriellen Lobbyisten belächelt und bekämpft wird, die Mauern zwischen den Disziplinen bröckeln immer mehr ab und weichen einer erfolgreichen Zusammenarbeit.

Letztendlich kommt es ja darauf an, den Menschen gesund zu machen.

Stehen Sie mit Ihrem interdisziplinären Ansatz nicht allein auf weiter Flur? Die aktuellen Reformen werden von ganz anderen Themen, wie Kostensenkung, Leistungskürzung und Selbstbeteiligung der Patienten beherrscht. Hat Ihr Ansatz vor diesem Hintergrund überhaupt eine realistische Chance?

Ja, sogar eine sehr gute. Schauen Sie, wir können Patienten in der Regel vier bis fünf Tage früher entlassen als in der Vergangenheit. Das spart enorme Kosten. Die Aufwände für die interdisziplinären Methoden sind dagegen Peanuts.

Wenn wir aus der Kostenfalle herauskommen wollen, werden wir uns also zwangsläufig um die Zusammenarbeit verschiedenster Disziplinen im Gesundheitswesen bemühen müssen.

Welche weiteren Module gehören zu Ihrem integrierten Konzept?

Wir haben die Seelsorge nicht gestrichen. Das werte ich als großen Erfolg, fällt sie doch meist als Erstes den Einsparprogrammen zum Opfer. Ähnlich wie in den Wirtschaftsunternehmen – meine Frau arbeitet in einem großen Finanzdienstleistungsunternehmen – wo an den »weichen« Faktoren zuerst gekürzt wird. Dabei sind diese doch oft die maßgeblichen Schlüsselfaktoren für den in »harter« Währung messbaren Erfolg.

Die Seelsorge zu erhalten und sogar auszubauen war das Ergebnis eines langen Ringens mit unserem kaufmännischen Direktor. Doch schließlich haben ihn die Zahlen aus einer Studie von Dr. Elisabeth McSherry in den USA überzeugt.

Sie untersuchte die Wirkung der Seelsorge an 700 älteren Herzpatienten, die mit kostenintensiven Methoden behandelt werden mussten. Die eine Gruppe der Kranken wurde im üblichen Maße von etwa drei Minuten pro Tag von Krankenhausseelsorgern betreut. Die zweite Gruppe erhielt täglich intensive Besuche, die im Schnitt eine Stunde dauerten. Mit dem Ergebnis, dass die seelsorgerisch besser betreuten Patienten rund zwei Tage früher entlassen werden konnten. Die intensivere Seelsorge kostete das Krankenhaus 100 Dollar mehr pro Patient – dem gegenüber standen jedoch 4000 Dollar weniger Kosten pro Patient aufgrund der früheren Entlassung.

Wie rechnet sich die Seelsorge in Ihrer Klinik?

Wir setzen seit einem Jahr Seelsorger auf allen Stationen ein und haben auf diese Weise nicht nur die Gesundung beschleunigen, sondern auch die Kosten drastisch senken können. Wie gesagt, wir entlassen die Patienten deutlich früher als bisher. Ein Effekt, der auf beide, die energetische und seelsorgerische Unterstützung zurückzuführen ist. Das bedeutet etwa 6200 Euro weniger Kosten pro Patient (bereits abzüglich der Aufwände für die interdisziplinären Module).

Wie sieht die Seelsorge in Ihrer Klinik genau aus?

Unsere Seelsorger bieten ihren Dienst unaufdringlich an: Jeder Patient hat die Möglichkeit, das Angebot abzulehnen. Wesentliche Effekte liegen in der Zuwendung, die die Patienten bekommen, aber auch darin, dass sie ermutigt werden, selbst aktiv etwas für ihre Gesundung zu tun – also nicht nur passiv eine Reihe medizinischer Versorgungseinheiten über sich ergehen zu lassen. Das gibt ihnen Selbstvertrauen und erinnert sie an ihre eigene Macht und Verantwortung für ihre Gesundheit.

Unsere hoch qualifizierten Seelsorger bieten deshalb ein breit gefächertes Repertoire von bewährten Methoden an, die von jedem Mann und jeder Frau leicht anwendbar sind. So zum Beispiel die psychoperistaltischen Übungen nach Gerda Boyesen, darunter ganz einfache Bewegungen des Kiefers, die im Grunde jeder Patient von seinem Krankenbett aus machen kann. Höchst effektive Übungen, welche nicht nur den mit der Operation verbundenen Stress und die Ängste, sondern auch die gesamte »Psychoschlacke« des Patienten entsorgen und ihm helfen, zu seinem ursprünglichen körpereigenen Wohlbefinden zurückzukehren. Selbst etwas zu tun für die eigene Rehabilitation von Körper, Geist und Seele ist äußerst wichtig, um zu genesen und dauerhaft gesund zu bleiben.

Auch die »heilenden Laute aus dem Tao« haben sich als sehr hilfreich für die Gesundung unserer Patienten erwiesen. Es ist zwar anfangs etwas befremdlich für die Patienten zu tönen, das heißt bestimmte Töne zu produzieren, die ihre Organe in eine heilende Schwingung versetzen. Die meisten von ihnen sind aber schon bald von der Wirksamkeit überrascht. Und nebenbei heitert das Tönen die Stimmung in den Krankenzimmern auf.

Darüber hinaus lehren unsere Seelsorger den Patienten, wie sie sich durch Affirmationen und Visualisierungen, das heißt durch kraftvolle Sätze und Bilder auf ihre Heilung konzentrieren können. Das Angebot reicht bis zu gemeinsamen Meditationen oder, wenn erwünscht, auch zu gemeinsamen Gebeten.

Im Grunde ist es sehr einfach: All das für den Menschen Gute und Nützliche, welches die verschiedenen Disziplinen zu bieten haben, kombinieren wir in unserem Seelsorge-Konzept – das Wissen aus der Schulmedizin und Psychologie, der östlichen und westlichen Weisheit, aus affinen Wissenschaften, Religionen etc. – bringen wir hier zusammen. Eigentlich wäre es ein Frevel, wenn wir das nicht täten.

Das klingt sehr philosophisch ...

Der Erfolg gibt uns jedenfalls Recht. Und zwar in ökonomischer *und* therapeutischer, in medizinischer *und* menschlicher Hinsicht.

Das heißt also, man kann mit menschenorientierter Medizin Geld verdienen?

Ja, und zwar auch außerhalb der stationären Behandlung. Eine weitere unserer neuen Dienstleistungen ist das »Salutogenese«-Abend- und Wochenendprogramm, das wir für Nichtpatienten anbieten. Hier erlernen Menschen, die etwas für Ihre ganzheitliche Gesundheit tun wollen, genau die energetisierenden Rituale und vitalisierenden Methoden, die unsere Seelsorger im mobilen stationären Dienst anwenden. Natürlich angepasst auf den Tagesablauf eines im Berufsleben stehenden Menschen.

Bedeutet das, dass jeder Mensch, der seine eigene heilende Kraft zu nutzen lernt, damit in Zukunft möglicherweise gar nicht mehr Ihre Dienste oder die anderer Kliniken und Ärzte in Anspruch nehmen muss?

Das wohl kaum. Allerdings wird es unsere Aufgabe als Gesellschaft in Zukunft sein, uns verstärkt um etwas zu kümmern, das man mit »Salutogenese« bezeichnen kann – ein Konzept, das auf den Medizinsoziologen Aaron Antonovsky zurückgeht.[3] Im Klartext: Weg von der Krankheits- und Kostenorientierung hin zu einem Bewusstsein und Maßnahmen, die dem Menschen helfen, in der modernen Welt gesund zu überleben.

Das heißt also, dass Sie sich und Ihre Klinik nicht selbst arbeitslos machen?

Nein. Für die Salutogenese gibt es noch unendlich viel zu tun...! Ein Wachstumsfeld der Zukunft.

Begegnungen mit dem Tod – oder: Wie eine neue Dienstleistung entsteht

Das folgende Interview wurde mit Herrn Hardt, Direktor der Gesamtschule Hohenstein, geführt.

Herr Hardt, was war der Anlass, dieses ungewöhnliche Projekt zum Thema »Tod« durchzuführen?

Der Umgang mit Tod und Gewalt ist für uns an der Schule natürlich immer ein Thema. Egal, ob es um Prügeleien auf dem Pausenhof geht, aggressive Auseinandersetzungen im politischen Weltgeschehen als Thema im Gesellschaftskundeunterricht oder um gewaltintensive, kriegerische Computerspiele, die so selbstverständlich zum Alltag der Kids gehören wie deren Pausenbrot.

Aber was war bei alledem der Auslöser für ihr Projekt?

Gewalt und Tod sind etwas Natürliches. Sie gehören offensichtlich zu uns Menschen – ob es uns nun gefällt oder nicht. Was mir nicht gefiel, ist unser so wenig natürlicher Umgang damit. In den Pausen und den freien Nachmittagsstunden verbringen die Schüler viel Zeit mit den kriegerischen Computerspielen, die ihnen den Tod als einen synthetischen Prozess vorgaukeln. Tatsächlich ist der Tod jedoch etwas Natürliches und vor allen Dingen etwas sehr Lebendiges. Wenn wir sterben, er-leben wir den Tod. Also müssen wir ihn mitten ins Leben holen. Nein, nicht holen – er ist ja eh schon da und sitzt uns jeden Moment unseres Daseins auf der Schulter. Wir müssen ihn nur »wahr«nehmen, um angemessen mit ihm in unserem Leben umgehen zu können.

Das klingt nach einer sehr persönlichen Erkenntnis ...?

Ja, dahinter steht auch eine ganz persönliche Erfahrung. Der Tod meines Vaters, der nun ein halbes Jahr zurückliegt, hat mich quasi gezwungen, mich mit dem Phänomen des Sterbens auseinander zu setzen. Was ich seitdem nicht gut ertragen kann, ist die Diskrepanz von Wirklichkeit und Umgang mit der Wirklichkeit.

Das müssen Sie uns bitte näher erläutern!

Nun, der Mensch hat als einziges Lebewesen auf dieser Erde ein Bewusstsein darüber, dass sein Leben mit dem Tod enden wird. Das ist die Wirklichkeit. Und wie begegnen wir dieser Wirklichkeit? Gar nicht. Nichts verdrängen wir gründlicher als den Tod. Bis es sich nicht mehr vermeiden lässt – und wir selbst sterben müssen. Ein notwendiges Übel. Dabei könnten wir als Wesen mit einem solch hohen Bewusstsein dieses doch auch nutzen, indem wir die Bedeutung des Todes mit ins Leben hineinnähmen und uns angemessen auf ihn vorbereiteten, sodass der Tod zu einem krönenden Er-lebnis unseres Daseins würde. Wir könnten uns wundervolle Plätze zum Sterben aussuchen, und uns ganz persönliche Rituale für einen würdevollen, friedlichen Abschied und Übergang gestalten.

Sie müssen doch zugeben, dass es absurd ist, wenn unsere Schüler sich tagtäglich stundenlang in Computerspielen mit immer ausgefeilteren Tötungsmaschinerien beschäftigen und wir ihnen auf der anderen Seite nicht erlauben, die Substanz des Themas »Tod« persönlich zu erfassen. Stirbt der Opa oder die Oma eines Schülers, höre ich oft von den Eltern: »Nein, auf die Beerdigung geht mein Kind nicht mit. Dazu ist es zu sensibel.«

Ihr Projekt trägt den Namen »Begegnungen mit dem Tod«. Was passiert da genau?

Gemeinsam mit dem Beerdigungsinstitut »Roth« haben wir quasi eine neue Dienstleistung entwickelt. Unsere Schüler der 8. Klassen besuchen an einem Vormittag das Bestattungsinstitut. Der Bestatter, Herr Roth, berichtet zunächst in einer Art Vortrag über seine Arbeit. Dann folgt eine Führung durch sein Institut und in der Regel sehen die Schüler dann noch einen Verstorbenen. Letzteres erfolgt natürlich nur mit Zustimmung der Hinterbliebenen. Meist ist dies der erste Tote, dem die Schüler begegnen.

Wie reagieren die Schüler vor Ort?

Ehrfurcht und Stille machen sich breit. Kein Entsetzen. Im Kontakt mit dem Natürlichsten des Menschseins verliert der Tod seinen Schrecken. Es ist dann mehr ein Staunen der Schüler über die Veränderungen im Tod: »Der Tote sah so wachsartig und starr aus! Was bleibt vom Menschen nach dem Tod zurück? Nur der Körper? Wie lange dauert es, bis der Leichnam komplett verwest ist? Gibt es eine Seele? Wenn ja, wann verlässt sie den Körper? Kann man sie sehen? Wie viel Gramm wiegt sie? Wohin geht sie? Sitzt sie auf der Auswechselbank im Himmel und wartet darauf, wieder ins Leben, das heißt in einen neuen Körper eingewechselt zu werden? Wie ist das mit der

Trauer? Wie lange sollte man um einen Angehörigen trauern? Ab wann darf man sich wieder freuen, wieder lachen?«

Die Schüler verlieren so die Scheu, sich mit dem Thema Tod auseinander zu setzen. Vielmehr entwickeln die meisten von ihnen eine natürliche Neugier. Das Interesse wächst, mehr über das Mysterium Tod zu erfahren.

Und das ist genau das, was Ihnen am Herzen liegt?

Ja. Dabei war mir zu Beginn nicht klar, wie weite Kreise die Begegnung mit dem Tod ziehen würde. Im Religionsunterricht hat nun Frau Kübler-Ross Einzug gehalten: Die Schüler sind ganz heiß auf die Berichte von Menschen mit Nahtoderfahrungen. Kinder wollen ein Bild, eine plastische Vorstellung vom Lerngegenstand bekommen. So auch vom Sterben. Die sehr fundierten Schilderungen von Elisabeth Kübler-Ross helfen ihnen dabei. Die Schüler sind zutiefst beeindruckt: »Wenn ich gewusst hätte, dass Sterben so schön sein kann! Da kann man sich ja fast darauf freuen!« sagte neulich ein Schüler zu mir.

Nachdem wir im Anschluss an den Ausflug ins Bestattungsinstitut darüber unterrichten, wie andere Völker, Religionen und ethnische Gruppen den Tod begehen, feiern, betrauern, schließen wir eine Selbstreflexion an: Jeder Schüler schreibt auf oder malt, was er sich für seinen Tod wünscht.

Und damit ist das Projekt abgeschlossen?

Eigentlich ist »Projekt« inzwischen eine falsche Bezeichnung. Es kristallisiert sich mehr und mehr als eine übergreifende Disziplin in unserem Lehrplan heraus. Im Grunde nicht verwunderlich, nicht wahr? Ist doch der Tod auch im Leben von übergreifender Bedeutung.

Aber zurück zu Ihrer Frage: Nein, das Projekt ist damit nicht beendet. Es zieht seine Kreise. Sinnvolle Kreise. Im Biologieunterricht steht nun ebenfalls der Tod auf der Agenda: Wir betrachten, wie verschiedene Tiere auf unterschiedliche Weise sterben: in der Natur und auch in der Züchtung. Besuche in Massentierhaltungsbetrieben und dem Schlachthof werden derzeit im Biologieunterricht in den 8. Klassen durchgeführt. Und im Vergleich dazu wird biologische Tierhaltung und Schlachtung nicht nur theoretisch angerissen, sondern auch praktisch anschaulich gemacht durch einen Besuch auf einem Biolandhof.

Daraus entstand dann die Frage der Schüler: »Was kann ich tun, wenn ich Massentierhaltung nicht unterstützen und mich möglichst gesund ernähren möchte?« Das gab wiederum den Anstoß dafür, Abendworkshops gemeinsam mit Schülern und Eltern zum Thema alternative Ernährung durchzuführen. Ein Ernährungsberater vermittelt dort neueste wissenschaftliche Erkenntnisse und mit der Mutter einer Schülerin, einer ausgebildeten Ökotrophologin, wird an vier anschließenden Abenden in der Küche der Volkshochschule, die uns kostenlos zur Verfügung gestellt wurde, gemeinsam gesund gekocht. So sind wir vom Tod wieder mitten im Leben gelandet. Der Tod hat nun einmal sehr viel mit dem Leben zu tun.

Was ist Ihre persönliche Lernerfahrung dabei?
Überraschend war für mich, das ursprünglich nicht so weit gedachte, befruchtende Zusammenwirken von Schule und Wirtschaftsunternehmen, was ein Beerdigungsinstitut ja nun einmal ist. Hätten Sie mich zu Beginn des Projektes interviewt, hätte ich noch nicht geahnt, dass daraus eine neue Dienstleistung für viele Bestattungsunternehmen entstehen würde.

Warum für viele?
Das Projekt wirkt auch im regionalen Kontext übergreifend: Auf der letzten bundeslandweiten Direktorenkonferenz berichtete ich über unsere »Begegnungen mit dem Tod«. Meine Kollegen waren begeis-

tert von der Idee und die meisten von ihnen setzen sie inzwischen ebenfalls in die Tat um. Ihrerseits suchten sie wiederum Bestattungsunternehmen in ihrer Region als dauerhafte Kooperationspartner. Auch für diese Unternehmen ergab sich also auf diesem Wege eine neue, gesellschaftlich Sinn stiftende Dienstleistung.

Man darf gespannt sein, was passiert, wenn meine Kollegen und ich unsere Erfahrungen auf der nationalen Direktorenkonferenz zusammentragen. Vielleicht schwappt die Welle dann ja auch in weitere Bundesländer über.

Und Ihr Resümee zu dem Projekt?

Ungewohnte Wege zu gehen bringt häufig Überraschungen. In diesem Falle u.a. darüber, dass aus »Tod« und »Schule« eine neue Dienstleistung in der Bestattungsbranche entstehen kann.

Und: Es braucht immer eine persönliche Erfahrung, um etwas wirklich zu lernen.

Ein Gemälde ist dort spannend, wo es »aufhört« und der Betrachter gefordert ist, selbst zu ergänzen. In diesem Sinne erheben die einzelnen Skizzierungen keinen Anspruch auf Ausschließlichkeit oder gar Vollständigkeit – als Blitzlichter auf Möglichkeiten einer praktischen Umsetzung wollten sie vielmehr Appetitanreger sein.

Ich würde mich freuen, wenn Sie Ihrer Phantasie erlauben würden, eigene Bilder zu entwerfen, wie Ihre Vorstellung von einer sinnvolleren, integrativeren Wirtschafts- und Arbeitswelt aussehen und realiter werden kann.

VIII

Über die Schreibtischkante der Zukunft geschaut

Dream Society: Spirit in Society

Die Welt braucht eine neue Politik. Eine Zusammenarbeit, in der wir die Einzigartigkeit der Individuen, der Völker und Kulturen feiern und gleichzeitig unser Bewusstsein der Verbundenheit immer stärker entwickeln. Eine Zusammenarbeit also, die Polaritäten wertschätzt und vereint.

Möglicherweise wird das Bewusstsein der Verbundenheit zu einem »planetaren Management« führen, in dem wir uns ein universales Budget für die Bedürfnisse und den Schutz des gesamten Planeten geben, um die göttliche Schöpfung wertzuschätzen und zu erhalten. Um für Dinge zu sorgen, mit denen wir uns wirklich rühmen können, zum Beispiel dafür zu sorgen, dass jedes Kind ein Dach über dem Kopf und genug zu essen hat. Nach wie viel Tausend Jahren unserer Existenz wollen wir uns endlich dazu entschließen, die einfachsten und größten Dinge zu tun? Oder glauben wir wirklich, dass wir auf unsere Errungenschaften von immer ausgefeilteren Tötungs- und Vernichtungsmaschinen tatsächlich stolz sein können? Was befriedigt uns?

Was uns befriedet, ist das,
was uns befriedigt.

Pia Gyger schreibt: »(...) noch fehlt uns die Erfahrung, als geeinte Menschheit Entscheidungen zu treffen und entsprechend zu handeln. So wir dies tun, sind wir im Kosmos willkommene Gäste.« (...) Und weiter: »Bitten wir (...), dass es uns möglich wird, die weiteren Schritte in den Weltraum in heiliger Ehrfurcht vor der Majestät des Kosmos zu tun. Bitten wir (...) darum, dass es uns gelingt, den Schritt vom ausschließlich nationalen Bewusstsein zum Bewusstsein, dass wir Weltbürgerinnen und Weltbürger sind, in Freude zu vollziehen.«[2]

Meine Annahme ist es, dass wir auf globaler Ebene Gesellschaftsverträge für »Planetares Management« schließen, auf der nationalen Ebene es aber immer weniger die Politiker, sondern die Bürger und die Unternehmen sein werden, die für gesellschaftliches Wohlergehen sorgen. Denn Unternehmer der Zukunft werden in ihrem sinnorientierten Management nicht lange fragen »Was ist erlaubt?« »Gibt es dafür eine Regel?« »Sind wir für dieses Vorhaben abge-

300

sichert?« Indem integrativ geführte Unternehmen Verantwortung für das Wohl des Menschen, für den Kosmos übernehmen, übernehmen sie gesellschaftliche Verantwortung!

So wird sich der Ginikoeffizient[3] durch integratives Management in Zukunft verändern: Er wird sich – wie seit Beginn der sozialen Marktwirtschaft angestrebt – immer stärker gegen 1 bewegen. Allerdings nicht ex post durch staatliche Umverteilungsmaßnahmen des Vermögens bzw. erwirtschafteten Einkommens, sondern quasi automatisch durch die mehrdimensionalen Integrationsoptionen im Management der Unternehmen. »Künstliche« Eingriffe des Staates, die für soziale Gerechtigkeit sorgen sollen, werden damit immer weniger erforderlich, da dem *Spirit* der Unternehmen ja bereits eine höhere Verantwortung für den Menschen immanent sein wird.

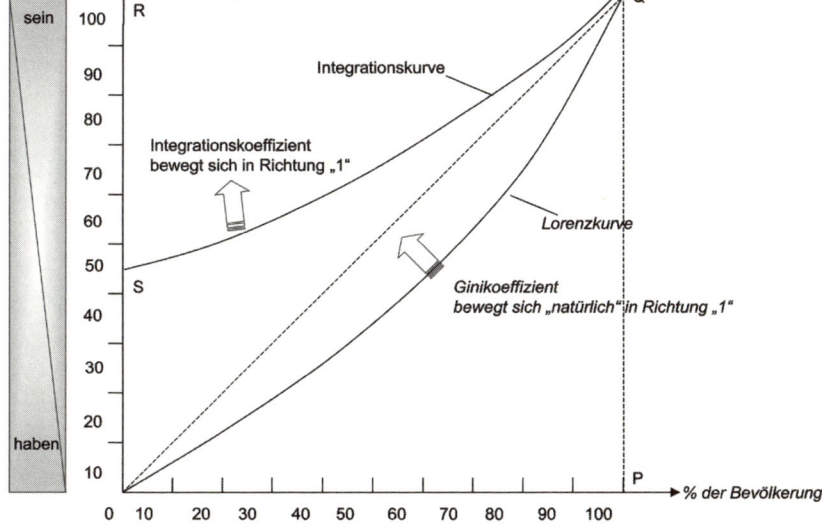

Verteilungsfunktionen in der Volkswirtschaft und Gesellschaft bei Integrativem Management
- *% der erwirtschafteten Einkommen*
- *% des individuellen, gelebten Potenzials*
- *% des Einkommens, das die polaren Werte „Haben" und „Sein" unterstützt*

»Politik« und »Wirtschaft« finden zukünftig nicht mehr getrennt statt. Aber werden wir denn ganz ohne politische Strukturen auskommen? Nein, allerdings werden wir uns von der bisherigen, absurden Überstrukturierung, von überflüssigen Genehmigungsverfahren und sinnlosen Vorschriften sowie von einem aufgeblähten Verwaltungsapparat verabschieden, der in seinem Interesse, sich selbst zu erhalten, den Sinn für den Menschen aus dem Auge verloren hat.

Unternehmen werden aus Eigeninteresse, unser Leben anders zu gestalten, Angebote machen für ein re-thinking. Sie werden uns zu mehr Sinn verlocken und Wege anbieten, die schlummernde Weisheit in den Menschen zu wecken. Wenn alle Menschen 100 Prozent ihres einzigartigen, persönlichen Potenzials lebten, wäre die individuelle Integrationskurve eine Gerade (QR). Das ist eine kraftvolle Vision, und es lohnt sich, uns auf sie zuzubewegen. Allerdings sollten wir uns dabei ganz vom taoistischen Prinzip der Selbstverantwortung leiten lassen. Schließlich ist es die Verantwortung jedes einzelnen Menschen, selbst zu entscheiden, ob und wie sehr er sein Potenzial leben möchte. Auch hier wird wiederum klar, dass Unternehmensentwicklung Persönlichkeitsentwicklung ist, und Persönlichkeitsentwicklung damit gesellschaftliche Entwicklung.

Die Formel der Zukunft:
Unternehmensentwicklung
= Persönlichkeitsentwicklung
= Gesellschaftliche Entwicklung

Damit werden Verantwortungen, die wir in Zeiten der sozialen Marktwirtschaft dem Staat übertragen haben, wieder stärker in die persönliche und unternehmerische Verantwortung der Unternehmen re-integriert werden. Das integrative Management, das ja auf einem spirituellen Bewusstsein nicht nur in der Unternehmens-, sondern auch in der Selbstführung basiert, wird die Geburt einer neuen Epoche in der Geschichte des menschlichen Zusammenlebens unterstützen.

Die zunehmende Selbstverantwortung von Menschen und Unternehmen wird also mit vertrauten und zum Teil recht bequemen Gewohnheiten brechen. Wenn ich von Selbstverantwortung schreibe, so meine ich nicht die Art, an die unsere Regierung vermutlich bald nach dem Vorbild der amerikanischen Politiker appellieren wird: nämlich die Bürger aufzufordern, nötigenfalls drei bis vier Jobs anzunehmen, um für das eigene Überleben und die spätere Rente hinreichend zu sorgen.

Vielmehr wird durch die Selbstintegration die innere Heilung der Menschen gefördert. Sie wachen auf aus ihrer Lethargie, hören auf, den Staat, das Unternehmen, den Chef etc. für ihre unbefriedigende Lebenssituation verantwortlich zu machen, weil sie sehr viel deutlicher spüren, was ihnen gut tut und was nicht. Somit lassen sie automatisch Dinge weg, die ihnen schaden (wie Rauchen, ungesunde Ernährung, mangelnde Bewegung ... allesamt Spiegel ihres selbstzerstörerischen Bewusstseins). Und vor allem lassen sie immer mehr die Schuldsuche im Außen weg. Das ist Selbstverantwortung, wie ich sie meine: sich aufmachen für den eigenen inneren Auftrag! Sich selbst entwickeln, für sich einstehen.

Auf diese Weise werden die Menschen in Zukunft auch dafür sorgen, dass eine größere Ausgewogenheit innerhalb des Produktangebotes geschaffen wird. Während wir uns in den letzten Dekaden unseres Wirtschaftens hauptsächlich auf die Vermehrung materieller Güter konzentriert und damit die Energie des »Habens« gestärkt haben, werden in der Zukunft des Integrativen Managements sehr viel mehr Produkte und Dienstleistungen entstehen, die auf eine neue Qualität des menschlichen »Seins« abzielen. Wir werden also Wohlstand sowohl durch »Haben«- als auch durch »Seins«-Produkte schaffen.

Letztere Produkte zu entwickeln und sie vor allem wertvoll zu entlohnen impliziert ein enormes Umdenken, einen beachtlichen Wandel im Bewusstsein. Die amerikanische Ärztin Marlo Morgan beschreibt in ihrem Buch *Traumfänger*[4] am Beispiel der Aborigines, wie ein gesellschaftliches Leben, das von polaren Werten gespeist wird, aussehen kann. Wichtig in der Gemeinschaft der Aborigines ist es, dass jeder Mensch seine besonderen Fähigkeiten kennt und vervollkommnet. So gibt es zum Beispiel die Meisterin des Zuhörens, den Komponisten, die Nähmeisterin, den Medizinmann, die Zeitbewahrerin etc. Jeder Mensch wird jederzeit in seiner Einzigartigkeit wertgeschätzt. Auch wenn seine besondere Fähigkeit in einem längeren Zeitraum nicht nachgefragt wird, so wissen doch alle, dass die ganze Gemeinschaft von dieser Fähigkeit profitiert, und zwar genau dann, wenn sie gebraucht wird. Ein Beispiel für persönliches und gesellschaftliches Wachstum, das auf mehr als einem Wert basiert.

So wird es in Zukunft beispielsweise darum gehen, wie wir Müßiggang wertschätzen und sogar entlohnen können; wie Reichtum, Nahrung, Lebensunterhalt verteilt werden; wer wann, welche wirtschaftlichen, kulturellen, gesellschaftlichen und politischen Aufgaben übernehmen kann. Nicht nur Muße muss rehabilitiert werden – auch andere Werte-Verknüpfungen, die in unseren Köpfen verankert sind und uns begrenzen, müssen gelöst werden.

Lebensqualität definiert sich nicht
alleine durch das,
was aus der Arbeit entspringt.

Der Paradigmenwechsel im gesellschaftlichen Bewusstsein wird auch dadurch gekennzeichnet sein, dass unser politisches Denken und Handeln zukünftig stärker von einer integrativen Metaebene ausgehen wird. Dabei können uns die drei Kreise und das Prinzip des Backtracings methodisch eine Hilfe sein. Auch in der Politik der Zukunft werden wir uns von der zentralen Frage leiten lassen: »*Wovon lebt der Mensch?*« Ein sehr viel philosophischeres, wenn Sie so wollen, religiöseres, spirituelleres Herangehen an die Gestaltung unseres wirtschaftlichen, gesellschaftlichen und politischen Zusammenlebens. Dimensionen, die ohnehin in Zukunft nicht mehr zu trennen sein werden.

Integrative Politik bedeutet auch, vertraute Abwertungen zu neutralisieren sowie neue Werte in unser politisch-gesellschaftliches Bewusstsein aufzunehmen, wie Menschen-Liebe, Persönlichkeitsentwicklung, holistische seelische Gesundheit, Müßiggang, Ruhe, Stille, Freiheit, Mitgefühl, Wohlwollen für Menschen und Kosmos, Nutzung der universalen menschlichen Weisheit, Offenheit, Toleranz, Vergebung etc.

Es werden Werte sein, die vermutlich stärker im »Sein« verwurzelt sind. Hat das Ideal des Macher-Menschen, des Haben-Menschen die letzten Dekaden, wenn nicht Jahrhunderte unseres wirtschaftlichen und gesellschaftlichen Strebens dominiert, so gilt es jetzt, die vernachlässigte Seite unserer Polarität wieder zu beleben durch solche Werte, die unser »Sein« nähren (und schließlich einen bedeutenden Effekt auf das »Haben« ausüben werden).

Wir werden in Zukunft also *groß* denken: in *großen* Zusammenhängen der Menschheit und des Kosmos, und gleichzeitig »*klein*«, also in der Dimension des einzelnen wundervollen Menschen und einzigartiger Völker.

Würden wir uns zum Beispiel vegetarisch ernähren, gäbe es keine Hunger leidenden Menschen auf dieser Welt, denn die Pflanzen, die von den Zucht-Tieren (wie Kühen, Schafen, Schweinen etc.) gefressen werden, würden ausreichen, um alle Menschen dieser Erde zu ernähren. Jetzt sagen Sie vielleicht: »Aber man kann doch nicht jedem Menschen verordnen, Vegetarier zu werden! Das wäre ja diktatorischer Dogmatismus!« Ich will gar nicht jedem Menschen vorschreiben, wie er sich zu ernähren hat. Vielmehr will ich deutlich machen, was möglich wäre, wenn wir nicht in unseren vertrauten Gewohnheiten verhaftet blieben. Ich denke, die Bereitschaft, sich *sinn*voller zu ernähren, wächst im gleichen Maße wie unsere *Selbstintegration*. Schließlich ist unsere Ernährung ein Spiegel unseres Bewusstseins. Je bewusster wir sind, je wacher, je aktiver unsere Intelligenzen, desto automatischer wird der natürliche Wunsch nach einer gesunden, menschen- und kosmosgerechten Ernährung.

Die neuen Integrativen Integrationsrunden

In Zukunft wird die künstlich etablierte Trennung zwischen Wirtschaft und Politik aufgehoben. Sie wird ersetzt werden durch eine Zusammenarbeit, die zum Ziel hat, neue, *sinn*volle Lebens- und Arbeitswelten zu schaffen. Politiker und Wirtschaftsleute, Hausfrauen und Gefängnisinsassen, Wissenschaftler und Handwerker, Manager und Arbeitslose, Inländer und Ausländer, Kinder und Alte, Schwarz und Weiß werden Visionen des zukünftigen gesellschaftlichen und wirtschaftlichen Lebens gemeinsam entwerfen, um erst dann, in einem zweiten Schritt, gesetzliche Rahmenbedingungen abzuleiten, die diese »Dream Society« unterstützen.

Was ist neu? Keine Hochrechnung der Vergangenheit, kein Denken in Problemen, Kurven und Statistiken. Es ist ein Denken im Sinne des »Appreciative Inquiry«, das sich von der Frage »What do you want more off?« leiten lässt. Entscheidend bei den Integrativen Integrationsrunden sind jedoch nicht die Methoden (diese sind zweitrangig), sondern die zweidimensionale Integration: Sie sind horizontal integrativ, indem sie Menschen aus ursprünglich getrennten »Disziplinen« zusammenbringen. Und sie sind vertikal integrativ, indem die teilnehmenden Menschen all ihre Intelligenzen aktivieren und integrieren – und zwar vor Beginn der Arbeit. In beiderlei Hinsicht ein echtes Aus-der-Fülle-Schöpfen!

Integrative Politik zu betreiben bedeutet auch, den Alten in unserer Gesellschaft mit aufrichtigem Respekt, mit idealer und monetärer Wertschätzung zu begegnen, anstatt sie als notwendiges Übel zu verwalten und sie, was ihre Rente angeht, auszutricksen, nur weil sie keine Lobby mehr haben. Gerne verwalten wir sie in gettoisierten Altenheimen, möglichst am Waldrand außerhalb der Stadt im »Haus Abendruh«, fernab von allem Leben, der Ruhe des Friedhofs schon recht nahe. Dabei sollte es darum gehen, sie noch teilhaben zu lassen am Leben, das sie mit der Fülle ihrer Weisheit bereichern könnten. Wie aber könnte ihr Beitrag zu einer *sinn*vollen Gestaltung unseres gesellschaftlichen Lebens aussehen? Wie wäre es, wenn Alte zum Beispiel mit Häftlingen oder misshandelten Kindern, Kinder, denen es an Liebe mangelt, zusammenkommen? Wenn sie Patenschaften oder regelmäßige Verbindungen mit ihnen eingehen würden? Wenn wir die Alten einladen, mit uns in den Dialog zu treten, wenn wir ihre Kreativität gepaart mit ihrer Lebenserfahrung und Weisheit nutzen, kommen wir, das ist meine tiefste Überzeugung, zu Ergebnissen, die wir uns heute noch nicht auszumalen vermögen und über die wir staunen werden. Vor allen Dingen würden wir auch ein gesellschaftliches Klima schaffen, das von einer starken Herzensenergie durchströmt wäre.

Vom Gegeneinander zum Miteinander

Auch und gerade in der internationalen Politik gilt es, die Qualität der Menschen-Liebe gesellschaftsfähig zu machen, sie zu ent-tabuisieren. Warum? Um sie zum Maßstab unseres politischen Handelns zu machen.

Im Januar 2004 unternahmen acht Menschen eine Expedition zum höchsten Berg der Antarktis. Das Besondere an ihrem Projekt

»breaking the ice« ist, dass zwei der Teilnehmer ehemals fundamentalistische Palästinenser waren, die in israelischen Gefängnissen gesessen hatten und zwei weitere Teilnehmer israelische Elitesoldaten, die vormals in der israelischen Armee gegen Palästinenser eingesetzt waren.[5] In ihrer gemeinsamen, sinnbildlichen Unternehmung »breaking the ice« wollten sie herausfinden, ob das Eis der Feindschaft nicht doch zu brechen ist, ob nicht doch andere Wege als die bisherigen zerstörerischen möglich sind. Breaking the ice – ein Projekt, welches zeigt, dass das Prinzip der Menschen-Liebe auch im politischen Kontext auf der Ich-Ebene beginnt.

Sinn und Selbstverantwortung als Wege zum Glück

Solange der einzelne Politiker nicht all seine Intelligenzen integriert hat und für sich selbst keinen Geist der Liebe praktiziert, wird er keine wirklich neuen und sinnvollen Lösungen für die Gesellschaft entwickeln können. Nie zuvor war die politische Entwicklung so stark mit unserer persönlichen Entwicklung verknüpft.

Pia Gyger schreibt: »Unsere Welt braucht jene Macht, die aus dem großen *Ich bin* geboren wird. Unsere Welt braucht Menschen, die mit Freude, Abenteuergeist und heiligem Ernst jeden Tag als Forschungslabor und Übungsfeld benutzen, um herauszufinden, wie wir eine aus mütterlicher Barmherzigkeit geborene Macht entfalten können. Eine Macht, die dem Frieden dient. Eine Macht, in der das empirische Ich auf die Tiefenimpulse aus unserem grundlosen Grund ausgerichtet ist (...). Unsere Welt braucht Menschen, die die Seinsmacht in Freude und Demut zu leben bereit sind.«[6]

Dem Berufspolitiker (falls es ihn in Zukunft überhaupt noch geben mag) werden nicht nur die Unternehmen, sondern auch wir, die bislang »nicht politischen« Menschen, zu Hilfe kommen. Auch uns drängt es nach einem höherem Maß an Selbstverantwortung. Entwicklungen, wie sie der Verein »Mehr Demokratie« vorantreibt, zeugen davon.

»Die Einführung bundesweiter Volksabstimmungen ist das wichtigste Ziel von *Mehr Demokratie*. Viele Themen bieten sich für Entscheidungen durch die Bürger an. Als Beispiele seien nur genannt: Gentechnik, Renten, Wahlrechtsreform, eine Europäische Verfassung, Kriegseinsätze der Bundeswehr, Abschaffung der Wehrpflicht, Öko- und Vermögenssteuer, Autobahn-Gebühren, Förderung regenerativer Energien oder die Zukunft des Gesundheitswesens. (...) Die Bürgeraktion *Mehr Demokratie e.V.* setzt sich für das Recht auf Volksentscheid ein. In den Gemeinden, den Ländern und auf Bundesebene sollen die Menschen die Möglichkeit bekommen, in wichtigen Sachfragen direkt zu entscheiden. Wir wollen weg von der Zuschauerdemokratie und hin zu einer Kultur der Beteiligung und des Dialogs.«[7]

Vielleicht fragen Sie nun: »Wozu sollen Volksentscheide denn gut sein?« Nun, Studien haben ergeben, dass ein hohes Maß an Selbstbestimmung entscheidend zum Glück von Menschen beiträgt, oder, anders ausgedrückt, dass weitgehende Fremdbestimmung Menschen krank macht.

Die Schweizer Wirtschaftswissenschaftler Stutzer und Frey befragten 6100 Schweizer nach ihrer Lebenszufriedenheit. Die Studie ergab, dass die Lebenszufriedenheit der Menschen unmittelbar mit dem Maß an Einflussmöglichkeiten sowohl im politischen als auch beruflichen Kontext korreliert. Am zufriedensten waren die Schweizer Bürger in jenen Kantonen, in denen das Maß an politischer Mitbestimmung am höchsten ist. Selbst entscheiden zu können ist also der ausschlaggebende Faktor für persönliche Zufriedenheit.[8]

Das Gleiche gilt übrigens im Business. Das Ergebnis einer Studie der britischen Regierung, die unter mehr als 10 000 Beamten durchgeführt wurde, besagt, dass Beamte der niedrigsten Hierarchiestufe dreimal so häufig krank sind wie ihre Chefs, und ihr Sterberisiko dreimal höher ist als das ihrer Vorgesetzten. Je weniger Gestaltungsmöglichkeiten Menschen auf ihren Arbeitsbereich haben, umso geringer ihr Wohlbefinden und ihre Gesundheit![9]

Es spricht alles dafür, Selbstverantwortung
zu übernehmen, unser Potenzial zu leben und
unser persönliches und gesellschaftliches
Leben selbst zu gestalten.

Allerdings sollten wir nicht der Illusion erliegen, dass mithilfe von Volksentscheiden alles nur noch gut und wunderbar würde. Ich bin jedoch davon überzeugt, dass wir es damit in der Hand haben, vieles zu verbessern. Denn unsere Chance ist es, uns auf die Sache zu konzentrieren und nicht wie Politiker, die die Sache oft völlig aus den Augen verlieren zugunsten eines Taktierens für den eigenen Machterhalt. Aber auch uns werden Fehlentscheidungen passieren. Wir sind genauso fehlbar wie die amtierenden Politiker, aber genau darum geht es: den Umgang mit der eigenen Fehlbarkeit wieder zu erlernen. Raus aus dem Selbstmitleid, der Opferhaltung, hinein in die Selbstverantwortung.

Horst-Eberhard Richter vertritt die Ansicht, »dass es von einem wahrhaftigeren Umgang mit dem Scheitern abhänge, ob wir und unsere Nachfolger noch eine längere Zukunft haben werden.«[10] Und das bedeutet im Zusammenhang mit Volksentscheiden: Entscheidungen, die wir selbst getroffen haben und die wir im Nachhinein als nicht *sinn*voll empfinden, einfach zu revidieren! Das beweist Größe, Stärke und einen reifen Umgang mit unserer Verantwortung, unserer Ehrlichkeit und Macht. In *Das Ende der Egomanie* schreibt Richter: »Es ist unser System, das wir so gemacht haben, es ist unsere Ordnung, der wir uns in demonstrativer Selbstbestimmung unterworfen haben.«[11]

Unser politisches System ist (wie jedes unserer Systeme) selbst gemacht. Wenn wir es so machen konnten, dann können wir es folglich auch anders machen. Wenn jeder mündige Bürger politische Verantwortung übernimmt (im Rahmen von Volksabstimmungen, Volksentscheiden etc.), dann lösen wir unser längst obsoletes Parteiensystem ab. Ein System, über das unsere Verdrossenheit immer mehr anwächst. Ein System, das eine Trennung praktiziert, die nicht mehr so recht in eine Zeit passen will, in der wir uns von einem Geist der Verbundenheit leiten lassen wollen.

Vertraten die Parteien ursprünglich noch konträre Interessen, so hat sich deren inhaltliche Positionierung im Laufe der Zeit weitestgehend angeglichen. Damit ist die künstliche Trennung in Parteien zur reinen Formsache degeneriert, was den Streit zwischen Regierungs- und Oppositionsparteien wie ein aufgesetztes, absurdes Spiel erscheinen lässt.

Der Volksentscheid steht weder »rechts« noch »links«, »er hat keine politische Farbe«.[12] Volksentscheide ermöglichen es uns, näher am Leben, am Menschen orientiert zu agieren, als dies die nur an ihrem eigenen Machterhalt interessierten Parteien könnten.

Die Attac-Bewegung ist ein weiteres Beispiel dafür,
➤ wie sich unsere persönliche Sehnsucht nach Sinn immer mehr Bahn bricht
➤ dass die Veränderung immer auf der Ich-Ebene anfängt
➤ und dass Menschen nicht mehr erst in ihrer Midlife-Crisis sich daran erinnern, dass es noch etwas anderes von Bedeutung geben mag außer »mein Haus, mein Auto, mein Boot«.

Die Anhänger der Attac-Bewegung engagieren sich neben dem Ziel einer gerechteren Globalisierung für die Ausschaltung von Steueroasen, für die Einführung einer Steuer auf Devisengeschäfte, für die Entschuldung der armen Länder und den Umbau des Welthandelsrechts zu deren Gunsten und vor allem für die Demokratisierung der

Welthandelsorganisation (WTO), des Internationalen Währungsfonds (IWF) und der Weltbank. In den von ihnen vorgeschlagenen Programmen für eine gerechtere Welt weht der Geist von »Gegenseitigkeit« und »Fairness«.

Die Attac-Initiative lebt bereits gesellschaftliche Integration. Sie denkt in Menschen und nicht in Zielgruppen. Sie denkt in »Sinn«, und so kommen ihre Anhänger aus ganz verschiedenen Kontexten. Was noch fehlt, was erst später möglich sein wird, ist die natürliche Integration ihres Ansinnens, ihrer Ideen, ihrer Mitglieder in die offiziell Macht habenden Systeme, in offizielle Funktionen. Im Moment nehmen sie noch die Rolle der Opposition, also die Rolle eines Mahners ein, die nötig ist, um wachzurütteln. Aber das »Gegen« wird sich wandeln zu einem »Miteinander«.

Je mehr sich allerdings der Fokus von Attac vom »gegen« zum »wofür?« (*Wofür* sind wir?) verschiebt, scheint die Organisation an Dynamik zu verlieren. Sie läuft derzeit Gefahr, sich selbst auszubremsen, ihre Kraft im internen Einigungsprozess zu verschleißen – ähnlich dem etablierten Parteiensystem.

Wie einflussreich dagegen einzelne bzw. Millionen von Amerikanern sein können, die ihre politische Selbstverantwortung ernst nehmen – (und jenseits aller etablierter Strukturen einfach ausüben) ist sehr beeindruckend:

Eli Pariser, ein 22-jähriger Amerikaner, engagiert sich von seinem etwa acht Quadratmeter großen New Yorker Büro aus für einen sinnvollen Geist in der amerikanischen Politik. Wie? Mithilfe des Internets erreicht er inzwischen über zwei Millionen Amerikaner: Jeder kann sich in MoveOn.org einwählen und dort gegen Gesetzesentwürfe und absurde Vorgänge in Washington stimmen und gleichzeitig Vorschläge platzieren, was man dagegen tun könnte. Ideen, die große Zustimmung erfahren, wandern ganz nach oben.[13] Auf diese Weise verhinderten hunderttausende Amerikaner, die ansonsten gar nichts miteinander zu tun haben, die von der Bush-Regierung vorangetriebene Machtkonzentration der Medienkonzerne, die die Meinungsvielfalt noch stärker eingeschränkt hätte. MoveOn, »(...) die größte politische Bewegung in Amerika seit dem Vietnamkrieg«, geht es nicht darum, eine neue Weltordnung zu kreieren, sondern konkreten Unsinn zu verhindern und bestimmte Abgeordnete zu stärken, zum Beispiel jene, die gegen den Krieg gestimmt haben.

MoveOn beweist, dass keine herkömmlichen Parteistrukturen mit Ausschüssen, Gremien, Funktionären etc. nötig sind, um etwas zu bewegen. »Aber nicht das Internet selbst ist cool«, so Pariser, »es sind die Dinge, die wir damit bewegen können.«

Die »Schlagkraft« ihrer friedlichen Waffe Internet ist nicht zu unterschätzen: Innerhalb von wenigen Minuten können Aktionen abertausender Menschen beschlossen und entsprechende »Eingaben« an alle Volksvertreter in Washington per E-mail und Fax gesendet werden. Bisweilen setzt die Organisation jede Minute einen Anruf bei jedem Volksvertreter ab – bis zu 400 000 Mal an einem Tag.

Weitere Anzeichen, die sichtbar machen, dass Selbstverantwortung und Integration von uns Menschen heute gewünscht und gelebt werden, zeigen auch die folgenden Beispiele.

In Barcelona nahmen von Mai bis September 2004, also viereinhalb Monate lang, Menschen aus aller Welt an einem »Forum der Kulturen« teil. Hunderte von Experten widmeten sich dort unter den drei zentralen Achsen »Nachhaltigkeit«, »kulturelle Vielfalt« und »Bedingungen für den Frieden« den heißen Themen der Weltgesellschaft. Mindestens fünf Millionen Besucher wurden erwartet. »Die Welt bewegen« war ein Motto des integrativen Forums, auf dem sich Davos und Porto Alegre begegneten und Sponsoren wie Nestlé mit den Ausstellern vom Fair Trade ins Gespräch kamen. Bereits vor Beginn dieser »Expo der Werte« wurde eine »Charta von Prinzipien und Werten« aufgesetzt, die sämtliche Sponsoren zu unterschreiben hatten. Am Ende der Veranstaltung ging eine »Erklärung von Barcelona« an die Bürger dieser Erde aus. (Dass das Mammutfestival in ein kulturelles Spektakel eingebettet war und die architektonische Sanierung des 30 Hektar großen Areals Barcelona städtebaulich ein Stück weiter bringt, kann man gut in Kauf nehmen. Warum nicht? Denn darum geht es auch: die Integration der Polaritäten unseres Seins, das »Sowohl als auch« von ökonomischen und ethischen Faktoren. Die Trennung von beiden ist lediglich eine von uns Menschen gedachte. Nichts gehört so sehr zusammen wie sie.)[14]

Natürlich mag man zweifeln, was diese Diskussions-Olympiade bringen mag – aber ist Nichtstun eine Alternative? Darauf möchte ich mit Albert Schweitzer antworten: »Das wenige, das du tun kannst, ist viel (...)«. Und: Wir sind mächtiger, als wir glauben!

Auch die Behinderten fordern eine integrative Politik, indem sie sich aktiv in die Gestaltung zentraler politischer Belange einschalten. In der »Aktion Grundgesetz« haben sich nahezu fünfzig Verbände und Organisationen der Behindertenhilfe und -selbsthilfe sowie der Aktion Mensch zusammengeschlossen, »(...) damit die Reform unserer sozialen Systeme ein gemeinsames Projekt werden kann.«[15]

Und sie haben Recht: Warum soll denn die Kompetenz, Kreativität und Erfahrung der Behinderten weniger wert sein? Sie kann uns sehr von Nutzen sein bei der Beantwortung der Fragen, derer sich die Initiative annimmt: »Welche ökonomischen und sozialen Ressourcen stehen unserer Gesellschaft zur Verfügung und wie sollen sie eingesetzt werden? Wie viel Verantwortung sollte der Staat übernehmen und wie viel die Bürger: der Einzelne, die Familie und ihr Umfeld, Nachbarn, Mitbürger, Vereine und nichtstaatliche Institutionen – kurz: die Zivilgesellschaft? An welchen Werten und Leitbildern soll sich der Reformprozess orientieren? Wie reformiert man Solidarität, Verantwortung und Gerechtigkeit?«

Sie sehen: Es tut sich was im Sinne Selbstverantwortung und Integration! Menschen unserer Gesellschaft wollen nicht länger das Finden von Lösungen für die Gestaltung unseres ökonomischen und gesellschaftlichen Zusammenlebens an ein obsoletes politisches System und seine auf sich selbst konzentrierten Vertreter delegieren.

Politische Konfliktlösung
einmal anders

»In der Vergangenheit hat die Menschheit den größten Teil ihres materiellen und psychischen Potenzials für Kriegsforschung und Kriegsführung eingesetzt. Und heute noch geben wir pro Minute 1,8 Millionen US-Dollar für Rüstung aus. Noch immer dient militärische Gewalt zur wichtigsten Machtdemonstration bei Konflikten.«[16]

Wenn wir jeden einzelnen Menschen auf diesem Planeten fragen würden, das unterernährte Kind in Angola, den Schuster in China, den Vorstand des Automobilkonzerns in Frankreich, den mittelständischen Geschäftsführer in Deutschland, die Hausfrau in Italien ... wenn wir alle Menschen nach ihrer elementarsten Sehnsucht befragten, – wir würden von allen das Gleiche hören: die Sehnsucht nach Liebe, Sinn, Gesundheit und Frieden.

Ist es da nicht absurd, dass wir uns genau entgegen unserer Sehnsucht verhalten, unsere Energien völlig gegenteilig einsetzen? Wenn wir die Macht unserer inneren Sehnsucht nach Frieden und Sinn an die Oberfläche kommen lassen, dann sind und handeln wir selbstverantwortlich – und damit erwachsen. Allerdings glaube ich nicht, dass es ausschließlich leicht wird, solche neuen gesellschaftlichen, wirtschaftlichen und politischen Welten zu gestalten. Schließlich werden wir es viel intensiver mit unseren lange vernachlässigten Polaritäten zu tun bekommen wie dem Scheitern, der Angst, des

Zweifels etc. Auch unseren Hass, unsere Aggression zuzugeben und sie in kathartisch sinnvolle Wege abzuleiten gehört zu einem Geist der Menschen-Liebe. Und mit diesen persönlichen Schattenseiten offen, bewusst und achtsam umzugehen geht nicht immer ohne Anstrengung, ohne innere Widerstände und Schmerzen. Nur müssen wir uns gönnen, diese *sinn*volle Erfahrung zu machen. Krieg ist nur ein Vorwand, um sich nicht mit der *persönlich* viel »härteren« Aufgabe des Verzeihens und der Versöhnung auseinander setzen zu müssen.

Wie ent-waffnend wäre es, wenn Herr Bush sagen würde: »Euer Angriff hat mich persönlich und die Menschen in unserem Land tief verletzt. Es hat tiefe Trauer bei mir ausgelöst und Nachdenklichkeit über das, was ich bislang für richtig hielt. Gleichzeitig empfinde ich einen unbändigen Hass gegenüber allen muslimischen Terroristen. Ich weiß nicht, ob ich den Attentätern diese Tat je vergeben kann, ich ringe zur Zeit mit meinem Hass und meiner Vergebungsfähigkeit. Dennoch will ich einen anderen Weg mit euch finden als den endlosen Weg von Angriff und Gegenangriff. Lasst uns unseren Hass zugeben, die eigentlichen Motive dahinter kennen und verstehen lernen. Lasst uns feststellen, ob uns etwas verbindet, und wenn ja, was es ist. Lasst uns gemeinsam eine Annäherung daran finden, wie wir uns in unserer Einzigartigkeit so sein lassen können und gemeinsam von einer höheren Warte aus die einfachsten Dinge des Lebens nicht aus den Augen verlieren, sondern sie in Taten der Liebe und des Friedens übersetzen.«

Wie viel Einsicht könnte es beim Gegenüber bewirken, wenn sich Herr Bush so oder ähnlich in seiner gesamten Polarität als Mensch zeigen würde, also auch mit seiner Ohnmacht, seiner Verletzlichkeit? Politiker bzw. Diplomaten waren immer dann in internationalen Krisen erfolgreich, wenn sie sich in ihrer menschlichen Polarität gezeigt haben. Die Eskalation der Kuba-Krise wurde vermieden, indem John F. Kennedy einen entscheidenden Satz zu Chruschtschow sagte:

Wenn Kuba Raketen auf unser Land richtet, fühlen sich unsere Menschen bedroht.

Politische Konfliktlösung fängt immer bei der eigenen Person an – auch wenn diese selbst gar nicht involviert ist, sondern »nur« Vermittler – so wie es Hans-Jürgen Wischnewski (Ben Wisch) häufig im Auftrag der deutschen Regierung war. Was hat ihn als Diplomat, als internationalen Konfliktlöser so erfolgreich gemacht? Sie erinnern sich gewiss an die Geiselbefreiung von Mogadischu, die seinem Vermittlungsgeschick zu verdanken ist. »Ich habe immer eines gemacht, ich bin zur anderen Seite gegangen und habe gesagt: Ich werde Ihnen mal sagen, wie Ihre Interessenslage ist. Und dann habe ich die sauber und korrekt vorgetragen. Das hat meist einen gewissen Eindruck gemacht, auch Ende der Achtzigerjahre, bei den Waffenstillstandsverhandlungen zwischen der sandinistischen Regierung Nicaraguas und den Contras.«[17]

Es sind die einfachsten Dinge, in denen unser größter Gewinn liegt. Selbst anfangen und beherzt einen Schritt auf den Feind, auf das Gegenüber zugehen! Echtes Interesse haben an seinen Motiven, den anderen verstehen und sich selbst im anderen erkennen zu wollen. Darin liegt ein enormes Potenzial, das uns sowohl in der politischen Führung als auch in der Führung von Mitarbeitern in Unternehmen große Schritte vorankommen lässt.

Staatslenker der Zukunft müssen *integratives Völkermanagement* aus einem Geist der Liebe für den Menschen, für den Kosmos heraus betreiben, der die Wertschätzung der Einzigartigkeit und der Verbundenheit der Menschen, Völker und Kulturen zum Ausdruck bringt. Dabei wird sehr viel weniger Macht bei dem einzelnen Menschen an der Spitze eines Staates liegen. Der integrative Charakter in der Politik wird sich ja eben in der Integration der Weisheiten niederschlagen – dafür gilt es, neue, nationale und globale Strukturen zu finden. Es geht um das Verabschieden der narzisstischen Personenkulte zugunsten einer Haltung und eines Selbstverständnisses des Dienens.

Wieder will ich Pia Gyger zitieren: »Der von Tag zu Tag mehr in die Erfahrung der Einheit allen Lebens erwachende Mensch spürt in sich den wachsenden Drang, dem Leben zu dienen. Dieser Drang, ein ›existenzielles Müssen‹, lässt uns nicht in Ruhe, bis wir jene Wirkungsfelder gefunden oder selber aufgebaut haben, in die unsere Seinsmacht hineinfließt, um Welt zu gestalten. In dieser Zeit will unser Charisma geboren werden. Wenn wir, aus den Impulsen des Herzens aller Herzen bewegt (...) Ausschau halten, wie wir der Welt am besten dienen können, beginnen wir schöpferisch zu werden.«[18]

Vergebung wird die zentrale Aufgabe der Politik von morgen sein – sowohl im nationalen als auch im internationalen Kontext. Dazu brauchen wir mutige Politiker, die dieses Anliegen offen benennen und in den Mittelpunkt all ihrer Aktivitäten stellen, und Vergebung vor allen Dingen persönlich leben.

Indem wir es zur Hauptaufgabe unserer internationalen Politik machen, alte Wunden zu verstehen sowie Wege der Vergebung und Versöhnung zu finden, schaffen wir die Basis, auf der *Planetares Management* erst möglich wird.

Ich habe einen Traum

Ich träume von internationalen Konferenzen, bei denen sich die Konfliktparteien nicht mehr hinter Tischen und Aktenordnern verbarrikadieren. Die äußeren Barrieren der Kommunikation sind aufgehoben. Gerade sitzen sich Arafat und Sharon gegenüber, einander zugewandt. Sanft, Schritt für Schritt den Abstand verringern, aufeinanderzugehen, Nähe und Verständnis ermöglichen – das ist das Ziel des »peace-of-mind«-Projektes. Eine politische Konfliktlösung, in der die Konfliktparteien den Krieg zu dem machen, was er ist: ihr *persönliches* Thema. Sie zeigen ihre persönliche Involviertheit und bearbeiten sie. Dafür sorgt (kaum merklich und doch sehr stark) ein Mediator.

Zunächst sorgt dieser für die Würdigung des Hasses, der Wut, der Aggression auf beiden Seiten und eine wohlbewusste Katharsis. Jeder agiert seinen Hass körperlich aus und vernichtet seine Feinde in der Vorstellung aberhundertmal. Die Katharsis kann mehrere Wochen in Anspruch nehmen. Irgendwann beginnt die anfangs noch sehr zögerliche Bereitschaft der Machthaber, sich selbst und dem Gegenüber zu vergeben. Erst allmählich wird ein »Sich-im-anderen-Erkennen« möglich, wodurch eine neue Energie der Verbundenheit entsteht! Und sehr viel später kann sogar etwas wie Neugier auf die Einzigartigkeit des anderen kurzzeitig aufflammen. Ist es nicht unerträglich, einen solchen Weg unversucht zu lassen?

Die militärische und zivile Bevölkerung Israels und Palästinas wäre beeindruckt, vielleicht irritiert. Die Menschen würden skeptisch beobachten – und sie würden zumindest für einen Moment innehalten und danach nicht weitermachen wie zuvor. Zumindest einige von ihnen wären berührt und gleichzeitig verunsichert, würden nach neuem Halt im Frieden suchen, nachdem die alte Ordnung des Hasses nicht mehr verlässlich scheint. Auf der Suche nach einer neuen sinngebenden Identität würden sie sich dem »Peace-of-Mind-Projekt« anschließen. Ein anderer Teil der Menschen würde umso vehementer, umso kriegerischer, umso grausamer weitermachen wie zuvor. Aus schlechtem Gewissen. Im Innersten wüssten sie jedoch, dass da was dran ist, an dem ernst gemeinten Versuch, Frieden zu finden. Sie selbst aber wären so in ihrem Hass gefangen, dass sie sich diesem Weg noch nicht anschließen könnten. Aber ihr Gewissen würde sie plagen. Und um dieses zum Schweigen zu bringen, schlügen sie viel grausamer zu als je zuvor. Sie würden sich damit bestätigen, dass ihre Welt so sein muss, wie sie ist, geteilt in Gut und Böse. Und sie sind die Guten, daran bestünde kein Zweifel. Oder doch? Da wären ganz massive Zweifel – und das wäre genau die Chance, warum auch diese Palästinenser und Israelis am Konfliktlösungsprogramm irgendwann teilnehmen würden. In meinem Traum ist dieses Programm in Stufen konzipiert. Und so würde es schließlich auch jene vermeintlich Ohnmächtigen erreichen, die ihre Macht bislang durch Terrorismus und Selbstjustiz ausübten.

Was würde mit den nicht Bekehrbaren passieren? Den hartnäckig Aggressiven? Da sie langfristig deutlich in der Minderzahl wären, verlöre ihre aggressive Energie im Gesamtbild an Kraft.

Das ganze Projekt würde jedenfalls seine Kreise ziehen, würde Zerstrittene in anderen Erdteilen ermutigen, ähnliche Wege auszuprobieren. Der Gewinn, das Ergebnis würde den Menschen auf der Welt Lust und Mut machen, auf die Stimme der eigenen Sehnsucht zu hören, der Sehnsucht nach Ruhe und Frieden, nach Seelenfrieden.

Dream Education: Spirit in Education

Vielleicht mag es irritieren, sich innerhalb dieses Buches mit »Spirit in Education« auseinander zu setzen. Nun, in den vorigen Kapiteln erkannten wir, dass es *ein* Geist ist, der sich von der Wirtschaft über die Politik und Gesellschaft bis hin zum Bildungssystem (und umgekehrt) durchzieht. Erst wenn wir also »Schule« sinnvoller gestalten, hat unser Business Aussicht auf langfristigen Erfolg.

> Zu viel Gelehrsamkeit kann selbst
> den Gesundesten kaputtmachen.
> *Astrid Lindgren*[19]

Zentraler Erfolgsfaktor für das Gelingen der Schulausbildung unserer Kinder ist, dass wir das Klammern an immer komplexer konstruierten, von einem Spirit der Angst, des Controllingwahns getriebenen Bewertungsverfahren aufgeben und unseren Blick fokussieren auf das Lebendige, auf das, was es für das Leben zu entwickeln gilt – und auf die blinden Flecken, die Blockaden, die es noch abzubauen gilt, auf das, was wir als Mensch noch lernen sollen. Vor allen Dingen darauf, dass wir unser Potenzial voll und ungehindert zum Blühen bringen können.

Genau wie im Management wird auch hier alleine das Weglassen falsch verstandenen Bewertens bewirken, dass viele unsägliche Konsequenzen ausbleiben: Angst, Druck, eingeschränkte Leistungsfähigkeit, mangelndes Selbstvertrauen, Mutlosigkeit, Einschüchterung, blockierte Kreativität, Brachliegen des persönlichen Potenzials, ungenutzte Intelligenzen, Krankheit, Kosten, um nur einige zu nennen.

Das Potenzial der jungen Menschen voll und ungehindert zum Blühen zu bringen – das ist die zentrale Aufgabe der Lehrer in unseren Schulen – und nicht, diesem Potenzial einen Dämpfer zu verpassen. Durch die Bewertungsmaschinerie gedreht, bleiben oftmals nur noch Bruchteile davon übrig. Genauso, wenn das Potenzial von Anfang an übersehen oder ignoriert wird, weil man gar nicht weiß, wie man damit umgehen soll, weil das herkömmliche Raster des Stundenplanes dafür nichts vorsieht.

Lernen ganz anders – ein Assoziogramm

Die vornehmste Aufgabe der Erziehung ist es,
einen Menschen hervorzubringen,
der fähig ist, das Leben in seiner Ganzheit zu erfahren.
Krishnamurti[20]

Wann haben wir, die wir hoch entwickelte, beseelte Wesen sind, ausgestattet mit einem Bewusstsein und der Fähigkeit zu abstrahieren, wann haben wir in den Schulen zuletzt das Wort »Seele« in den Mund genommen? Es scheint ein ähnlich schambehaftetes Tabu zu sein wie die Liebe im Business.

Was ist das Wertvollste auf diesem Planeten? Was machen wir mit wertvollen Dingen wie Edelsteinen, Gold etc., die wir auf der Erde finden? Wir schleifen und polieren sie oder fertigen kunstvolle Gegenstände und Schmuckstücke daraus. Wir veredeln also diese wertvollen Materialien. Das scheint uns ganz selbstverständlich zu sein. Wir finden einen wertvollen Stein in der Erde – und kämen nicht darauf, ihn roh und mit Schmutz behaftet zu belassen. Der Veredelungsprozess scheint sich nahtlos und automatisch anzuschließen – schließlich wollen wir die ganze Schönheit und Pracht des Materials hervorholen, sie betonen, ihren Glanz zum Leuchten bringen.

Wie sieht es aber mit anderen Kostbarkeiten in unserem Leben aus? Was ist das Wertvollste? Ist es nicht unser Leben selbst? Und was tun wir damit? Hier widmen wir uns nicht mit unserer sonstigen Selbstverständlichkeit dem Veredelungsprozess, dem Veredelungsprozess des eigenen Lebens.

Morrie Schwartz sagt in *Dienstags bei Morrie:* »Das Wichtigste im Leben ist zu lernen, wie man Liebe gibt und wie man sie in sich selbst hereinlässt.«[21] In der Schule aber stürzen wir uns bisher ausschließlich auf den Erwerb fachlicher Qualifikationen. In Zukunft werden wir uns viel stärker mit einem »Lernen fürs Leben« zu beschäftigen haben, mit dem persönlichen Wachstum der jungen Menschen. Da wird es also Fächer geben wie Herzensbildung, Menschen-/Seelenkunde, Intelligenz- und Energiemanagement, Umgang mit Konflikten etc. Im nachstehenden Assoziogramm sind neue, menschengerechte, basale Unterrichtsthemen genannt, die die persönliche Entwicklung der Schüler fördern und sie tatsächlich darauf vorbereiten, mit dem Leben gut und selbstständig klarzukommen. Das über alle Jahrgangsstufen durchgängige Thema sollte deshalb das Fach der »Selbstliebe« sein.

Alles, was man lange vernachlässigt hat, bedarf erst einmal der expliziten Aufmerksamkeit. Sie ermöglicht, dass wir uns der Bedeutung der vernachlässigten Themen in ihrem ganzen Ausmaß bewusst werden und uns die Fülle ihrer Möglichkeiten voll erschließen. Erst nachdem wir uns den »Lernen-fürs-Leben-Themen« explizit gewidmet haben, werden wir erkennen, wie sie sich auf natürliche Weise in die »klassischen« Unterrichtsthemen integrieren lassen und wollen – sodass ganz selbstverständlich ein integratives Lernen stattfinden wird.

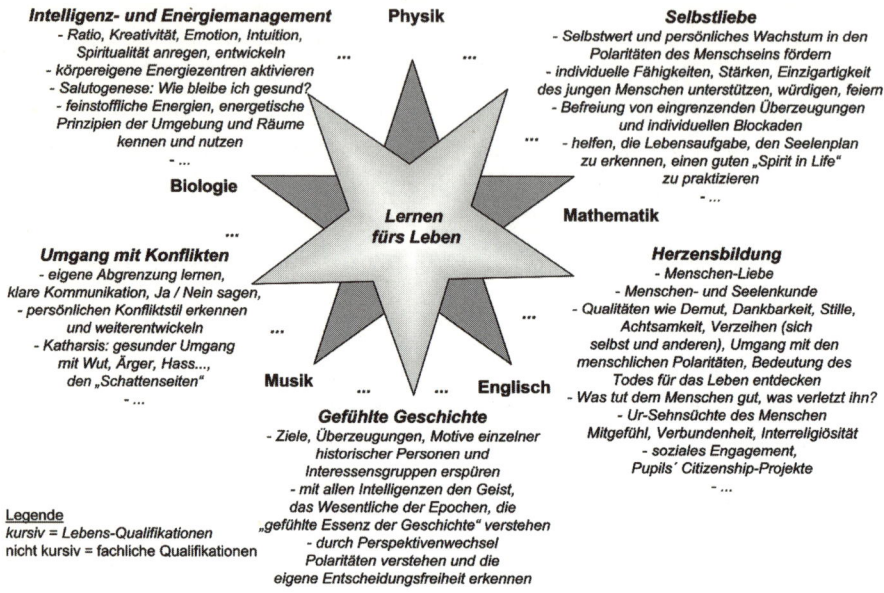

Zukünftige Kernfächer – ein Assoziogramm

Intelligenz- und Energiemanagement
- Ratio, Kreativität, Emotion, Intuition,
  Spiritualität anregen, entwickeln
- körpereigene Energiezentren aktivieren
- Salutogenese: Wie bleibe ich gesund?
- feinstoffliche Energien, energetische
  Prinzipien der Umgebung und Räume
  kennen und nutzen
  - ...

Physik
...   ...

Selbstliebe
- Selbstwert und persönliches Wachstum in den
  Polaritäten des Menschseins fördern
- individuelle Fähigkeiten, Stärken, Einzigartigkeit
  des jungen Menschen unterstützen, würdigen, feiern
- Befreiung von eingrenzenden Überzeugungen
  und individuellen Blockaden
- helfen, die Lebensaufgabe, den Seelenplan
  zu erkennen, einen guten „Spirit in Life"
  zu praktizieren
  - ...

Biologie

...

**Lernen
fürs Leben**

Mathematik

Umgang mit Konflikten
- eigene Abgrenzung lernen,
  klare Kommunikation, Ja / Nein sagen,
- persönlichen Konfliktstil erkennen
  und weiterentwickeln
- Katharsis: gesunder Umgang
  mit Wut, Ärger, Hass...,
  den „Schattenseiten"
  - ...

Herzensbildung
- Menschen-Liebe
- Menschen- und Seelenkunde
- Qualitäten wie Demut, Dankbarkeit, Stille,
  Achtsamkeit, Verzeihen (sich
  selbst und anderen), Umgang mit den
  menschlichen Polaritäten, Bedeutung des
  Todes für das Leben entdecken
- Was tut dem Menschen gut, was verletzt ihn?
- Ur-Sehnsüchte des Menschen
  Mitgefühl, Verbundenheit, Interreligiösität
- soziales Engagement,
  Pupils´ Citizenship-Projekte
  - ...

Musik   ...   ...   **Englisch**

Gefühlte Geschichte
- Ziele, Überzeugungen, Motive einzelner
  historischer Personen und
  Interessensgruppen erspüren
- mit allen Intelligenzen den Geist,
  das Wesentliche der Epochen, die
  „gefühlte Essenz der Geschichte" verstehen
- durch Perspektivenwechsel
  Polaritäten verstehen und die
  eigene Entscheidungsfreiheit erkennen

Legende
kursiv = Lebens-Qualifikationen
nicht kursiv = fachliche Qualifikationen

Werden diese »Lernen-fürs-Leben«-Fächer also zunächst eigenständige Unterrichtsfächer sein, so werden sie mittelfristig mehr und mehr mit den klassischen Unterrichtsfächern wie Englisch, Mathematik, Physik etc. verwoben werden. Wie soll das aussehen? Dazu drei kurze Beispiele:

Stellen Sie sich vor, zum Unterricht gehört nicht »Malen« wie bisher – begrenzt auf eineinhalb Stunden in der Woche, und wer will, kann es auch noch abwählen oder durch Polytechnik ersetzen. Stellen Sie sich vor, Sie betreten eine Klasse und beobachten dort als stiller Teilnehmer eine Szene im Integrativen Unterricht: Die Schüler wählen, ob sie Tagebuch schreiben möchten oder ihre Erlebnisse des vorangegangenen Tages bzw. die Fragen und Sorgen, die sie aktuell beschäftigen, oder einfach nur ihre Stimmung malen wollen. Möglicherweise beginnt das ganze mit einer Aktivierung der kreativen und intuitiven Intelligenz. Sie spüren als Beobachter, wie in dem Raum eine Atmosphäre von heiliger Ruhe und tiefer Verwurzelung mit dem Leben schwebt, wie Ideen, Wohlwollen hin und her schwingen, wie jeder Schüler versunken und mit sich beschäftigt ist und intuitiv weiß, zu welcher Farbe er als Nächstes greift oder ob er vom Gemälde zum Tagebuch wechselt und umgekehrt.

Sie könnten auf diese Weise Zeuge einer kathartischen Selbstmanagementübung gewesen sein, mit der die Schule allmorgendlich beginnt. Dies könnte aber auch im klassischen »Zeichenunterricht« stattgefunden haben oder in einem Fach, in dem es darum geht, »Kreativität als Lebensgefühl« zu etablieren.

Möglicherweise würde sich eine Interpretation dessen anschließen, was die Schüler in Worten und Bildern zum Ausdruck gebracht haben. Vielleicht käme eine Stimmung bezüglich der Scheidung der Eltern zu Tage, irgendeine Erkenntnis, Freude, Trauer, Wut über ein vergangenes Ereignis, oder ein Streit unter Schülern wäre sichtbar geworden. Und so könnte er gleich bearbeitet werden. Eins ginge in das andere über. Lernen fürs Leben! So wäre Schule nah dran am Leben, an dem, was die »kleinen« Menschen beschäftigt. Es gäbe keine künstliche Trennung mehr zwischen Leben und Unterricht.

In meiner Vision findet Malen regelmäßig und integriert statt. Warum? Um die kreative Intelligenz nachhaltig zu entwickeln, um sie zu einem selbstverständlichen Bestandteil des Lebens zu machen. Um sie nicht nur für äußere Aufträge (»Jetzt malt mal und zeigt wie gut oder schlecht ihr seid«), sondern auch für innere Aufträge zu nutzen.

Das Potenzial des Malens und Schreibens können wir erfolgreich für unsere eigene Selbstreinigung nutzen, für das Loslassen und die Ent-wicklung der Dinge, die uns beschäftigen, für die eigene Klarheit, für das eigene »Sich-selbst-bewusst-Werden«.

Auch im Musikunterricht könnte es mittelfristig darum gehen, uns zu »ganzen« Menschen zu machen und unsere Persönlichkeit heilsam zu entwickeln. Stimmtraining ist dann ein Bestandteil des Musikunterrichts: Schüler erproben und reflektieren ihre Stimme in Sprech- und Tön-Übungen. Wie ist mein Selbstausdruck, meine Stimme: brüchig, aggressiv, dünn, dominant, leise, laut, unsicher ...? Im Folgenden geht es dann darum, die individuelle Stimme zu entwickeln und auch auf diese Weise den Schülern zu helfen, ihrem Selbst, ihrer Einzigartigkeit klaren Ausdruck zu verleihen. Auch das Singen würde wieder durch professionelle Stimmtrainer in Einzelunterricht für die Schüler gelehrt. So erfahren die jungen Menschen die heilsame, selbstintegrierende Wirkung des Singens auf die Seele, und im Singen auch die Qualität des Verbundenseins (mit einer höheren Kraft). Menschen, die regelmäßig im Chor singen, berichten: »Selbst wenn ich völlig gestresst und mit Sorgen beladen in die Chorstunde hetze – vieles relativiert sich durch das Singen wie von selbst. Danach erscheint es nicht mehr so schlimm und bedrohlich, wie zuvor gedacht.«

Auch das »Zu-Hören« könnte als eigenständige Disziplin mit gleichermaßen fachlichem und persönlichkeitsentwickelndem Charakter Bestandteil des Musikunterrichts sein. Durch das stille Hören von Musikstücken werden die Schüler nicht nur an die klassische Musiklehre mit ihren strukturellen Gesetzen etc. herangeführt. Sie werden auch mit dem vertraut, was die Musik ausdrücken will und welche psychischen Prozesse sie imstande ist zu unterstützen.

Nach dem stillen Hören berichtet jeder Schüler, was er persönlich gehört hat: Freude, Trauer, Lebendigkeit, Helligkeit, Farben ... Botschaften, wie »es hat Mut gemacht«, »aufgefordert, den eigenen Weg zu gehen« oder »zärtlich und nachsichtig zu sein« – was auch immer. Ein Aha-Erlebnis entsteht bei den Schülern, indem sie erkennen, dass jeder möglicherweise etwas anderes gehört hat, nämlich das, was für ihn persönlich wichtig war, wofür er gerade jetzt einen Kanal offen hatte. Auf diese Weise lernen sie die feinen Nuancen der Individualität zu respektieren und sich in ihren individuellen Bedürfnissen gegenseitig zu achten. Allesamt Dinge, die für das Leben in der Gemeinschaft, für die soziale Kompetenz der jungen Menschen so wichtig sind, genauso wie die Qualität des Zuhörens als wertvolle Fähigkeit entdeckt zu haben. So findet fachliches Lernen und Persönlichkeitsentwicklung integriert statt – Lernen fürs Leben eben!

Unerlässlich ist es aber auch, bereits in der Schule über den Tod zu sprechen, ihn ganz natürlich zu integrieren – in den Stundenplan, ins Bewusstsein für das eigene Leben, in das (Mit-)Gefühl und Verständnis für das Wesen des Menschen ganz allgemein.

Kinder lernen dann verschiedene Sterbearten kennen, befassen sich damit, wie andere Kulturen mit dem Tod umgehen, akzeptieren den Tod für ihr Leben, erspüren den Tod in vielen Dingen, die sie umgeben, begleiten Menschen bei ihrer Trauer. Sie werden für die trauernden Menschen zu einem wichtigen Gegenüber. Sie schließen sich den »grünen Damen« an, werden von ihnen herangeführt an die Berührung mit sterbenden Menschen im Krankenhaus. Sie lernen, wie man mit Trauer ganz natürlich umgehen kann ...

Wenn Kinder früh ein Gespür für die Bedeutung ihres eigenen Todes und die Konsequenzen für ihr eigenes Leben entwickeln, können sie erkennen, welch wertvolles Geschenk das eigene Leben und das Leben anderer Menschen ist. Können Sie sich vorstellen, wenn ein solches Bewusstsein sich unter den jungen Menschen, der Schülerschaft, ausbreitet, dass dann der Aggressions- und Konfliktpegel noch gleich hoch wäre? Indem die Schule dieses gesellschaftliche Tabu bricht, würde sie einen äußerst wirkungsvollen Beitrag zur Gesundung unserer Gesellschaft leisten.

Und wie sieht es mit dem Nutzen von Meditation aus? Zur Ruhe kommen, Ent-spannung finden? Meinen Sie, das könnte unseren Schülern schaden? Wohl kaum. Warum tun wir es dann nicht? Was hindert uns daran, Mediation in den Schulen zu lehren?

Back Tracing in den Sinn-Schulen

In den Sinn-Schulen: Backtracing auf
der Makro- und Mikro-Ebene

Auch hier, in der Schule, gilt es wiederum das Prinzip des Backtracings anzuwenden, also nach vorne zu schauen, um dann vom Ende her zu fragen: »*Was* tut dem Menschen, *was* tut dem Kosmos gut?«, und danach den Unterricht auszurichten. Was ist der Mensch? Wohin führt das Leben der Menschheit/der Gesellschaft? Wohin soll mein Leben führen? Sie sehen: es ist alles *Eins*: Die Fragen, die wir uns in den Schulen, in den Unternehmen, in der Politik, in der Gesellschaft zukünftig stellen werden, sind die gleichen. Sie sind von einem Geist: der Orientierung am Menschen, am Leben, am Sinn, an der Liebe.

Überfordern wir unsere Schüler mit derlei Sinn-Schulen? Ich glaube, dass die jungen Menschen heutzutage reifer sind, als wir annehmen – schließlich haben sie eine andere Erziehung genossen als wir und die vorigen Generationen. Oft sind sie unterfordert und lechzen geradezu nach sinnvollem Engagement, sonst würden sie sich nicht so oft in oberflächliches, elektronisches Amusement (und Aggression) stürzen und wären nicht so vieler Wohlstandsdinge überdrüssig.

Einmal initiiert, sorgt der integrative Gedanke selbst für sein Fortdauern. Gemeinsame Abenteuer, sinnvolle Projekte mit Drogenabhängigen, mit Bewohnern von Altenheimen, Behindertenwerkstätten etc. mit anschließender strukturierter Reflexion folgen wie von alleine. Dabei verankert sich etwas bei den Schülern, das von unschätzbarem Wert ist – für ihr Leben, für das sie schließlich lernen! Plötzlich erinnern sie sich an das, was verborgen in ihnen schlummerte, was vom Geflimmer des Fernsehens, des Computers oder sonstigen hilflosen stumpfsinnigen Ersatzbeschäftigungen lange überlagert war. Sie spüren eine neue Lebendigkeit, eine neue Lust am Abenteuer »Leben«, spüren, welch tiefe Befriedigung durch derlei Projekte, welch andere Qualität von Leben und sich Erleben möglich ist. Das, was lange in ihnen brachlag, wird zu neuem Leben erweckt!

In den integrativen Sinn-Projekten, den *Universal Citizenship-Projekten* geht es darum, verdrängte Menschen und Themen unserer Gesellschaft in das Bewusstsein unserer Schüler und das Leben zu re-integrieren. Dazu gehört natürlich auch, dass sich junge Menschen mit Vorbildern auseinander setzen können. Mit Menschen, die beweisen, dass es auch anders geht, dass es möglich und sehr befriedigend ist, jene Werte wie Frieden, Mitgefühl, Menschen-Liebe, Respekt, Ressourcenbewahrung etc. zu leben.

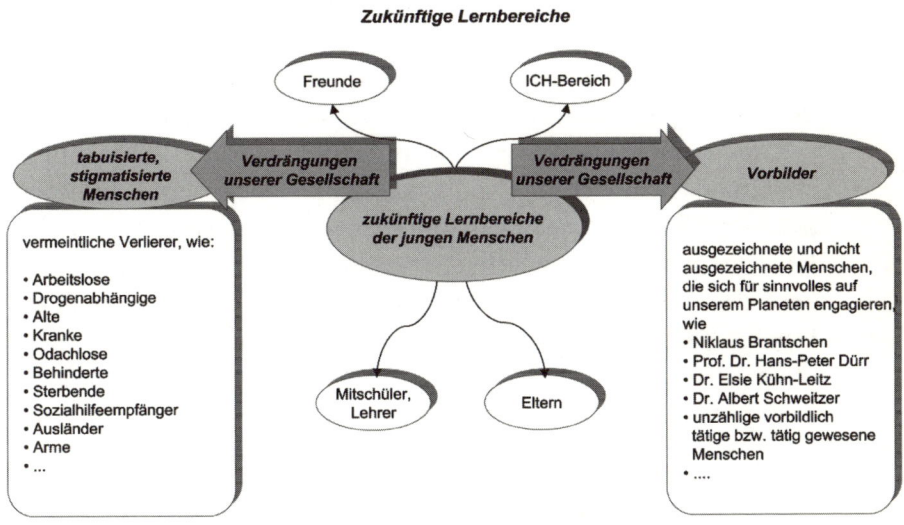

Die Vorbilder können sowohl Menschen sein, die heute oder in der Vergangenheit sehr segensreich gewirkt haben, indem sie »einfach etwas Sinnvolles taten«, ohne sich lang mit irgendwelchen bürokratischen Formalismen oder Verhinderungsglaubenssätzen aufzuhalten wie: »Das kann man doch nicht machen – da muss man aber persönlich schon sehr engagiert sein – das kann nicht jeder.« Sie sind einfach ihrem inneren Bedürfnis nach Sinn gefolgt. Gleichzeitig ist es wichtig, Beispiele aus der Geschichte für ein friedliches, geglücktes gesellschaftliches, wirtschaftliches und politisches Zusammenleben eingehend im Unterricht zu betrachten. Ich frage mich, warum ich im Geschichtsunterricht Kriege und Konflikte nach Jahreszahlen sortiert lernen, sehr viele grausame Dokumentarfilme über den Ersten und Zweiten Weltkrieg ansehen musste und das andere Ende der Polarität so wenig Beachtung fand: nämlich die gelebten Beispiele in der menschlichen Geschichte, denen es gelungen ist, gut für das Leben zu sorgen. So habe ich in der Schule nie etwas darüber erfahren, wie erfolgreich das Zusammenleben der verschiedensten Religionen und ethnischen Völker im Süden Spaniens gelang, in der Zeit der Besetzung Spaniens durch die Araber. Es war eine sowohl wirtschaftlich prosperierende sowie wissenschaftlich als auch menschlich-ethisch hoch entwickelte Gesellschaft. Man ließ die einzelnen Gruppen von Menschen nebeneinander leben und bewertete nicht das Einzigartige in den verschiedenen Mitgliedern als »bedrohlich«, sondern als »faszinierend und Wohl stiftend« und maximierte durch die Kombination der Einzigartigkeiten somit den Nutzen für alle.

Wenn es in den Schulen der Zukunft darum geht, die Menschen in ihrer Ganzheit zu fördern und zu fordern, so verlangt dies nach neuen Methoden. Es geht um Methoden der Selbstintegration für die Schüler, sodass deren Intelligenzen aktiviert werden. Auf dieser selbstintegrierten Basis lassen sich dann auch die übrigen Lernen-fürs-Leben- und klassischen Unterrichtsfächer mit allen Sinnen erfahren.

Gerade Geschichte und Gesellschaftskunde sind Fächer, die viel effektiver über ein emotionales Lernen, ein Lernen mit allen Sinnen vermittelt werden könnten. Zum Beispiel mit der Methode systemischer Aufstellungen. Stellen Sie sich vor, die Schüler schlüpfen in verschiedene Rollen geschichtlicher Personen und erspüren, wie es damals war. Sie nehmen Ziele, Motive, Interessen und unterschiedliche Perspektiven der Beteiligten wahr, lernen, sich in andere hineinzuversetzen, lernen den »Geist« der Zeit kennen und verankern das Wissenswerte aus den jeweiligen Perioden sehr viel nachhaltiger, als wenn sie Sätze aus dem Geschichtsbuch auswendig lernen. Die Schüler entwickeln ein substanzielleres Verständnis, indem sie sich selbst als Ergebnis der Geschichte erleben.

Sie schlüpfen in die verschiedenen Rollen und wechseln diese. Auf diese Weise erfahren sie,

➤ dass *Alles* in ihnen ist, dass sie fähig sind, *Alles* zu sein:
   der Böse – und der Gute
   der Reiche – und der Arme
   der Weise – und der Tumbe
   der Henker – und der Richter
   der Mediziner – und die Magd
   der Kaiser – und der Söldner, ...
➤ welche Konsequenzen das eigene Verhalten für die Mitmenschen hat
➤ und dass wir immer die Wahl haben, die Macht der Entscheidung darüber, welche Rolle wir im heutigen Leben wirklich spielen wollen.

Wie sieht der Lehrer der Zukunft aus?

Lehrer der Zukunft ermutigen und lehren Kinder,
ihre Einzigartigkeit zu entdecken.
Sie helfen jedem Kind zu empfinden,
dass es ein besonderer, wundervoller Mensch ist.

Müssen die Lehrer dann nicht Therapeuten sein? Haben sie dazu den Auftrag, geschweige denn die Ausbildung? Greifen Sie nicht in die Verantwortlichkeit der Eltern ein?

Bereits in *Das fliegende Klassenzimmer* von Erich Kästner hieß es: »›Warum denn nicht?‹ rief Fritsche. ›Ein Pauker hat die verdammte Pflicht und Schuldigkeit, sich wandlungsfähig zu erhalten. Sonst könnten die Schüler ja früh im Bette liegen bleiben und den Unterricht auf Grammophonplatten abschnurren lassen. Nein, nein, wir brauchen Menschen als Lehrer, die sich entwickeln müssen, wenn sie uns entwickeln wollen.‹«[22]

Sie müssen vielleicht nicht gerade Therapeuten sein – aber warum soll sich das Berufsbild des Lehrers denn nicht verändern dürfen? Denken Sie einmal an ihre Großeltern zurück – von welchem Selbst- und Rollenverständnis war deren Lehrerschaft geprägt? Litten Ihre Großeltern noch unter dem Einsatz des Rohrstocks in der Schule, so brauchen Sie für Ihre Kinder darum nicht zu fürchten. Zugegeben, viele der heute tätigen Lehrer bräuchten zunächst selbst eine Therapie, bevor sie die neuen »Lernen-fürs-Leben-Fächer« authentisch unterrichten könnten. Dennoch sollten wir in diese Richtung gehen – denn auch dies wäre ein Beitrag zur gesellschaftlichen Heilung.

Zu viel Wissen hat keinen Wert,
für den, der's ABC nur lehrt.
Alte deutsche Bauernweisheit

Lehrer der Zukunft müssen vor allen Dingen selbst integer und integriert sein, alle Intelligenzen aktiviert und Herzensbildung haben, Vorbild sein, sich in der Menschen-/Seelenkunde auskennen. Sie müssen vorleben, was sie lehren – die »Lernen-fürs-Leben-Fächer« müssen ihnen in Fleisch und Blut übergegangen sein, sodass sie ganz selbstverständlich aus ihrem persönlichen Handlungsrepertoire und Verhalten schöpfen können. Sie haben also eine fundierte, persönliche Erfahrung in der Anwendung geeigneter Methoden, um diese Lernen-fürs-Leben-Fächer zu lehren.

Zusätzlich sollte Supervision für die Lehrer zum festen Bestandteil ihrer Arbeit werden. Denn die Arbeit, die sie leisten, ist heikel, gerade weil sie sich zukünftig auch in Richtung Coaching entwickelt. Was ist, wenn ein Lehrer persönliche Muster und Altlasten mit sich herumträgt, die ihn seine neue Lehreraufgabe nicht optimal ausfüllen lassen? Ja wenn er den Kindern sogar schadet, weil er seine Muster überträgt? Wir sollten sorgsam mit dem Seelenheil unserer Kinder umgehen.

In der Supervision der Lehrer wird es zunächst darum gehen, sich selbst zu integrieren, das eigene Potenzial zu entdecken und zur Sehnsucht, zur Aufgabe der eigenen Seele zu finden. Vielleicht bedeutet dies, dass sich einzelne Lehrer aus dem Schuldienst verabschieden werden, weil sie an anderer Stelle besser, segensreicher wirken können, ihre Einzigartigkeit an anderer Stelle dringender gebraucht wird. So wird es nicht nur im Business, sondern auch hier, in den Schulen, zu einer Bereinigungswelle kommen.

Sinn-Schulen und ihre Wirkung auf Business und Gesellschaft

Was werden wir gewinnen mit einer solchen Dream Education? Züchten solche Schulen lebensuntaugliche, schüchterne, etwas verschrobene Menschen heran, die unser Gesellschaftssystem in Zukunft nur belasten würden?

Was glauben Sie, wie würden dann die Schulhöfe aussehen? Keine Plätze, vor denen Sie, liebe Leser wie auch die Lehrer Angst hätten, die Sie am liebsten meiden würden, wie eine dunkle Straße in der Bronx? Aus solchen Schulen würden Menschen mit innerer Stärke hervorgehen, die ihren eigenen Lebensweg selbstständig finden und meistern, die mit Krisen im Leben umzugehen wissen, die auf gesunde Weise team- und konfliktfähig sind und die selbst- und geistesbewusst genug wären, um den heutigen Wahnsinn im Business nicht mehr mitzumachen.

Es wären Menschen, die auf ganz natürliche Weise die Sozialversicherungssysteme, die es ohnehin in der bestehenden Form in Zukunft nicht mehr geben wird, durch ihren gesunden Umgang mit sich selbst entlasten würden.

Nicht nur die Krankheitskosten im Gesundheitswesen würden drastisch sinken, insbesondere für Psychopharmaka, Entziehungskuren sowie Langzeitkosten für die Behandlung psychischer bzw. somatischer Erscheinungen von Schülern und Lehrern! Die jungen Menschen würden vor allen Dingen gerne und freudig in die Schule gehen, weil ihr Potenzial gesehen wird, weil ihre Person und Persönlichkeit im wahrsten Sinne des Wortes ganzheitlich gefördert wird. Mit dem Ziel: ganz (heil) zu werden!

Diese traumhafte, visionäre Erziehung wird die Qualität des Lebens verändern: die Lebensqualität des Einzelnen und der Gesellschaft!

Ausblick

Wir brauchen nicht so fortzuleben,
wie wir gestern gelebt haben.
Machen wir uns von dieser Anschauung los,
und tausend Möglichkeiten laden uns
zu neuem Leben ein.

Christian Morgenstern

Ich freue mich, wenn dieses Buch dazu dienen konnte, Ihnen Ideen und Impulse zu geben, wie die Arbeits- und Lebenswelten von morgen aussehen könnten. Möglicherweise erscheint Ihnen nun *Spirit in Business* gar nicht mehr so fern, wie Sie anfangs vielleicht glaubten. Einige integre Unternehmer praktizieren es bereits. Diese mutigen Individualisten beweisen (genauso wie die dis-integrierten Manager), dass ein energetischer Zusammenhang zwischen unserem *Spirit* und den materiellen Ergebnissen besteht.

Immer mehr Menschen werden sich in diese Richtung aufmachen – damit eine Welt entsteht, wie wir sie uns ersehnen.

Wenn *alles* mit der Selbstliebe beginnt, dann ist der Weg zu einer sinnvolleren Welt einer, der durch den *einzelnen* Menschen vorangetrieben wird. Wie sie gesehen haben, kann uns Selbstliebe niemand »von oben« verordnen. Entweder man ist persönlich bereit, das Abenteuer der eigenen Entwicklung zu wagen, und damit auch Veränderungen im Business, in der Gesellschaft und der Politik zu bewirken, oder nicht. Es hilft nicht, wenn wir in unserer Sehnsucht nach Integrativem Management, nach Integrativem Leben, erwartungsvoll auf andere blicken – »Die mögen doch bitte irgendetwas tun und mutig den ersten Schritt wagen. Wenn es gelingt, schließen wir uns eventuell gerne an.«

Integratives Management ist eine höchst individuelle Angelegenheit. Es gelingt nur, wenn Sie es zu Ihrer eigenen Sache machen, wenn Sie Ihr Potenzial leben, wenn Sie das (Einzigartige), was Sie zu geben haben, der Welt einfach zur Verfügung stellen.

Müssen wir denn dann zukünftig alles anders machen im Management? Ist denn alles Bisherige verdammenswert? Nein, ganz bestimmt nicht! Mein Anliegen ist nicht, keinen Stein auf dem anderen zu lassen und die Eigenschaft »Neu« zum anbetungswürdigen goldenen Kalb zu erheben. Diese Art des Ausspielens und der Bewertung zwischen »verstaubtem« Alten und »in jedem Fall besserem« Neuen ist weder nötig, noch innovativ. Wenn wir all unsere Intelligenzen aktivieren, werden sich die Dinge stimmig zusammenfügen, einer Dynamik folgend, die der Sinnhaftigkeit selbst innewohnt.

Und wenn ich Ihnen in diesem Buch einige neue Schlagwörter zugemutet habe (eine Eigenart der Beraterbranche, die ich selbst belächle), dann tat ich dies, weil ich Sie mit den einfachsten Bildern erreichen wollte. Um mit Jung zu sprechen: »Die ewige Wahrheit bedarf der menschlichen Sprache, die sich mit dem Zeitgeist ändert. Die Urbilder sind unendlicher Wandlung fähig und bleiben doch stets dieselben, aber nur in neuer Gestalt können sie aufs Neue begriffen werden. Immer erfordern sie neue Deutung ... Was ist mit dem ›neuen Wein in alten Schläuchen‹? Wo sind die Antworten auf die seelischen Nöte und Bedrängnisse einer neuen Zeit? Wo überhaupt das Wissen um die seelische Problematik, welche die Entwicklung des modernen Bewusstseins aufgeworfen hat? ... Es scheint, dass alles Wahre sich wandelt und dass nur das Sich-Wandelnde wahr bleibt.«[1]

Haben wir eine Alternative? Ja. Jederzeit. Wir können unser Business wenig oder sehr geistreich betreiben. Wir haben die freie Wahl –

in jedem Augenblick. Es ist unsere Entscheidung, wie wir die Welt gestalten wollen.

Möglicherweise haben Sie nun, am Ende dieses Buches, auch den Eindruck gewonnen »Na ja, die deutschen Manager sind ja nicht gerade gut weggekommen: einseitig intelligente Schrumpfgestalten, empfindliche Narzissten, konfliktunfähige Masters of Desaster etc.«

Ich gestehe, ich wollte mit diesen kernigen Begriffen provozieren. Dennoch glaube ich, dass sie zumindest das aktuelle Verhalten der Unternehmenslenker, wenn auch überspitzt, so doch zutreffend beschreiben. Dabei sind die Manager selbst (die wie jeder Mensch äußerst liebenswerte Wesen sind) nicht »falsch« oder zu verurteilen. Was allerdings im Moment nicht gerade segensreich ist, ist ihr Verhalten. Und Verhalten kann man ändern. Das weiß ich aus eigener Erfahrung. Noch vor zehn Jahren habe ich ganz gut in diese Business-Landschaft gepasst. Auch ich habe stark um Anerkennung von außen gebuhlt und war in den geschilderten Absurditäten mittendrin, verfangen in Paradoxien, habe sie selbst mit voller Inbrunst mitgestaltet und das Hamsterrad kräftig in Schwung gehalten. Und ich hatte gute Chancen, darüber krank zu werden, hätte ich mich nicht auf den sicherlich nicht immer einfachen, aber sehr lohnenswerten Weg meiner persönlichen Entwicklung gemacht.

Entwicklung ist möglich! Es ist möglich, es auch anders zu machen. Es ist unsere Entscheidung.

Ich bin sicher, viele Fragen, die unsere Zukunft im Business betreffen, sind offen geblieben. Dabei sind es gerade die offenen Fragen, die meines Erachtens von unglaublichem Nutzen für uns sind – schließlich sind sie es, die uns umtreiben, die uns nicht loslassen auf der Suche nach unserem Weg. Offene Fragen sind treibende Kräfte und damit elementare Bestandteile in unserer Entwicklung.

Mein Wunsch ist, mit Ihnen ein gemeinsames Abenteuer zu wagen.

Anmerkungen

Einleitung

1 Matthias Horx, *Die acht Sphären der Zukunft*, S. 151.
2 Aus dem Trendletter der Zukunftsinstitut GmbH, Kelkheim, vom Juni 2004 (vgl. www.zukunftsinstitut.de).
3 Heinrich von Pierer in: *DB Mobil*, 04/2004, Hrsg. Deutsche Bahn AG, Hamburg S. 8.

I Der ganz normale Wahnsinn im Management

1 Co-Abhängigkeit ist das psychologische Konzept, das die spezifische Dynamik zwischen Abhängigen, dem Partner, den Freunden, Kollegen und Vorgesetzten beschreibt (vgl. *Lexikon der Psychologie*, S. 272).
2 Auch wenn Kinder heute mit anderen Erziehungskonzepten aufwachsen, in denen Eltern durch bedingungslose Liebe die Selbstliebe der Kinder sehr viel mehr fördern, und diese dadurch weniger anfällig für Co-Abhängigkeit sind, so ist dennoch die Sehnsucht nach Anerkennung und Liebe – auch im Job – ein generationenübergreifendes Thema und wird es immer bleiben. Co-Abhängigkeit ist insbesondere unter den heute im Management tätigen Generationen weit verbreitet.
3 Niklaus Brantschen, *Erfüllter Augenblick – Wege zur Mitte des Herzens*, S. 97.
4 Marion Gräfin Dönhoff, *Was mir wichtig war*, S. 159.
5 Braig und Renz würden wahrscheinlich sagen, dass dieses Phänomen sogar machtvoller ist als die vordergründige kaufmännische Verbindung. Definieren wir doch nur jene Menschen als vollwertige, liebenswerte Mitglieder unserer Gesellschaft, die einen Job haben. Vgl. Braig/Renz, *Die Kunst, weniger zu arbeiten.*
6 Es kommt nicht von ungefähr, dass uns Bücher, wie *Simplify your life* von Lothar Tikki Küstenmacher und Lothar Seiwert derart ansprechen.
7 Dass das Geschäftsleben sich in mehr Dimensionen vollzieht als die Matrixorganisationen ihm zugestehen wollten, zeigte sich in deren Scheitern.

8 In den 80er-Jahren des 20. Jahrhunderts berichteten Berater und Medien von der »Servicewüste Deutschland«. Sie attestierten deutschen Unternehmen im internationalen Vergleich eine stark mangelhafte Kundenorientierung. So wurden individuelle Kundenwünsche (insbesondere im Tourismus, der Gastronomie und anderen Dienstleistungsbranchen) durch ein vom Servicepersonal unfreundlich geäußertes »ham-mer-net« abgeschmettert.

9 Humberto Maturana prägte den Begriff der Autopoesie für die Selbstorganisation lebender Systeme. Diese sind nach Maturana sich selbst erzeugende Einheiten, die zwischen sich und ihrer Umgebung eine Grenze ausbilden und darauf ausgerichtet sind, sich selbst zu erhalten. Vgl. H.R. Maturana & F.J. Varela, *Der Baum der Erkenntnis.*

10 Eugen Kogon, in Dönhoff, S. 155.

11 Viviane Forrester, in Axel Braig, S. 13.

12 Melody Beattie, S. 138.

13 Ebd. S. 138.

14 *DIE ZEIT* vom 28.5.2003.

15 Horst-Eberhard Richter, *Leben statt Machen*, S. 9.

16 Wir können unseren *Spirit* mit einer Wasserquelle vergleichen. Ist das Quellwasser rein, klar und sprudelnd, dann ist auch unser Spirit klar, konstruktiv, kreativ, aus der Fülle schöpfend und wird sich durch Hindernisse wie Steine im Bach und anderes nicht aufhalten lassen, sondern sie kraftvoll und geschmeidig umfließen, um schließlich einen wundervollen, kristallklaren See zu bilden. Wenn unser Spirit jedoch von Angst- und Mangelbewusstsein, von Gier, Neid, Missgunst und Konkurrenzdenken geprägt ist, dann wird bereits das Quellwasser von minderer Qualität und Kraft sein, es wird möglicherweise schon bald versiegen, Hindernisse nicht überwinden, sondern unterwegs versickern oder aber einen fauligen, brackigen Tümpel bilden.

17 Melodie Beattie, *Kraft zum Loslassen*, S. 174.

18 Damit will ich nicht »Controlling« per se als Disziplin verteufeln. Solange wir allerdings kein ausgewogenes Verhältnis von Kreativität und Controlling haben, solange wir nicht allen Intelligenzen genügend Raum geben, sorgen wir für dürftige Ergebnisse und treiben damit den Abwärtstrend weiter voran.

19 Erik Händeler, *Die Geschichte der Zukunft*, S. 20 f.

20 Vgl. *Manager Magazin* 8/2003: »Was tun, wenn die Preise fallen?« von Henrik Müller, S. 94 ff.

21 Vgl. ebd.

22 Vgl. ebd., S. 96.

23 So beschließt Henrik Müller seinen Artikel im *Manager Magazin*.

24 Friedrich Assländer: mündliches Zitat.

II Der Manager von heute

1 Niklaus Brantschen.

2 Vgl. *Krishnamurti – 100 Jahre* , S. 223.

3 Tom Nierth, *Life Coaching*, tom.nierth@tiscali.de

4 Ayya Khema, *Was Du suchst, ist in deinem Herzen*, S. 21.

5 Der Kybernetiker Stafford Beer zum schizophrenen Trennungszwang in der Wissenschaft, in *brandeins* 4/2003, S. 95.

6 Krishnamurti, zitiert nach dem gleichnamigen Werk *Die Wahrheit ist ein pfadloses Land*.

7 Ich hörte diese Geschichte bei einem Vortrag von Hans-Peter Dürr und möchte Sie Ihnen nicht vorenthalten und mich gleichzeitig bei Herrn Professor Dürr dafür bedanken.

8 Sabrina Fox: *Die Sehnsucht unserer Seele,* S. 413 f.

9 Diese geistige und materielle Trance des Managers kennen Sie – es ist ein ähnliches Gefühl, wie wenn Sie auf der rechten Autobahnspur fahren, in den tiefen Rillen, die das Gewicht der LKWs im Asphalt hinterlassen haben. Sie brauchen bzw. können kaum steuern, denn Sie bewegen sich in vorgefertigten Bahnen. Es nervt zwar einerseits, ist aber andererseits auch sehr bequem: »Ich kann zwar nicht aktiv steuern, muss mich auf der anderen Seite aber auch nicht um etwas Neues kümmern, das mit Risiken und Unwägbarkeiten behaftet sein könnte.«

10 Fritz Simon: *Die Kunst, nicht zu lernen*, S. 156 f.

11 Krishnamurti, in: *Krishnamurti – 100 Jahre*, S. 208.

12 Martin Buber, in: Leo A. Nefiodow, *Der sechste Kondratieff*, S. 187.

13 Rupert Riedl, in Watzlawick, *Die erfundene Wirklichkeit*, S. 87.

14 Niklaus Brantschen, *Erfüllter Augenblick – Wege zur Mitte des Herzens*, S. 79.

15 John Maynard Keynes, 1883–1946, Politiker und bedeutender britischer Nationalökonom, der u.a. die nachfrageorientierte Angebotstheorie begründete.

16 Jean Baptiste Say, 1767–1832, Vertreter der klassischen Nationalökonomie, systematisierte und verbreitete die Gedanken von Adam Smith in Frankreich.

In dem nach ihm benannten Theorem begründet er den Satz der klassischen Lehre, dass sich jedes Angebot seine Nachfrage schaffe.

17 Gemeint ist: Adam Smith.

18 Adam Smith 1723–1790, englischer Philosoph und erster Klassiker der Nationalökonomie. Die klassische Lehre beruht auf der Annahme, dass das Angebot die Nachfrage bestimme.

19 Daniel Goeudevert, vgl. sein gleichnamiges Werk *Mit Träumen beginnt die Realität.*

20 »Der Stoiker Epiktet lehrte zur Zeit der römischen Supermacht und deren kolonialer Ausbeutung eine tröstliche Philosophie von der unsichtbaren Hand Gottes, die über alle Laster der Menschen hinweg letztlich alles für alle zum Guten lenkt. Dieses Vertrauen in eine göttliche Schicksalsmacht überträgt Adam Smith eins zu eins auf die unsichtbare Hand des freien Marktes.« Aus einem Vortrag von Dr. Carola Meier-Seethaler anlässlich des 2. Schönbrunner Symposiums, Dez. 2002.

21 Vgl. dazu das Kapitel »Wohin entwickelt sich die Welt?«, in dem die Extrapolation Kondratieff'scher Zyklen beschrieben wird.

22 Carl Friedrich von Weizsäcker, in Kondratieff, S. 209.

III Über den Tellerrand geschaut

1 *brandeins* 5/2003, S. 18.

2 August Wilhelm Scheer (Unternehmer, Professor, Regierungsberater), *Manager Magazin* 8/2003, S. 93.

3 Axel Braig/Ulrich Renz, *Die Kunst, weniger zu arbeiten*, S. 135.

4 Vgl. ebd., S. 135.

5 Vgl. ebd., S. 150 f.

6 *brandeins* 4/2003, S. 27.

7 *DIE ZEIT* vom 28.5.2003, S. 13.

8 Die Suche nach »Schuldigen« kann schnell faschistoide Züge annehmen: dann, wenn wir die vielen Arbeiter und Angestellten als brav, als fleißig, als rechtschaffen bezeichnen, weil sie zwar murrend, aber dennoch regelmäßig ihre Beiträge in die Sozialkassen zahlen. Liegt es dann nicht nahe, diejenigen, die das nicht tun, weil arbeitslos, als faul, als verachtenswerte Drückeberger zu bezeichnen, die schuld an der ganzen Misere sind? Vorsicht ist angesagt! Überprüfen wir unseren Geist! Wir Deutschen wissen, wohin das führen kann, wenn man die Welt in Gut und Böse einteilt ... Arbeit macht frei!

9 *Sonntagmorgenmagazin*, Wetzlar-Weilburg vom 11.01.2004, S. 1.

10 Hans Magnus Enzensberger, *Mittelmaß und Wahn*. In: Horst-Eberhard Richter, *Die hohe Kunst der Korruption*, S. 229.

11 Seinen Namen verdient das Gesundheitswesen nicht – eigentlich müsste es Krankheitsverwaltungswesen heißen.

12 Dr. Jayanath Abeyweckrama ist in westlicher Schulmedizin und in ayurvedischem Wissen ausgebildeter Mediziner, der auf Sri Lanka, aber auch in Deutschland praktiziert.

13 David L. Rosenhan, in Paul Watzlawick, *Die erfundene Wirklichkeit*, S. 116.

14 Vgl. ebd., S. 117.

15 Fritz B. Simon, *Die Kunst, nicht zu lernen*, Text auf Buchumschlag.

16 Ebd., S. 158.

17 Sören Kierkegaard, in Horst-Eberhard Richter, *Die hohe Kunst der Korruption*, S. 7.

18 Axel Braig/Ulrich Renz, *Die Kunst, weniger zu arbeiten*, S. 147.

19 Axel Braig, in O. Giarini/P.M. Liedtke, *Wie wir arbeiten werden*, S. 145.

20 Vgl. Willy C. Kriz, *Lernziel: Systemkompetenz*, S. 54 f.

21 Ebd., S. 54 f.

22 H. v. Foerster, *Abbau und Aufbau*. In: Willy C. Kriz, *Lernziel: Systemkompetenz*, S. 26.

23 Erinnern Sie sich an den Fischer mit seinem Netz? »Was ich mit meinem Schulsystem nicht bewerten kann, ist kein Schüler, ist kein Potenzial ...?« »Wer nicht das Schulsystem mit Erfolg durchläuft, ist kein Mensch, der etwas zu leisten vermag.«

24 Fritz B. Simon, *Die Kunst, nicht zu lernen*, S. 158.

25 Ebd., S. 158.

IV Aufbruch in ein neues Bewusstsein

1 Eine sehr treffende Metapher von Advaita Maria Bäcker, die mich jahrelang auf wundervolle Weise gecoacht hat.

2 Roman Sexl, *Gravitation und Kosmologie*.

3 Max Planck, zitiert von Lukas Niederberger auf dem Spirit-in-Business-Symposium 2002, Lassalle-Institut, CH-Edliberg.

4 Wirk = ein Element im Gesamtsystem Universum, von dem eine Wirkung ausgeht.

5 Hans-Peter Dürr, aus seinem Vortrag auf dem Spirit-in-Business-Symposium 2002, Lassalle-Institut, CH-Edliberg.

6 Ebd.

7 Erwin Laszlo, *Kosmische Spiritualität*, S. 283 f.

8 »Ethik 2002 – Ethik-Bilanz in der Schweizer Wirtschaft«, Lasalle-Institut, CH-Bad Schönbrunn, 2001, Vgl. S. 115.

9 Ebd., S. 35.

10 Ebd., S. 35.

11 Ebd., S. 38.

12 Ebd., S. 125.

13 Niklaus Brantschen, *Erfüllter Augenblick – Wege zur Mitte des Herzens*, S. 97 f.

14 Joan Borysenko, *Das Buch der Weiblichkeit*, S. 188.

15 Vgl. *DIE ZEIT*, 07.08.2003, S. 56.

16 Horst-Eberhard Richter, *Das Ende der Egomanie*, S. 227.

17 Ebd., S. 230.

18 *DIE ZEIT*, 07.08.2003, S. 56.

19 Leonardo Boff, in: Pia Gyger, *Maria – Tochter der Erde, Königin des Alls*, S. 9 f.

20 *DIE ZEIT* vom 9.10.2003, S. 35

21 Vgl. Hans Wielens, www.zen-akademie.org

22 Astrologische Bezeichnung für einen Monat im kosmischen Weltenjahr, der über 2000 Jahre dauert.

23 Matthias Horx, *Trendbuch 1*, S. 225.

24 Vgl. Joan Borysenko, *Das Buch der Weiblichkeit*, S. 210.

25 Ebd., S. 214: Die Gynäkologin Christiane Northrup beschreibt, dass bestimmte Neuropeptide, sog. »Weisheitshormone«, bei Frauen nach der Menopause stark ansteigen und auf einem hohen Niveau bleiben.

26 Schon viel früher werden junge Menschen keine Zeit für Überflüssiges verschwenden und keine Toleranz für Egozentriker aufbringen, die die Rechte und Bedürfnisse anderer missachten. Vgl. Borysenko, S. 216.

27 Joan Borysenko, *Das Buch der Weiblichkeit*, S. 11.

28 Fritz B. Simon, *Die Kunst, nicht zu lernen*, Text auf Buchumschlag.

29 Gernot Facius, Leitartikel »Erkenne Deine Würde« in: *Die Welt*, Ausgabe 24/25 vom 12.2003, S. 8.

30 *DIE ZEIT* vom 31.12.2003, S. 1.

31 Leo, A. Nefiodow, *Der sechste Kondratieff*, S. 4.

32 Ebd., S. 12.

33 Weder Alternative A (Preisniveaustabilität) noch Alternative B (niedrige Arbeitslosigkeit) noch Alternative C (andere tradierte Ziele oder Lösungen als lineare Fortsetzung bisheriger Überzeugungen und Denkansätze). Vielmehr wird es um Alternative D gehen: ein integratives Neudenken und Handeln, welches sich von einem Geist der Liebe leiten lässt und beweist, dass die Anwendung spiritueller *und* rationaler Intelligenz zu einer neuen, menschenwürdigen Qualität von Wohlstand führen.

34 Nikolai Kondratieff, in: Leo, A. Nefiodow, *Der sechste Kondratieff*, S. 209.

35 Ebd., S. 209.

36 Krishnamurti, in: *Krishnamurti – 100 Jahre*, S. 216.

37 Nikolai Kondratieff, in: Leo A. Nefiodow, *Der sechste Kondratieff*, S. 209.

38 *Geo*, 11/2003, S. 76.

39 Zum Beispiel die Weltkirchentage oder die in Hamburg zum letzten Jahreswechsel von Jugendlichen (!) organisierten Taizégebete oder die von Kirchen organisierten Friedensdemonstrationen im Vorfeld des Irakkrieges etc. Missverstehen Sie mich nicht, ich will kein Plädoyer für die Kirchen halten, ich halte sie genau wie das Management für stark veränderungsbedürftig. Pralle Lebendigkeit ist es, was ich insbesondere in der katholischen Kirche vermisse. Frustriert verließ ich vor Jahren die Christmette, die ein junger (!) Pfarrer völlig leblos, ohne jegliches Feuer der Begeisterung abgehalten hatte. Er versteckte sich hinter unzähligen Riten und Formeln. Völlig leblos, ohne Herz, Begeisterung, persönliches Engagement und ohne jegliche Berührung. Was dem jungen Pfarrer stattdessen gelang, war, ein für die katholische Kirche typisches Schuldgefühl bei ihren Schäflein zu erzeugen, dass sie zwar an Heiligabend zahlreich in der Kirche erscheinen, dieses im übrigen Jahr allerdings unterlassen.

40 Joan Borysenko, *Das Buch der Weiblichkeit*, S. 346.

41 Philip Larkin, *Church Going*, Übersetzung: Ute und Werner Knoedgen. In: *Moderne englische Lyrik*.

42 Pia Gyger, *Maria – Tochter der Erde, Königin des Alls*, S. 188.

43 Johann Wolfgang von Goethe, *Eins und Alles*, in: Goethe: *Das Leben, es ist gut*. Insel-Verlag, S. 143.

44 Tom Nierth, *Life Coaching*, tom.nierth@tiscali.de

V Paradigmenwechsel im Business

1 Mitch Albom, *Dienstags bei Morrrie*, S. 67.

2 Erich Fromm, *Die Kunst des Liebens*, S. 78.

3 Krishnamurti, *Du bist die Welt*, 1979, zitiert in: *Krishnamurti – 100 Jahre*, S. 208.

4 Über sie können wir und auch die Wissenschaftlicher bislang nur in Gleichnissen reden. Aber letztendlich taten und tun wir dies immer, egal, in welcher Wissenschaft, in welcher Disziplin wir über die Welt und Wirklichkeit reden.

5 Chakren (Chakra = Rad, Schwungrad, Kreis) sind feinstoffliche Energiezentren in unserem Körper, die für bestimmte Qualitäten unseres Seins stehen. Chakren wurden bereits in den alten Sanskrit-Schriften erwähnt. Heute kennen wir diese Energiezentren aus der östlichen Medizin und Philosophie. Die Energiezentren werden z.B. durch Akupunktur, Qi Gong, Meditation, Yoga oder Reiki aktiviert. Sie korrespondieren mit dem Sitz unserer Intelligenzen in unserem Körper.

6 *brandeins*, 6/2002, S. 84 ff.

7 Vgl, Dietrich Grönemeyer, *Mensch bleiben*.

8 Vgl. www.vitality-house.de

9 Dabei ist das SeitenWechsel-Projekt in der Unternehmensführung der Beiersdorf AG nichts Ungewöhnliches. Der hier in der Führung praktizierte Geist der Menschenliebe zieht sich durch von den Produkten über das Management bis hin zur gesellschaftlichen Integration. Beiersdorf kann somit als Beispiel für einen hohen Spirit-Anteil im Produkt, in der Herstellung und dem Produkt-Add-on gelten. Wie äußert sich nun ein hohes Sinn-Niveau in den drei strategischen Spirit-Dimensionen dieses Unternehmens? Zentrales Anliegen von Beiersdorf ist es, (die Haut des Menschen) zu heilen, zu schützen und zu pflegen. Dieser Unternehmenszweck spiegelt sich sowohl in den bekannten Produktmarken wie Nivea, Hansaplast etc. wider als auch in der menschenorientierten Führung (Beiersdorf betreibt einen großen Betriebskindergarten, Mittagessen ist seit Jahrzehnten für die Mitarbeiter kostenlos, Projekte wie der »SeitenWechsel« gehören zum Führungsprogramm). Gleichzeitig praktiziert Beiersdorf regionale Universal Citizenships: So spendete Beiersdorf kürzlich das 62. große Motorboot für die Deutsche Lebensrettungsgesellschaft, die Menschen, die in dem Wohngebiet leben, in welchem sich der Hamburger Firmensitz befindet, erhalten regelmäßig die Firmenzeitung und werden zu Kulturveranstaltungen von Beiersdorf einge-

laden. Daneben verpflichtet sich das Unternehmen der ökologischen, ökonomischen und sozialen Nachhaltigkeit und drückt somit seinen Respekt vor dem Leben aus. Beiersdorf zeigt also, wie man in allen drei strategischen Spirit-Dimensionen hohe Werte erzielen kann.

10 *Chrismon* 11/2002, S. 40 ff.

11 Vgl. das »?« (Fragezeichen) in Abbildung »Die drei Spirit-Dimensionen im Sinn-Portfolio«.

12 Das heißt nicht, dass Unternehmen in ihrer intern gelebten Spiritualität keine Fehler machen dürfen. Scheitern und Rückschritte gehören vielmehr zum gewürdigten, integralen Bestandteil der neuen Qualität von Management und Führung.

VI Spirit in Business: Wie geht das?

1 Erich Kästner, *Das fliegende Klassenzimmer*, S. 15.

2 »Ethik 2002 – Ethik-Bilanz in der Schweizer Wirtschaft«, Lassalle-Institut, CH-Bad Schönbrunn, 2001, S. 128.

3 Sprungfixe Kosten, auch intervallfixe Kosten genannt, ist eine zwischen variablen und fixen Kosten stehende Kostenkategorie. Sie können u.a. durch größere Veränderungen in der Produktion, wie zum Beispiel durch den zusätzlichen Wellness- oder Spirit-Anteil im Produkt entstehen. Sprungfixe Kosten drücken sich in einem treppenförmigen Verlauf der Kostenfunktion aus.

4 Vgl. Matthias Horx, *Die acht Sphären der Zukunft*, S. 146.

5 Niklaus Brantschen in seinem Vortrag anlässlich des 2. Internationalen Schönbrunner Symposiums, 15.-17.12.2002.

6 Machen Sie einmal die Probe aufs Exempel: Sagen Sie sich diesen Selbstauftrag laut vor und schließen Sie eine innere Verneigung an. Was nehmen Sie wahr? Merken Sie, wie weit dieser Auftrag weg ist von dem heute noch weit verbreiteten Selbstverständnis des Managers eines omnipotenten, bestimmenden Machers, der sich nur allzu gerne seiner narzisstischen Egozentrik hingibt?

7 Vortrag von Hans-Peter Dürr anlässlich des 2. Internationalen Schönbrunner Symposiums, 15.-17.12.2002.

8 Marion Gräfin von Dönhoff, *Was mir wichtig war*, S. 159.

9 Matthias Horx, *Trendbuch 1*, S. 224.

10 Jean Gastaldi, *Das kleine Buch der Heiterkeit*, S. 27.

11 Jetzt werden Sie vielleicht einwenden: Die übrigen Aspekte finden doch im Leben eines jeden Managers statt. Ja, da haben Sie zum Teil Recht. Qualitäten wie Freude, Mitgefühl, Zweifel, Dankbarkeit, Liebe, Trauer, das Anerkennen von Scheitern etc. finden sicher im Leben des »gemeinen« Managers statt. Er erlebt sie allerdings häufig ausschließlich im so genannten »privaten« Bereich, in den er sie verbannt. Eben dadurch wird er zu einer »Schrumpfgestalt«.

12 Shakti Gawain, *Das Geheimnis wahren Reichtums*, S. 62.

13 Ebd., S. 62.

14 Joan Borysenko, *Das Buch der Weiblichkeit*, S. 333.

15 Niklaus Brantschen, *Erfüllter Augenblick – Wege zur Mitte des Herzens*, S. 64.

16 In der Vergangenheit wurden die meisten Führungskräfte ja gerade deshalb zu Führungskräften, weil sie die Fachlichkeit im Detail beherrschten. Der beste Sachbearbeiter wurde zur Führungskraft geadelt – auch wenn er, wie so häufig, nach seiner Beförderung feststellen musste, dass er ganz andere Fähigkeiten benötigt, um erfolgreich führen zu können.

VII Zukunftsszenarien im Business

1 Vgl. das Buch mit dem gleichnamigen Titel von Daniel Goeudevert.

2 Niklaus Brantschen.

3 Vgl. Aaron Antonovsky, *Health, Stress, and Coping*.

VIII Über die Schreibtischkante der Zukunft geschaut

1 Pia Gyger, *Maria – Tochter der Erde, Königin des Alls*, S.181.

2 Ebd., S. 85 und S. 180.

3 Der aus der Volkswirtschaftslehre bekannte Ginikoeffizient errechnet sich aus dem Anteil der Fläche, die von der Gleichverteilungsgerade und der Lorenzkurve begrenzt wird, an der Fläche des Dreiecks 0PQ. Die Lorenzkurve hat den Verlauf einer diagonalen Gerade im Falle absoluter Gleichverteilung (das heißt, 10 Prozent der Bevölkerung verfügen über 10 Prozent des gesellschaftlichen Einkommens etc.).

4 Vgl. Marla Morgan, *Traumfänger*.

5 Vgl. *Chrismon*, 03/2004, S. 10.

6 Pia Gyger, *Maria – Tochter der Erde, Königin des Alls*, S. 180.

7 Vgl. Homepage von »Mehr Demokartie«: www.mehr-demokratie.de

8 Vgl. Stefan Klein, *Die Glücksformel*, S. 277f.

9 Ebd., S. 275.

10 Horst-Eberhard Richter, *Leben statt Machen*, S. 9.

11 Horst-Eberhard Richter, *Das Ende der Egomanie*, S. 227.

12 Vgl. Homepage von »Mehr Demokratie«: www.mehr-demokratie.de

13 Vgl. Neon-Magazin, Februar 2004, S. 35ff.

14 Zeitkultur Sommer, Nr. 20, Mai 2004, Sonderbeilage von DIE ZEIT, S. 33f.

15 Vgl. die Anzeige der Initiative in *Die Zeit* vom 29.04.2004, S. 44 oder www.aktion-grundgesetz.de

16 Pia Gyger, *Maria – Tochter der Erde, Königin des Alls*, S. 180.

17 *brandeins* 7/2003, S. 127.

18 Pia Gyger, *Maria – Tochter der Erde, Königin des Alls*, S. 175.

19 Astrid Lindgren, *Steine auf dem Küchenbord*, S. 49.

20 Krishnamurti, *Vertrauen zum Leben*, in: *Krishnamurti – 100 Jahre*, S. 204.

21 Mitch Albom, *Dienstags bei Morrie*, S. 67.

00 Erich Kästner, *Das fliegende Klassenzimmer*, S. 90.

Ausblick

1 C.G. Jung, *Mensch und Seele*, S. 62–74.

Literatur

Albom, Mitch, *Dienstags bei Morrie*, Goldmann, München 1998

Antonovsky, Aaron, *Health, Stress, and Coping: New Perspectives on Mental and Physical Well-being*, Jossey-Bass, San Francisco, 1979

Beattie, Melody, *Kraft zum Loslassen*, Heyne, München 1991

Beer, Stafford, *Zum schizophrenen Trennungszwang der Wissenschaft*, in: brand-eins, 04/2003

Beiersdorf Journal: *Das internationale Mitarbeitermagazin*, Nr. 249, August 2003, Beiersdorf AG, Hamburg

Bergengruen, Werner, *Die heile Welt*, Verlags AG Die Arche, Zürich 1950

Blau, Evelyne, *Krishnamurti – 100 Jahre*, Aquamarin Verlag, Grafing 1995

Boff, Leonardo, in: Gyger, Pia, *Maria – Tochter der Erde, Königin des Alls; Vision der neuen Schöpfung*, Kösel, München 2002

Borysenko, Joan, *Das Buch der Weiblichkeit*, Kösel, München 1996

Braig, Axel/Renz, Ulrich *Die Kunst, weniger zu arbeiten*, Fischer TB, Frankfurt am Main 2003

brandeins Magazin, Hamburg, Hefte 6/2002, 4/2003, 5/2003, 7/2003

Brantschen, Niklaus, *Erfüllter Augenblick – Wege zur Mitte des Herzens*, Herder Spektrum, Freiburg 1999

Buber, Martin, in: Nefiodow, Leo, A., *Der sechste Kondratieff: Wege zur Produktivität und Vollbeschäftigung im Zeitalter der Information*, Rhein-Sieg Verlag, Sankt Augustin 2001

Chrismon: Das evangelische Magazin, 07 / 2003, 11 / 2003, 03 / 2004

Dethlefsen, Thorwald/Dahlke, Rüdiger, *Krankheit als Weg*, Goldmann, München 1989

von Dönhoff, Marion Gräfin, *Was mir wichtig war: Letzte Aufzeichnungen und Gespräche*, Siedler, Berlin 2002

Dostojewski, Fjodor M., in: *Weisheit der Welt. Worte zum Atemholen*, Herder, Freiburg 2003

Dürr, Hans-Peter/Oesterreicher, Marianne, *Wir erleben mehr, als wir begreifen – Quantenphysik und Lebensfragen*, Herder, Freiburg 2001

Edelmann, Walter, *Lernpsychologie*, Beltz Verlag, Weinheim 1996

Enzensberger, Hans Magnus, *Mittelmaß und Wahn*, Suhrkamp, Frankfurt 1988

Facius, Gernot, *Erkenne Deine Würde*, in: Die Welt, Ausgabe 24/25 vom 12.2003

von Foerster, H., *Abbau und Aufbau*, in: Simon, F.B. (Hrsg.), *Lebende Systeme*, Springer, Heidelberg 1988

Forrester, Viviane, *Der Terror der Ökonomie*, Zsolnay, Wien 1997

Fox, Sabrina, *Die Sehnsucht unserer Seele. Die Lust, den eigenen Weg zu finden*, Goldmann, München 1999

Fromm, Erich, *Die Kunst des Liebens*, Heyne, München 2001

Gastaldi, Jean, *Das kleine Buch der Heiterkeit*, Heyne, München 2000

Gawain, Shakti, *Stell Dir vor. Kreativ visualisieren*, Rowohlt TB, Reinbek 1986

Gawain, Shakti, *Das Geheimnis wahren Reichtums*, Heyne, München 2001

Geo, 11 / 2003, S. 76

Giarini, Orio/Liedtke, Patrick M., *Wie wir arbeiten werden*, in: Braig, Axel/Renz, Ulrich, *Die Kunst, weniger zu arbeiten*

Goethe, Johann Wolfgang von, in: *Das Leben, es ist gut*, Hundert Gedichte, Insel Verlag, Frankfurt 1999

Grönemeyer, Dietrich, *Mensch bleiben. High Tech und Herz – eine liebevolle Medizin ist keine Utopie*, Herder, Freiburg 2003

Gyger, Pia, *Maria – Tochter der Erde, Königin des Alls. Vision der neuen Schöpfung*, Kösel, München 2002

Händeler, Erik, *Die Geschichte der Zukunft*, Brendow & Sohn Verlag, Moers 2003

Horx, Matthias, *Die acht Sphären der Zukunft*, Signum Verlag, Wien 2002

Horx, Matthias, *Trendbuch 1*, Econ Verlag, Düsseldorf 1993

Jung, C.G., *Mensch und Seele*, S. 62-74, in: Gyger, Pia, a.a.O.

Kästner, Erich, *Das fliegende Klassenzimmer*, Cecilie Dressler Verlag, Hamburg 1999

Khema, Ayya, *Was du suchst, ist in deinem Herzen. Der Weg zur inneren Klarheit*, Herder, Freiburg 2001

Kierkegaard, Sören, *Entweder – Oder*, in: Richter, Horst-Eberhard, *Die hohe Kunst der Korruption. Erkenntnisse eines Politik-Beraters*, Hoffmann und Campe, Hamburg 1989

Kogon, Eugen in: von Dönhoff, Marion Gräfin, *Was mir wichtig war. Letzte Aufzeichnungen und Gespräche*, a.a.O.

Krishnamurti, Jiddu, *Die Wahrheit ist ein pfadloses Land*, Aquamarin Verlag, Grafing 1997

Krishnamurti, Jiddu, *Du bist die Welt*, Fischer, Frankfurt am Main 1993

Kriz, Willy Christian, *Lernziel: Systemkompetenz – Planspiele als Trainingsmethode*, Vandenhoeck & Ruprecht, Göttingen 2000

Larkin, Philip, *Church Going*, in: *Moderne englische Lyrik*, Reclam, Stuttgart 1994

Lasalle-Institut, *Ethik 2002 – Ethik-Bilanz in der Schweizer Wirtschaft*, Bad Schönbrunn 2001

Laszlo, Erwin, *Kosmische Spiritualität*, Insel, Frankfurt am Main 1997

Lexikon der Psychologie, Spektrum Verlag, Heidelberg 2000

Lindgren, Astrid, *Steine auf dem Küchenbord*, Oetinger, Hamburg 2000

Macy, Joanna, *Die Reise ins lebendige Leben*, Junfermann, Paderborn 2003

ManagerMagazin 8 / 2003, darin: Müller, Henrik: *Was tun, wenn die Preise fallen?*, S. 93 ff.

Maturana H. R./Varela, F. J., *Der Baum der Erkenntnis*, Scherz-Verlag, Bern 1987

Morgan, Marlo, *Traumfänger*, Goldmann, München 1995

Morgenstern, Christian, in: *Weisheit der Welt: Worte zum Atemholen*, Herder, Freiburg 2003

Nefiodow, Leo, A., *Der sechste Kondratieff. Wege zur Produktivität und Vollbeschäftigung im Zeitalter der Information*, Rhein-Sieg Verlag, Sankt Augustin 2001

Neon, Februar 2004, *Müder Protest: Warum die Globalisierungsgegner von Attac sich selbst blockieren*

Northrup, Christiane, *Women´s Bodies, Women´s Wisdom*, dt.: *Frauenkörper – Frauenweisheit*, Zabert Sandmann, München 1996, erwähnt in: Borysenko, Joan, a.a.O.

von Pierer, Heinrich, in: DB Mobil, 04 / 2004, Hrsg. Deutsche Bahn AG, Hamburg

Richter, Horst Eberhard, *Das Ende der Egomanie: Die Krise des westlichen Bewusstseins*, Knaur, München 2003

Richter, Horst Eberhard, *Die hohe Kunst der Korruption: Erkenntnisse eines Politik-Beraters*, Hamburg, Hoffmann und Campe 1989

Richter, Horst-Eberhard, *Ist eine andere Welt möglich?* Kiepenheuer & Witsch, Köln 2003

Richter, Horst-Eberhard, *Leben statt Machen*, Deutscher Taschenbuch Verlag, München 1990

Riedl, Rupert, in: Watzlawick, Paul, *Die erfundene Wirklichkeit*, Piper, München 1997

Rosenhan, David L., in: Watzlawick, Paul, *Die erfundene Wirklichkeit*, a.a.O.

Schwartz, Morrie, in: Albom, Mitch, *Dienstags bei Morrie*, Goldmann, München 1998

Schweitzer, Albert, *Die Ehrfurcht vor dem Leben. Grundtexte aus fünf Jahrzehnten*, Verlag C.H. Beck, München 2003

Sexl, Roman, *Gravitation und Kosmologie*, Spektrum Akademischer Verlag, Heidelberg 2002

Simon, Fritz B., *Die Kunst, nicht zu lernen*, Carl Auer-Systeme Verlag, Heidelberg 2002

Sonntagmorgenmagazin, Wetzlar-Weilburg vom 11.01.2004

Trendletter der Zukunftsinstitut GmbH, Kelkheim, vom Juni 2004 (vgl. www. zukunftsinstitut.de)

Yaretz, Zvi, in: Horx, Matthias, *Trendbuch 1*, a.a.O.

Yeats, William Butler, *The Second Coming*, in: *Moderne englische Lyrik*, a.a.O.

Watzlawik, Paul, *Die erfundene Wirklichkeit*, Piper, München 1997

Weizsäcker, Carl Friedrich von, in: Nefiodow, Leo, A., *Der sechste Kondratieff: Wege zur Produktivität und Vollbeschäftigung im Zeitalter der Information*, a.a.O.

Wolf, Christa, *Kassandra*, Luchterhand, Darmstadt 1983

Die Welt, Ausgabe 24/25 vom 12.2003, darin: Gernot Facius, Leitartikel *Erkenne Deine Würde*

Die Zeit, 28.05.2003, 07.08.2003, 09.10.2003, 31.12.2003

Zeitkultur Sommer, Nr. 20, Mai 2004, Sonderbeilage von DIE ZEIT, S. 33f.